新常态下市政基础设施工程总承包（EPC）经营与管理

彭 鹏 著

中国建筑工业出版社

图书在版编目（CIP）数据

新常态下市政基础设施工程总承包（EPC）经营与管理 / 彭鹏著. —北京 ：中国建筑工业出版社，2021.5
ISBN 978-7-112-26142-0

Ⅰ. ①新… Ⅱ. ①彭… Ⅲ. ①基础设施-市政工程-承包工程-工程管理 Ⅳ. ①TU99

中国版本图书馆 CIP 数据核字（2021）第 086749 号

责任编辑：封 毅
责任校对：赵 颖

新常态下市政基础设施工程总承包（EPC）经营与管理
彭鹏 著

*

中国建筑工业出版社出版、发行（北京海淀三里河路 9 号）
各地新华书店、建筑书店经销
北京鸿文瀚海文化传媒有限公司制版
北京市密东印刷有限公司印刷

*

开本：787 毫米×1092 毫米 1/16 印张：13¼ 字数：311 千字
2021 年 6 月第一版 2021 年 6 月第一次印刷
定价：**45.00** 元
ISBN 978-7-112-26142-0
（37631）

前　言

近年来，住房和城乡建设部等政府主管部门陆续制定了包括《房屋建筑和市政基础设施项目工程总承包管理办法》、《建设项目工程总承包合同（示范文本）》（GF-2020-0216）在内的一系列规范性文件，进一步完善了工程总承包行业发展的政策依据。国家“十四五”规划纲要中明确提出“构建系统完备、高效实用、智能绿色、安全可靠的现代化基础设施体系”，因此持续深化供给侧结构性改革、优化工程建设组织实施方式、促进传统企业完成工程总承包转型、营造健康的工程总承包市场环境必将是市政基础设施领域未来发展的趋势。

在作者长期参与市政基础设施项目工程总承包实践的过程中，遇到过无数形形色色的问题。例如总承包方组织管理体系不完善造成设计施工“两张皮”、因为设计优化而造成总承包项目结算争议、总承包方安全管理等工作不到位、设备采购集成及调试缺乏系统性、联合体内部矛盾等问题屡见不鲜。这些都是长期困扰总承包方承接实施项目的难题，同时给建设单位、监理单位的管理工作带来了很大困惑，阻碍了工程总承包模式在市政基础设施领域的推广。

本书把握政策新常态，从总承包方的视角对当前新常态下的工程总承包的经营策划、勘察设计管理、采购集成管理、实施管理、成本管理、联合体模式、BIM 应用等方面结合作者工程实践经验提出了实施意见。针对总承包方组织管理体系构建、设计施工“无缝衔接”、全方位的成本管理及争议解决、总承包方项目管理工作升级、设备采购集成及调试各方衔接、联合体内部管理等关键常见难题提出了全套“破局”方案，并对工程总承包的未来提出了展望和预期。本书可以作为广大市政基础设施领域工程总承包从业者的工作指南，也可为政府部门、建设单位、监理单位的管理工作提供参考，同时可以作为大中专院校的教学参考用书。

作者多年的实践经验和理论学习是本书写作的基础，这离不开市政基础设施领域的前辈专家们的谆谆教导，本书写作也得到了作者所在单位上海市政工程设计研究总院（集团）有限公司各级领导、同事们的大力支持，在此表示衷心感谢！由于作者水平有限，难免会有错漏和不足，敬请广大读者指出并谅解！

彭　鹏

2021 年 3 月 15 日于上海

目　　录

第1章　国内工程总承包发展现状

1.1　国内工程总承包政策

工程总承包是国际通行的工程承包模式之一，改革开放后的国内建筑行业已经开始逐步尝试和发展。1982年8月8日，化学工业部印发了《关于改革现行基本建设管理体制，试行以设计为主体的工程总承包制的意见》的通知，并结合我国国情，制定了《工程总承包制要点》。1984年9月18日，国务院印发了《关于改革建筑业和基本建设管理体制若干问题的暂行规定》[1]，明确提出了工程总承包的要求："工程承包公司接受建设项目主管部门（或建设单位）的委托，或投标中标，对项目建设的可行性研究、勘察设计、设备选购、材料订货、工程施工、生产准备直到竣工投产实行全过程的总承包，或部分承包。"

由于新中国成立后的工程项目管理模式主要从苏联学习，从20世纪50年即建立了建设单位、设计单位、施工单位分担制的模式，20世纪60年代施工单位的大包干制，70年代以地方行政为主的指挥部制，以计划经济、行政手段为工程建设的主导惯性至今仍有一定程度的保留，一方面体现了在当时的国情下集中力量办大事的特色优势，但另一方面随着工程建设规模的逐渐扩大，也暴露出设计施工等各阶段衔接空白、推诿扯皮、投资浪费、建设单位管理协调负荷过重等弊病。建设部、国家发展改革委等六部委在《关于加快建筑业改革与发展的若干意见》[2] 指出当前我国建筑业和工程建设管理体制还存在不少问题：现代市场体系发育不成熟，国有建筑业企业改革不到位，建筑业资源、能源耗费大，技术进步缓慢，国际竞争力不强，工程咨询服务体系不发达，政府投资项目建设的市场化程度不高，政府工程建设监管体制有待于进一步完善等。文件提出：大力推行工程总承包建设方式。以工艺为主导的专业工程、大型公共建筑和基础设施等建设项目，要大力推行工程总承包建设方式。大型设计、施工企业要通过兼并重组等多种形式，拓展企业功能，完善项目管理体制，发展成为具有设计、采购、施工管理、试车考核等工程建设全过程服务能力的综合型工程公司。鼓励具有勘察、设计、施工总承包等资质的企业，在其资质等级许可的工程项目范围内开展工程总承包业务。工程总承包方可以依照合同约定或经建设单位认可自主选择施工等分包商，并按照合同约定对工程质量、安全、进度、造价负总责。

1984年，一场"鲁布革冲击"席卷我国建筑施工领域，鲁布革水电站引水系统工程是我国第一个利用世界银行贷款，并按照世界银行规定进行国际竞争性招标和项目管理的工程，

---

[1] 国发〔1984〕123号，已废止

[2] 建质〔2005〕119号，2017年12月12日失效

其成功实施也为国内建筑业打开了一扇国际化视野的窗户。在此基础上，国内建筑业经过 30 余年的不断探索和提高，除了当今已被津津乐道的日本大成公司的项目管理各种优势之外，其采用的施工图设计和施工方案结合的工程总承包模式逐步在石油化工、冶炼、电力等相对复杂工业项目中得到推广，时至近年在市政基础设施领域才得到规模化的推广和应用。

2016 年，住房和城乡建设部《关于进一步推进工程总承包发展的若干意见》❶ 中提出了大力推进工程总承包、完善工程总承包管理制度、提升企业工程总承包能力和水平、加强推进工程总承包发展的组织和实施等四个方面二十点要求，为一定时期内工程总承包的推进实施落实了政策性依据。

2017 年，国务院办公厅《关于促进建筑业持续健康发展的意见》❷ 指出："加快推行工程总承包。装配式建筑原则上应采用工程总承包模式。政府投资工程应完善建设管理模式，带头推行工程总承包。加快完善工程总承包相关的招标投标、施工许可、竣工验收等制度规定。按照总承包负总责的原则，落实工程总承包单位在工程质量安全、进度控制、成本管理等方面的责任。除以暂估价形式包括在工程总承包范围内且依法必须进行招标的项目外，工程总承包单位可以直接发包总承包合同中涵盖的其他专业业务。"

2019 年 12 月 23 日，经过反复讨论、征询和修改，住房和城乡建设部、国家发展和改革委员会正式颁布《房屋建筑和市政基础设施项目工程总承包管理办法》❸（以下简称《办法》）。《办法》定义工程总承包的概念为"工程总承包，是指承包单位按照与建设单位签订的合同，对工程设计、采购、施工或者设计、施工等阶段实行总承包，并对工程的质量、安全、工期和造价等全面负责的工程建设组织实施方式。"同时对业内聚焦的"工程总承包的招标阶段""前期设计咨询单位能否参加工程总承包投标""总包单位单资质还是双资质要求""地质风险和材差调价模式"等普遍争议问题进行了明确要求。

2020 年，福建、江苏等地也纷纷出台地方工程总承包管理方面的政策文件。至此，工程总承包模式在市政基础设施项目实施指导性意见已基本完善，无论是传统设计还是施工行业，大中小型企业纷纷摩拳擦掌瞄准细分市场，在政策引领下开启转型发展之路，揭开新的篇章（图 1-1）。

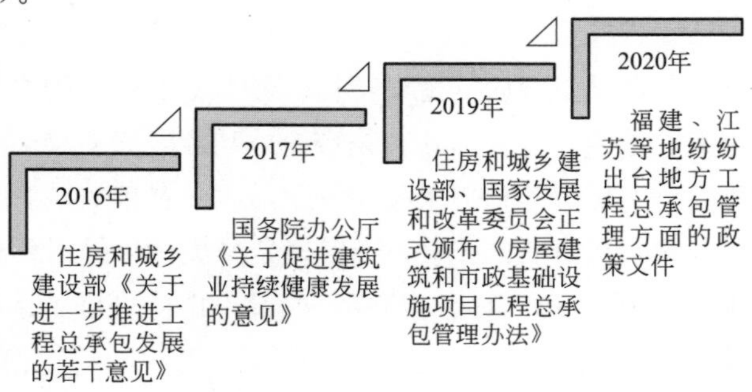

图 1-1　工程总承包近年的主要政策文件

❶ 建市〔2016〕93 号
❷ 国办发〔2017〕19 号
❸ 建市规〔2019〕12 号

1.2 国内工程总承包发展情况

1. 市政基础设施的定义

市政基础设施工程是指城市道路、公共交通、供水、排水、燃气、热力、园林、环卫、污水处理、垃圾处理、防洪、地下公共设施及附属设施的土建、管道、设备安装工程。[1] 市政基础设施工程通常有涵盖专业范围广、政府投资为主体、与人民生活密切相关等特点，建设单位通常为国有企业，在某些地区政府部门直接作为建设单位进行投资、管理。

近年来，采用工程总承包模式实施的市政基础设施项目日益增多，特别是各类急难险重、四新技术、集成度高、复杂程度高或原项目设计传承的各类项目，如城市给排水厂站的新建或提标改造、污泥处理、固废处理、特大桥或历史桥梁维修改造、城市景观提升、抢修改造等类型项目，纷纷基于前述背景采用工程总承包模式实施，因此为具有工程总承包能力的大型设计企业带来了较好的发展契机。

2. "头部"企业工程总承包业务发展情况

中国勘察设计协会公开数据显示，以国内三家综合甲级设计资质的市政工程行业设计"头部"企业为例：上海市政工程设计研究总院（集团）有限公司、中国市政工程中南设计研究总院有限公司、中国市政工程华北设计研究总院有限公司，从 2016 至 2019 年工程总承包营业收入如表 1-1 所示。

市政设计"头部"企业工程总承包营业收入（2016—2019）[2]　　表 1-1

企业名称	信息项目	2016 年	2017 年	2018 年	2019 年
上海市政工程设计研究总院(集团)有限公司	营业收入(万元)	272119	405071	465660	651941
	增长幅度	/	48.86%	14.96%	40%
	设计行业总包营收排名	45	31	31	25
中国市政工程中南设计研究总院有限公司	营业收入(万元)	/	91931	302700	332501
	增长幅度	/	/	229%	9.85%
	设计行业总包营收排名	/	103	50	53
中国市政工程华北设计研究总院有限公司	营业收入(万元)	61863	82698	100529	133538
	增长幅度	/	33.68%	21.56%	32.84%
	设计行业总包营收排名	115	106	108	95

从上表可见，市政工程设计企业近年工程总承包营业收入增幅较大，至少有 10%左右的增幅，最高年度增幅甚至超过 200%，但是上述企业在全行业内总承包营收排名增长不明显，这也反映了其他行业的工程总承包发展速度同样非常快，工程总承包市场规模逐年扩大。根据住房和城乡建设部 2018 年统计数据，全国勘察设计行业 2017 年实现工程总承

[1] 王加生. 市政基础设施 [M]：华中科技大学出版社，2009

[2] 根据中国勘察设计协会公布数据整理

包营业收入 20807.04 亿元，约占总营业收入的 48%。海外工程总承包市场逐年攀升，中国勘察设计协会建设项目管理和工程总承包分会的统计分析表明，2017 年起以设计为主体的海外工程总承包年营业额超过 1000 亿元。工程总承包模式已呈燎原之势，席卷工程建设的各个领域。

同时，施工企业向工程总承包延伸的也不在少数，部分资质较高的施工企业已经建立了设计院并获得了相应的资质，《房屋建筑和市政基础设施项目工程总承包管理办法》已明确规定："鼓励设计单位申请取得施工资质，已取得工程设计综合资质、行业甲级资质、建筑工程专业甲级资质的单位，可以直接申请相应类别施工总承包一级资质。鼓励施工单位申请取得工程设计资质，具有一级及以上施工总承包资质的单位可以直接申请相应类别的工程设计甲级资质。完成的相应规模工程总承包业绩可以作为设计、施工业绩申报。"可以预见的是，在未来的若干年内，设计、施工企业的界限将逐渐被打破，在工程总承包的模式下，将被统称为"总承包方"，跨界、融合将是发展的必然趋势（图 1-2）。

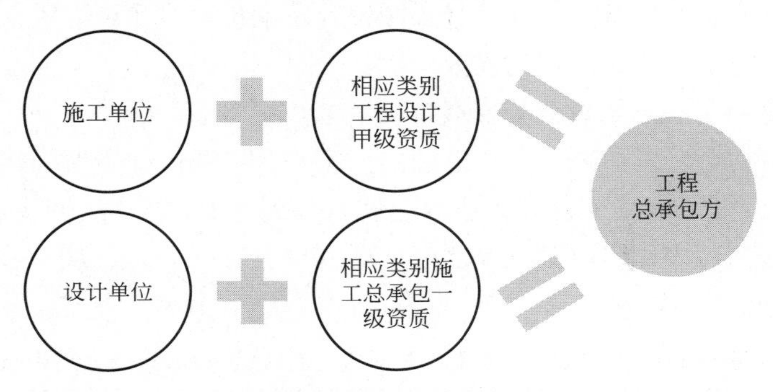

图 1-2　总承包方的"升级"演变

第 2 章　工程总承包的经营策划

2.1　工程总承包模式的优劣分析

作为总承包方，策划一个工程总承包项目，说服建设单位采用工程总承包模式，首先自己要明白工程总承包模式的优与劣。任何模式都没有绝对的好与坏，不同的实施团队、不同条件的项目与建设模式的匹配都是项目成功的关键因素。采用工程总承包模式的建设单位将工程建设过程中的绝大部分风险（投资、工期、质量、安全等）转嫁到总承包方，有效控制工程总投资，同时减轻了协调工作量。总承包方需要有效控制风险，最大限度降低风险所造成的损失，使工程达到创新设计、投资可控、工期可控、风险可控的目的。

由于市政基础设施项目的专业性较强，复杂程度较高，建设单位对建设项目投资、工期和质量要求不断提高，对建设工程的功能要求也日益多样化。工程总承包模式一方面可充分利用总承包方在工程建设领域的丰富经验，将一部分建设单位从其可能不熟悉的工程建设中解放出来；另一方面可将设计、采购、施工与调试运行有机结合，充分发挥设计人员在工程建设过程中的主导作用，充分发挥采购的规模优势，使工程建设既合理又经济。通过总承包方在工程建设过程中的监控与综合协调，在保证工程质量的前提下，可降低工程造价，缩短建设周期。

通常情况下，总结工程总承包模式相较于传统施工承包模式有以下优点，如图 2-1 所示。

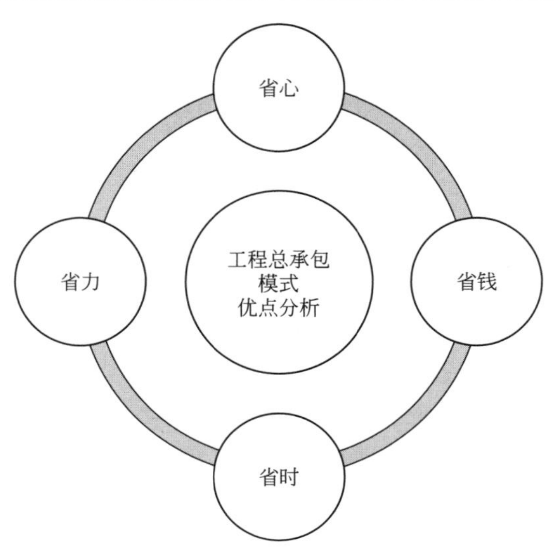

图 2-1　工程总承包模式的优点分析

2.1.1 总体协同

工程总承包模式建设为“交钥匙”工程，以最终处理能力、环保验收、移交等各项合同约定作为最终考核结果，强调和充分发挥设计在整个工程中的主导作用，有效克服设计、采购、施工中的相互制约和相互脱节的矛盾，建设工程责任主体明确、有利于追究工程质量责任和确定质量责任承担人。工程总承包方模式对建设周期和工程质量的影响，实现设计、采购、施工、试运行全过程的质量控制，能够在很大程度上消除了质量不稳定因素。

设计、采购、施工任何一个环节的错误导致的连锁效应都是传统施工总承包模式下建设单位必须面对的非常大的压力和风险，采用工程总承包模式，建设单位不再需要在设计、采购、施工等环节衔接方面投入大量的精力，相关责任由总承包方承担。有经验的、有能力的总承包方考虑项目总体利益，发挥内部管理机制的优势，从设计源头采取措施将实施风险降到最低。总承包方通过对工程所在地社会经济情况、地质环境、施工工艺等方面的调查研究，对施工措施、施工方案进行调整优化，以工程施工促进设计优化和以设计验证指导工程施工，两者齐抓共管，既便于横向联系也便于纵向协调，从而规避施工风险，降低整个工程实施过程中的风险。

例如某采用工程总承包模式实施的城市高架道路增设下匝道项目，责任非常明确，从设计到施工各方面资源统一调配调度，在总体进度的框架下实施设计任务，并与前期手续办理等事宜充分结合，合同签订后 6 个月即完成下匝道主体结构施工。

由于工程总承包模式通过总承包方的综合调度管控，建立和形成了整齐划一的数字信息交互系统，使各项工作实现了数字化、信息化和规范化，有效提高工程总承包管理工作水平和效率，有助于 BIM 技术的全面推广和应用。

2.1.2 程序简化

工程总承包模式可以将建设单位从日常烦琐的工地管理、前期手续办理、验收手续等工作中解脱出来，以便其有更多的时间和精力来审查总承包方提交的技术、施工、采购方案以及工期进度等重要事项，更好地监督和控制工程。

由于规划设计方案、施工图审查、规划许可证办理通常是以设计工作为核心，以设计成果为审查依据进行办理，而此类手续均是施工许可证办理的前置条件。由同时承担设计、施工任务的总承包方来负责办理各类开工、验收程序，有利于加强沟通，提高工作效率。

例如某采用工程总承包模式实施的市政道路大修项目涉及的市政道路等各类管线的搬迁和保护手续、排放口项目设计施工方案的审批手续、管线施工需要与交警等部门办理的相关手续在项目前期就由总承包方安排专人负责对接，确保了项目各个环节的有序开展。

2.1.3 投资受控

设计和施工深度交叉，可有效降低工程造价。且由于工程总承包合同价通常采用固定总价包干或最高限价的按实结算的模式，专业交叉造成的工序交接疏漏、结构工程量盲目放大保险系数等责任由工程总承包方自行承担，非常有利于工程投资总额的管控。

总承包方在结算思路方面从以往传统施工总承包方的单纯扩大、索赔转化为限额控制、避免核减，在设计阶段充分预判风险，在施工过程中发挥技术优势，以符合合同约定、规范要求的低成本的模式解决各类存在问题。建设单位从以往的技术、经济多角度投资管控调整为有限成本下最优性能和品质追求，将有限的资金发挥更大的作用。

2.1.4　进度保障

工程总承包模式招标投标比勘察、设计、施工、采购分别招标节约大量时间；工程总承包方在勘察、设计、采购、施工各条线路可形成流水搭接作业（如在勘察设计阶段，现场即可同步进行三通一平、大临设施、建设手续办理的工作），且在实施过程中由于设计、施工内部沟通的有效性和及时性，一般可节约总体实施时间10%～30%。

采用工程总承包模式进行招标，由于往往对企业实力、资质各方面综合要求较高，对标书编制特别是设计文件编制的技术能力要求相对较高，投标报名单位能做到有效受控，有利于筛除一些实力不足的企业，从而杜绝围标、挂靠等常见的不良现象。

某城市道路大修工程需要在2020年12月底完成工程实体施工任务，进行联动调试。其关键路线为：前期准备—主线道路施工—道路照明及信号灯安装与调试。具体进度安排与采用传统模式的工期安排对比如表2-1所示。

某项目工程总承包模式与传统模式的实施时间对比　　表2-1

<table>
<tr><th>序号</th><th>工作名称</th><th>工程总承包模式</th><th>传统设计、施工模式</th><th>说明</th></tr>
<tr><td>1</td><td>招标投标</td><td>1.5个月</td><td>3个月</td><td>传统模式需要设计、施工分离招标</td></tr>
<tr><td>2</td><td>初步设计及审批</td><td>0.5个月</td><td>1.5个月</td><td>EPC模式投标阶段已实施至初步设计深度</td></tr>
<tr><td>3</td><td>施工图设计</td><td rowspan="2">2个月</td><td>1.5个月</td><td rowspan="2">EPC模式中标后即可与设计工作同步进行前期准备和手续办理</td></tr>
<tr><td>4</td><td>施工许可、三通一平、大临设施、道路翻交等</td><td>3个月</td></tr>
<tr><td>5</td><td>工程施工</td><td>15个月</td><td>16个月</td><td>EPC模式设计施工无缝对接，在第一时间解决施工问题，节约时间，设计工作已充分考虑到工程的可实施性及工期</td></tr>
<tr><td>6</td><td>调试</td><td>1个月</td><td>1个月</td><td>—</td></tr>
<tr><td>7</td><td>验收移交</td><td>1个月</td><td>1个月</td><td>—</td></tr>
<tr><td>8</td><td>总计实施时间</td><td>21个月</td><td>27个月</td><td>采用EPC模式可提前6个月完成</td></tr>
</table>

2.1.5　存在问题

市政基础设施项目采用工程总承包模式常见的困难和问题有以下几点（图2-2）：

1. 实施单位选择范围小

当前阶段国内市政基础设施领域大型建设项目真正具备工程总承包能力的单位不多。在总承包方必须同时具备设计、施工资质的要求背景下，建设单位通常只能采用联合体招标的模式以避免小范围选择总承包方，因此出现了很多设计、施工脱离的“假”工程总承包项目，面临联合体内部责任界限不清、职责不明、推诿扯皮的情况，总体上非常不利于工程总承包模式的发展和推广。

2. 招标文件编制难以满足实施要求

招标文件的编制要求高。由于工程总承包招标属于性能招标，前期工作量大，但市政基础设施项目往往前期准备时间非常紧张，需做充分以避免招标条件与实际实施条件变化太大，对于主要指标必须深化明确能满足今后竣工考核的要求，建设单位对最终设计和细节的控制需要在招标阶段即尽可能予以细化明确，合同中需细化以保障工程进度及质量。

3. 建设单位定位不明

建设单位需要有较合理的参与意识。在工程总承包模式下，总承包方承担项目的设计和实施的全部职责，建设单位如果介入较深，易影响总承包方的正常实施并在过程中造成责、权、利不对等的局面，但是如果建设单位介入过浅，在招标文件、合同文件中约定不够细致，很容易在项目实施过程后期或实施结束后产生争议。采用工程总承包模式，需要建设单位及委托的监理单位或咨询单位具有较合理的参与意识，建立与工程总承包相匹配的对口管理机制，合理把握管理的“度”，形成项目实施的助力。

4. 总承包方风险较大

在工程总承包模式下，由于项目的承包范围较大，总承包方介入项目的时间比较早，工程信息的未知因素也较多，所有的未知因素都意味着可能产生的风险。作为建设单位，一般需要在招标前向所有投标单位澄清，明确项目风险内容，避免在中标后发生扯皮现象。

5. 工程总承包立法不够完善

目前我国基于《建筑法》及相关的法律法规中明确对工程总承包的规定要求不够清晰完善，各级执行单位经常将其与施工总承包模式相混淆，对工程总承包的市场准入、法律定位界定尚不清楚。与国际社会通行的工程 FIDIC 合同框架条款相比，目前的工程总承包业务发展尚有较多瓶颈问题亟待解决。

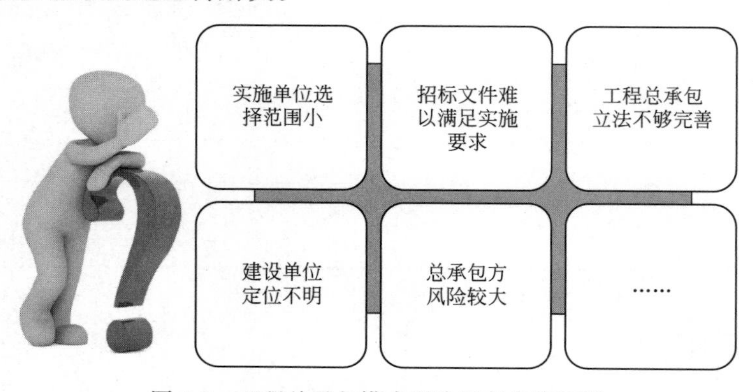

图 2-2　工程总承包模式现阶段存在的问题

2.2 项目跟踪的关键点

工程承包项目跟踪的关键点，既是总承包方密切关注与自身利益密切相关的项目相关的商务和技术重点，也是建设单位和总承包方之间为了就项目达成一致在招标投标阶段、合同谈判阶段甚至在实施过程中不断进行谈判和博弈的内容，就市政基础设施项目而言，建设单位也必然面临政府部门、人民群众的考核监督，这方面压力往往同样转移到相关的合同文件中。市政基础设施工程的参建单位要充分理解建设单位的责任，与建设单位共同肩负使命，才能最终实现共赢。

2.2.1 工期进度

工期进度在当前的社会快速发展的背景条件下，往往是建设单位背负的最大压力，很多项目仅因此就选择工程总承包模式，以其省时的优势来快速推进项目。但是在合同条款中应该注意的是，工程总承包模式不是万能的，合理的工期是任何建设模式成功实施的必要前提。在此基础上，招标投标程序的精简、前期设计与三通一平等施工准备工作并行推进、过程中设计施工无缝衔接减少错误和反复这几点才是发挥工程总承包省时优势的关键内容。因此在招标投标、合同谈判方面，对于工期进度的合理性和可优化压缩的内容必须予以关注和商洽。需要着重指出的是，一份工程总承包的进度计划应该包含的是所有合同内容在内的时间计划安排，不仅限于施工部分。

国家发展改革委、工业和信息化部等九部委联合颁发的《关于印发简明标准施工招标文件和标准设计施工总承包招标文件的通知》❶（以下简称《通知》）附件标准设计施工总承包招标文件通用条款中明确“发包人引起的工期延误、异常恶劣的气候条件、承包人引起的工期延误、工期提前、行政审批迟延”等五种情况所造成的工期变化对应的责任和后果。

通用条款同时明确“工期：指承包人在投标函中承诺的完成合同工作所需的期限”，所以针对工程总承包项目所指的工期应该不仅仅是施工内容的时间，而是应根据合同约定而定，除了设计、采购、施工之外，可能会包含前期的勘察、各类行政许可手续办理、工程后期的各项验收甚至直至移交。

《通知》指出：“‘专用合同条款’可对‘通用合同条款’进行补充、细化，但除‘通用合同条款’明确规定可以作出不同约定外，‘专用合同条款’补充和细化的内容不得与‘通用合同条款’相抵触，否则抵触内容无效。”这一点非常明确了通用合同条款的地位，但是在实际操作中，建设单位或其委托的招标代理机构往往在专用条款中对于通用条款进行颠覆性的修改，这一点是总承包方需要注意和争取的内容，且不仅限于工期进度方面。

2.2.2 发包时点

对于工程总承包发包时点问题，长期以来各个地区的执行政策并不相同，主要区别在

❶ 发改法规〔2011〕3018号

于发包启动在初步设计前还是初步设计完成后。这两个启动点对于建设单位、总承包方而言都是各有优缺的，对比如图 2-3、表 2-2 所示。

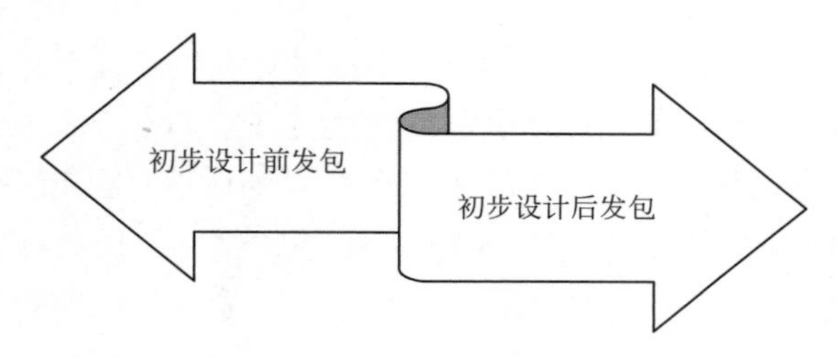

图 2-3　工程总承包不同的发包时点

不同发包时点的工程总承包优缺点对比表　　**表 2-2**

区别	优点	缺点
包含初步设计的工程总承包（初步设计前招标）	在可行性研究批复后甚至更早阶段启动，可多项工作同步开展，减少不同工作招标投标时间，便于衔接。 对项目的设计考虑有连续性，便于实现最终的投资控制和性能保证	方案较模糊，工程量和工作界面难以明确，在实施过程中易发生合同外工程量，建设单位易与总承包方产生争议。 招标后，建设单位对项目的要求尤其在设计方面与总承包方的成本考虑会发生矛盾
仅包含施工图设计的工程总承包（初步设计后招标）	工艺线路明确，合同界面明确，工程量具体明确，便于承包人报价和成本测算	启动时间较晚，需要分别对初步设计和工程总承包进行二次招标。 由于初步设计编制单位不承担项目性能、投资的关键责任，总承包方仅仅深化固化的初步设计成果，无确保性能、投资的能力，一定程度上违背了工程总承包的初衷

《房屋建筑和市政基础设施项目工程总承包管理办法》（以下简称《办法》）中规定："建设单位应当在发包前完成项目审批、核准或者备案程序。采用工程总承包方式的企业投资项目，应当在核准或者备案后进行工程总承包项目发包。采用工程总承包方式的政府投资项目，原则上应当在初步设计审批完成后进行工程总承包项目发包；其中，按照国家有关规定简化报批文件和审批程序的政府投资项目，应当在完成相应的投资决策审批后进行工程总承包项目发包。"同时《办法》还对总承包方的资格提出要求："工程总承包单位不得是工程总承包项目的代建单位、项目管理单位、监理单位、造价咨询单位、招标代理单位。政府投资项目的项目建议书、可行性研究报告、初步设计文件编制单位及其评估单位，一般不得成为该项目的工程总承包单位。政府投资项目招标人公开已经完成的项目建议书、可行性研究报告、初步设计文件的，上述单位可以参与该工程总承包项目的投标，经依法评标、定标，成为工程总承包单位。"

基于上述优缺对比，从项目性能、投资受控的角度出发，大多数政府投资的市政基础设施项目由初步设计文件编制单位继续参加项目工程总承包的投标并最终通过竞标成为工程总承包单位是当前政策下相对较为合理的选择，如此方可保证设计思路的连贯性。

初步设计编制单位可能是未来的总承包方，则其在初步设计编制阶段一般会充分考虑今后可能竞标成功后的性能、投资风险，对初步设计的完善程度及各方面风险考虑，对建设单位的建议和要求能够得以进一步深化和反映。在概算方面，出于今后实施投资风险的考量，初步设计编制单位则更有动机和理由深入了解工、料、机市场，对大宗设备采购进行询价评估，在此基础上形成的概算成果更真实可信，杜绝了概算失真造成实施困难的情况。如果通过竞标中标的总承包方是初步设计编制单位，那么在相关设计深化、报价等方面也能从连贯合理的角度杜绝各类推诿情况发生，避免合同争议的产生。

对于非政府投资的项目，建设单位可以按照项目工期、复杂程度等具体特点要求，综合衡量决定项目工程总承包的发包时点。

2.2.3 结算原则

工程总承包项目的结算原则问题是当前工程总承包项目普遍存在争议的问题，目前市场上市政基础设施项目通行的方式有固定总价包干模式、二次施工图预算审查结合投标报价下浮率模式这两种主要的结算方式，两种结算方式一般还会以初步设计概算评审价作为结算价上限（图 2-4）。

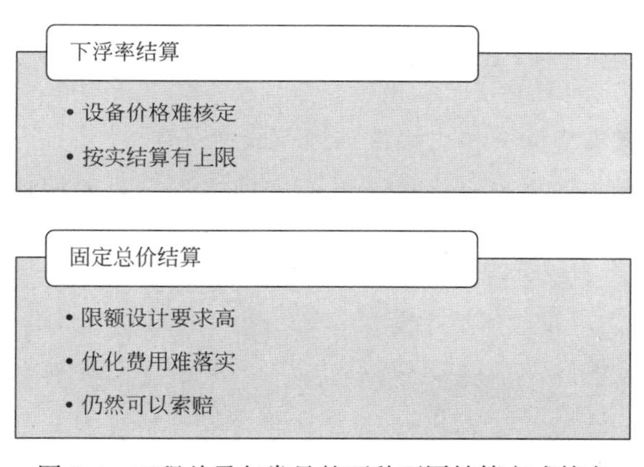

图 2-4 工程总承包常见的两种不同结算方式特点

1. 固定总价包干模式分析

固定总价包干模式往往在招标阶段要求投标人自报工程量清单，由于投标阶段设计深度不足，而在具体实施过程中建设单位又希望总承包方能够提供更优质的设备材料、具有更加美观和友好的建筑景观效果，总承包方出于成本控制的角度会在确保设计标准合规性的前提下进行种种优化变更，因此造成在进度款支付和结算时因为投标工程量清单与实施施工图工程量不匹配而出现矛盾。

总承包方要求直接按固定总价结算，而建设单位要求扣除优化内容费用，甚至增加部分费用不予调增。考虑到这种情形，具有一定经验的总承包方在投标时往往对工程量清单部分不确定子目不予体现或报价，或以列“项”方式规避后续核减风险，但这仍然不是解决问题的根本办法。

此外，对于固定总价包干模式不等于总价绝对不变，涉及合同外工程量的结算原则可能会出现合同约定不清的状况而产生争议。建设单位应充分考虑到可能会产生合同外工程量的情况，在合同文件中约定包括定额预算下浮率或市场询价机制的结算原则，特别是设备采购等缺乏政策指导价格依据的项目需要明确定价标准，以便于合同外工作内容能够安排实施推进。

《房屋建筑和市政基础设施项目工程总承包管理办法》规定："企业投资项目的工程总承包宜采用总价合同，政府投资项目的工程总承包应当合理确定合同价格形式。采用总价合同的，除合同约定可以调整的情形外，合同总价一般不予调整。建设单位和工程总承包单位可以在合同中约定工程总承包计量规则和计价方法。"此条规定没有强制明确合同计价模式，仍然需要建设单位、总承包方具体约定解决，所以在合同缔约过程中，必须就可能存在的争议问题进行细化明确。

采用固定总价包干模式的工程总承包项目，建设单位应在合同文件中明确建设标准、规模、功能需求等特别关注的内容，同时鼓励总承包方在投标文件的基础上进行设计优化，明确设计优化的审批流程，并对优化产生的收益分成予以界定。总承包方在各个阶段特别是投标阶段充分考虑整个项目的实施风险，统筹考虑建设单位的需求，尽早完成施工图设计并进行对应的成本测算，发挥技术优势，减少在过程中因设计变更造成的工程量增加，在相关分包合同中对于优化也应该有一定的鼓励措施。这也是响应创建资源节约型社会和环境友好型社会的一种体现。

2. 二次施工图预算审查结合投标报价下浮率模式分析

二次施工图预算审查结合投标报价下浮率这种结算方式在招标投标阶段要求投标人报施工图预算下浮率以此作为竞标条件，中标后要求总承包方在施工图审图结束后编制施工图预算并按投标下浮率进行下浮后申报，经过建设单位或者政府财政审查后作为二次修正合同价进行进度款的支付和计量，此合同价一般要求小于初步设计概算金额，工程量在实施过程中存在变更的，在竣工结算时据实调整，此结算价一般要求小于二次修正合同价。此种计价和结算方式在投标后需要进行反复核算，并与相关审核单位进行沟通、勘误，工作量较大，对于工程总承包合同中的建筑安装内容来说，除了时间流程较长外，由于政府建设主管部门定期公布的预算价比较透明可以作为权威依据，最终不会产生较大争议。但是对于包含设备采购甚至以采购为主的市政基础设施项目而言，如自来水厂、污水处理厂的水处理设备，不同档次、不同品牌、不同性能参数的设备价格差异非常大。建设单位对于总承包方上报的采购价格往往持怀疑态度，但又缺乏有效的询价手段，即便建设单位自行询价完成，其结果有时也不被总承包方确认，从而形成较大争议无法解决。

要解决此方面问题，建设单位应该在招标阶段将设备报价单列，通过设定评标分值形成以投标人竞争的方式形成固定档次、固定品牌或缩小品牌范围、尽量明确性能参数的固定价格模式，避免中标后的价款纠纷。

2.2.4 验收移交

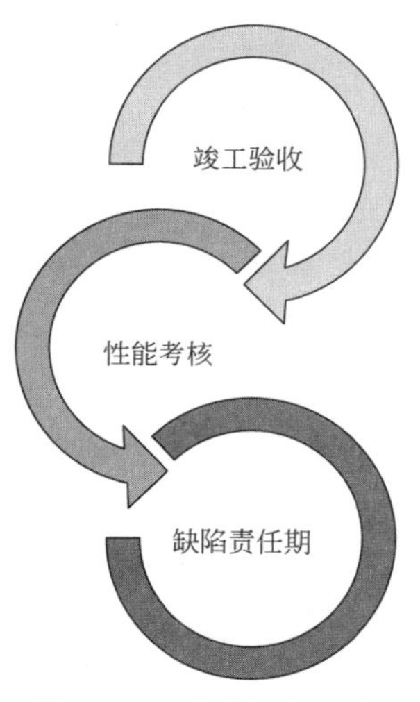

图 2-5　工程总承包验收移交的主要程序

常规工程建设项目验收往往涵盖竣工验收（部分地区称为完工验收）及之后的各类专项验收直至竣工验收备案完成，这是针对建筑安装工程的相关验收程序，适用于一般的工业或民用建筑工程。对于包含总体性能的工程总承包项目而言，往往在常规验收程序之外，需要对装置、设备系统的总体性能进行校验和一定时间的负荷生产，以检验系统的性能参数、可靠性是否达到合同约定要求，能否满足运行服务要求。总承包方往往更为关注的是系统的考核要求（图 2-5）。

常见的市政基础设施中的给排水厂项目除了常规验收程序外，通常还会有 72 小时或 168 小时连续负荷试验的考核要求，包括总处理能力要求达到设计指标，出水指标满足设计和规范要求，相关的能源消耗不高于设计指标等量化标准作为合同工作内容完成的最重要标志之一。作为总承包方，在项目承接阶段应该同时关注项目的验收要求和考核要求，这是整个项目成败的关键。作为建设单位，应该充分考虑到项目建成后的相关考核条件是否具备，如连续负荷试验的物料介质、水、电、蒸汽、天然气等能源是否能够连续供给，负荷试验后的废弃物是否有处理处置渠道，各项验收和考核通过后是否有运行单位或部门及时接管。

对于污水、污泥、垃圾处理设施等较复杂的市政基础设施项目而言，建设单位通常在验收、考核完成后设定 3 个月甚至更长时间的试运行期或指导运行期作为合同任务，要求总承包方完成相关的工作。此时合同应当清晰约定各类能源、废弃物处置、操作人工的费用来源和计量方式，避免产生混淆。

2.2.5 区域信用

随着国内建设领域区信用体系的建立和不断完善，“四库一平台”已经实现了全国联网。国内部分地区开始推行企业信用分制度，分勘察设计、施工条线统计总承包方参与的各类建设项目规模、产值、创优、科技研发、过程中政府监督部门评价及奖罚等基本数据，并按照当地的建设市场特点建立的评价方法给予定期的信用评价，将此信用评价作为工程总承包招标的评分依据之一。此办法强调总承包方必须建立长久持续、全方位工程管理体系并形成良性循环，作为市场竞争的必要条件淘汰信用度差的总承包方，但是不可避免地也形成了地方保护的情况，如对于当地税金缴纳额度、当地项目获奖或注册在当地的企业的各类优势加分情况屡见不鲜。

总承包方在承接陌生区域市场项目的准备阶段，应积极了解计分规则，最大限度地整理数据，录入当地信用分体系，注意设计、施工信用分的分别计分和录入；在实施过程中注意争取各类过程加分内容，如当地的季度安全质量考核加分、评奖创优加分等，规避各类处罚和扣减；通过这些方式，为长远良性经营打下基础。

2.3 项目策划的关键点

市政基础设施项目在招标投标前，建设单位通常会向潜在的投标人征询项目实施的建议书或策划书作为招标投标文件编制的参考。招标阶段一般要求投标人编制承包人实施计划以作为投标文件的组成部分。在招标投标完成后，建设单位往往会要求总承包方申报整个工程总承包项目的策划大纲。此类文件往往是促成项目承接或品牌塑造、二次经营的关键材料，对于总承包方来说应作为项目经营策划的重要工作进行开展（图 2-6）。

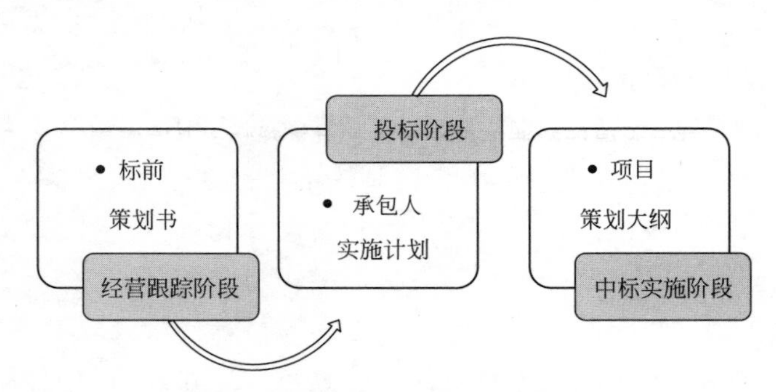

图 2-6　工程总承包不同阶段的策划文件

2.3.1　标前策划书

1. 标前策划书的编制准备

应建设单位要求，潜在投标人在编制标前策划书之前首先应与建设单位进行充分的交流，了解其对项目的要求和疑虑，并争取了解到相关竞争对手的情况，做到有的放矢。有条件的话应该做好前期资料收集、现场踏勘等准备工作，对于异地实施的项目还应该对地区的建设环境、材料市场情况进行调研。

2. 标前策划书的编制重点

在标前策划书具体编制中应该侧重三个方面的内容。

（1）**基本概念介绍**　让建设单位认识到本项目适用工程总承包模式进行建设，对于没有应用过此模式的建设单位应该进行工程总承包模式概念介绍，并结合案例进行优势分析。

（2）**重点内容分析**　应在调查了解的基础上充分分析项目概况、实施难重点和拟采用的对策，对于项目工期等进行常规施工总承包、工程总承包模式的模拟对比，假定自身负责此项目包括前期手续、设计、采购、施工、调试等工作在内的全方位实施进度计划，对于建设单位关心的进度、投资问题的把控措施予以重点说明。

（3）**潜在投标人优势展示**　对于潜在投标人自身的优势、经验和类似项目成功案例应予以说明，充分展示自身的参与优势。为了利于项目开展，标前策划书还应从行业专家的角度对于希望在项目招标投标文件中明确的要求加以说明，如提出招标限价和测算依据、验收和移交标准条件、标书评标办法、投标人资信业绩条件设定要求等有利于自身竞标的内容，也从另一个角度对自身实力予以展示。

例如某可能采用工程总承包模式实施的原水管道工程，潜在投标人在项目标前策划书中写到工程进度管理重点为："本工程进度控制从源头入手，发挥 EPC 管理模式的优势，进行设计-施工无缝对接。在工程设计方面，包括顶管井、拖拉顶管、埋管的结构尺寸、埋深、围护形式等各方面充分考虑到工期的因素，尽可能采取可靠、高效的工艺、结构方式。此外，对于施工过程中出现的各类问题，定人、定时间落实解决，减少对工期影响。编制包括前期手续、勘察设计、设备采购、土建实施、安装工程、调试运行及移交在内的全过程详细的进度计划，采取三级计划预警机制，对于存在延误工期可能性的分部分项施工，及时加大人力、物力投入，准备并采取应急手段解决突发问题。"某污水提标改造工程特点及对策表如表 2-3 所示。

某污水提标改造项目标前策划书工程特点及对策表　　　　表 2-3

序号	特点分析	对策
1	工程实施与污水厂运行存在大量的交叉影响，包括周边道路及建构筑物的保护、现状生反池设备的更换等	在现状输水渠边设置闸门切换井，切换提标改造前后的水流走向。施工时不影响现状污水厂运行；更换现状生物反应池设施时采用分组停水，集中实施，分组恢复方式。尽可能保证污水厂的处理能力；施工区域分阶段划块全封闭施工
2	随塘河、长江沿岸防汛构筑物的监测与保护	做好与防汛、航道等部门的沟通，委托第三方单位进行定期监测
3	综合池与溢流水调蓄池深基坑(9m)施工及周边保护	发挥设计施工一体化优势，采取合理、经济、可靠的围护方式，既满足施工需求，又将对周边设施的影响降至最低
4	由于本工程属于扩建改造工程，施工场地狭窄、工期紧张等	利用企业上级单位的优势，充分调配设计、采购、施工各方面的资源，精心策划，全力实施

2.3.2　承包人实施计划

国家发展改革委、工业和信息化部等九部委联合颁发的《关于印发简明标准施工招标文件和标准设计施工总承包招标文件的通知》附件招标文件对承包人实施计划的编制内容做出了具体要求，包括概述、总体实施方案、项目实施要点、项目管理要点四章共 27 个具体要点。作为投标人进行承包人实施计划时，应当认真研究招标文件特别是评标办法，仔细踏勘工程现场，编制人应在有限的招标期限内与设计人员进行充分沟通，读懂设计文件，将自身工程总承包的管理优势与设计理念相结合，在符合招标文件的前提下进行有针对性的编制，为项目量身定做相关内容。在编制过程中应避免生搬硬套，大篇幅放置放之四海而皆准的内容，甚或直接抄袭规范等现行文本内容。一个成熟的投标人应将项目实施经验不断总结，形成具有特定优势或针对性的文本素材，充分体现自身在工程总承包方面的特点，结合每个具体工程招标要求进行完善和补正，从而达到事半功倍的效果。

承包人实施计划的内容不应局限于文件所规定的 27 个具体要点，应结合投标人本身的条件及对项目的综合理解进行拓展陈述。承包人实施计划应从概述开篇，基于自身理解对项目进行简要介绍，对项目范围、特点进行描述。总体实施方案是承包人实施计划中最关键的内容，应从该项目目标、项目实施组织方式、项目阶段划分、项目工作分解结构、对项目各阶段工作及文件的要求、项目分包和采购计划、项目沟通与协调程序分别阐述描写。

1. 项目目标

项目目标应以响应招标文件要求为原则，涉及提高目标有评标加分的因素可以结合自身能力适当提高项目目标。项目实施组织方式中应对投标人自身的企业综合实力予以全方位的介绍展示，然后有针对性地进行投标项目的总承包项目管理组织机构的人员配置、权限和流程设定，并明确总承包方项目管理组织机构的主要管理人员及职责。

2. 项目工作分解结构

项目工作分解结构包含总承包方从项目部设立、来往文件管理、支付管理、采购管理、施工管理、变更管理、调试管理等在内的各项实施管理设想安排。对项目各阶段工作及文件的要求应从设计计划阶段、实施管控阶段、竣工交付阶段分别着手阐述基本工作要求和工作内容。项目分包和采购计划应说明计划进行的施工专业分包与劳务分包安排、采购实施单元的划分计划。

3. 项目沟通与协调程序

项目沟通与协调程序包括项目的文件、审批、报告、会议等沟通方面的流程说明。

4. 项目实施要点

项目实施要点围绕招标内容来进行分解说明，如勘察设计实施要点、采购实施要点、施工实施要点、调试实施要点等，要说明每一个阶段的要点目标、任务范围，并对主要工作方法进行完善说明。

5. 项目管理要点

项目管理要点从常规的合同管理要点、资源管理要点、质量控制要点、进度控制要点、成本控制要点、安全管理要点、沟通与协调要点、财务管理要点、调试管理要点等进行说明。所有的管理要点均要体现投标人对工程的理解和采用的针对性措施，如新冠肺炎或其他传染病疫情期间投标人可以在本章节增加疫情防控的工作要点，体现投标人对项目本身的深入思考和与时俱进的管理思想。

例如某采用工程总承包模式实施的城市道路综合整治工程，由于涉及周边多个居民小区和沿线单位的进出管理，投标人在“沟通与协调要点”章节中将周边环境、社区、沿线单位、派出所配合与协调作为描述的重点内容，充分说明了投标人已经进行了摸排和联络工作，介绍了相关负责人和联络成果，然后对施工期间如何保证沿线居民和单位通行方案予以阐述，反映了投标人已在此方面进行了深入思考，并通过先行沟通具备了先发优势，最终在评标中获得了优势得分。

2.3.3 项目策划大纲

中标后，投标人的身份转变为总承包方，招标投标文件、合同文件条款已明晰落实，项目各项情况应已充分了解掌握，并已与建设单位进行了若干次的沟通。此时的项目策划大纲应在承包人实施计划的基础上进行深化完善修改，作为整个项目执行的纲领性文件。

与施工总承包项目不同的是，项目策划大纲不应与施工组织设计相重复，侧重点应从具体的施工方案放大到整个项目全部的合同内容，在进度计划上应当涵盖设计、采购、施工等内容，如果合同内容包括勘察、试运行等也应一并排列；在资源投入上不仅要考虑施工装备和劳动力的投入，也要考虑设计人员投入和工效；在管理要求上应该制定整个项目全方位的管理制度，重点强调设计、施工、采购等板块的衔接和融合机制；在重难点分析方面应该考虑设计、采购的难点，如进口设备采购加工周期及关税相关政策分析要求（表 2-4）。

施工组织设计与项目策划大纲编制的异同 **表 2-4**

内容	施工组织设计	项目策划大纲
总体原则	侧重于施工技术方案和组织安排	项目全面管理内容
进度计划	只需要考虑现场工作内容	合同全部内容的计划安排
资源配置	只需要考虑施工相关工、料、机资源	设计、采购、施工的全面投入
管理要求	只需要考虑现场施工的制度要求	涵盖全部工作，并重点反映板块衔接
难点分析	只需要考虑施工的难重点	设计、采购、施工的难点并制定对策

项目管理策划大纲应包含编制说明、工程概况、项目管理目标及要求、工程特点及难点分析、项目管理模式、项目实施主要施工工艺、项目内部管理制度及要求、项目管理亮点特色、资源配置计划、项目内外沟通的程序及规定、风险管理计划等内容。

1. 编制说明

编制说明包括编制依据、编制原因以及编制目的。着重说明项目管理策划大纲是对工程项目施工阶段实行全过程、多方位的管理和监控，目的是对工程项目进行科学决策、有效采购、整合和使用资源，从而提高项目核心管理者的综合控制能力，规避工程风险；同时对工程建设的行为进行监控、督导、管理和评价，为项目建设营造一个高效、和谐的管理环境；项目策划同时能起到协调各部门之间与外部门之间的相互关系，明确各方职责，统一各方的作用。

2. 工程概况

工程概况需要描述工程内容、项目总投资、工程总承包合同价、占地面积及建设规模、参建单位、工程设计目标（合同约定的主要验收指标）、包括设计及调试在内的主要节点目标等内容。

3. 项目管理目标

项目管理目标及要求包括质量、安全、文明施工、环境保护、创奖评优等重要目标。

例如某采用工程总承包模式实施的污水处理厂新建项目总承包管理目标为：一次验收合格，确保市政工程金奖。工程质量达到工程备案制验收要求，同时通过有关政府职能部门的验收。分部分项一次验收合格率要求达到100%；较大及以上等级安全责任事故为零；确保市级文明工地；符合国家和地方有关建设工地环境保护的法律、法规的要求，避免环境污染事件的发生。

4. 工程特点及难点分析

工程特点及难点分析应包含进度管理、质量管理、安全文明施工管理、分包管理、协调管理等多方面特点和难点，并制定相关对策。

例如某采用工程总承包模式实施的城市桥梁及地面配套道路新建项目工程总承包在进度管理方面的难点分析为：本工程时间只有 549 日历天，包括测绘、勘察、设计、施工、联动调试、人员培训等多项内容，且土建施工还包括深基坑等多项风险性较大的工程，施工的工程量相当大，工期非常紧张。相应对策为：在我方中标后，立刻组织勘察人员进场进行勘察，设计人员参考周边项目类似勘察成果同步进行施工图预设计，待勘察成果提交后再进行复核修正，施工图设计阶段考虑对基坑围护方式进行调试以提高工作效率，同时组织施工人员进行三通一平、大临设施的施工；专人负责及时做好方案评审、开工证照办理，确保工程尽快、顺利开工；在施工准备阶段，及时同有关部门和建设单位进行沟通，在施工图设计完成后分批次分阶段配合建设单位及时送有关部门审批，在审批的同时进行施工方案的编制，危大工程方案专家评审及时衔接；合理安排施工流程，以竣工目标倒排进度计划，关键工作内容细排到每一天，合理进行资源配置，在确保安全的前提下组织夜间施工。

5. 项目管理模式

项目管理模式包括管理组织机构与主要职责、现场生活办公设施布置、包括分阶段封闭施工及交通规划安排在内的施工现场总体布置、分包划分方案及内部甄选计划、分包合同管理等内容。管理组织机构与主要职责应列出包括设计、施工、采购等各专业岗位在内的人员表，并说明各岗位在本项目的岗位职责；现场生活办公设施布置应包括大临设施的具体布置安排、管理人员及务工人员的食宿方案；施工现场总体布置应针对施工的不同阶段考虑封闭施工、交通规划、起重设施的布置；分包划分方案及内部甄选计划应考虑到本项目专业分包、劳务分包、设备采购等分包内容切分、界面及内部招标或询价直至签约时间表；分包合同管理应说明对分包履行合约过程中的支付流程、业务来往手段、会议沟通方式等。

6. 项目实施主要施工工艺

项目实施主要施工工艺应将本项目需要编制的施工组织设计、专项施工方案、危大工程施工方案逐一列出，并对需要进行专家评审的方案予以说明。

例如某采用工程总承包模式实施的自来水厂新建项目需要编制的相关方案如下：施工组织设计、环境安全保证计划、事故响应应急预案、大临施工方案、临时用电施工方案、塔式起重机安拆及使用施工方案（含群塔施工，需进行专家评审）、桩基施工方案、地基加固及围护工程施工方案、基坑开挖及支护施工方案（含深基坑工程，需进行专家评审）、主体结构施工方案、大体积混凝土施工方案、脚手架施工方案、模板支架施工方案（含高支模工程，需进行专家评审）、机电设备安装及调试方案、室外总平施工方案、联动调试及试运行单位方案。

7. 项目内部管理制度

项目内部管理制度及要求应在企业关于工程总承包管理的各项制度基础上结合项目特点、分包内容，围绕安全文明施工管理、质量管理、进度管理、成本管理、技术管理、合同管理、信息管理等方面细化约定具体管理要求，并制定各项管理工作的流程，明确各项工作分工及责任人。

例如某采用工程总承包模式实施的自来水厂升级改造项目在成本管理方面主要成本管理人员分工如表 2-5 所示。

某自来水厂升级改造项目成本管理责任分工 **表 2-5**

岗位责任人	主要分工
项目经理	项目总体经营思路的确定、工作量和利润的监管
施工经理	项目施工阶段的成本控制、签证索赔、对外协调
商务经理	成本分析、审核分包上报工程量，组织向建设单位提交索赔签证
设计经理	基于降低成本的原则在符合规范、合同约定的前提下及时组织进行设计优化，下发设计变更单，指导施工

8. 项目管理亮点特色

项目管理亮点特色需要项目管理团队集思广益，结合项目特点制定独有的一些管理亮点，为今后品牌宣传、创奖评优打好基础。

例如某采用工程总承包模式实施的自来水厂新建工程总承包项目管理团队发挥设计优势，将常见的安全教育体验区进行技术革新，提供一种用于建筑工程施工安全体验的组合式箱体装置，以及所述组合式箱体装置的使用方法和安装方法，用于解决上述现有技术中的不足之处，在具体的实际应用过程中，旨在大大减少实施的占地面积、现场安装时间以及综合成本，而且可以满足全天候的使用，不再受气候环境的影响。其具体亮点描述为：采用一体化箱体模块形式作为安全体验区的载体，可以实现立体式化布置格局，从而可以大幅度减少体验区占地面积，在实现相同体验效果的条件下，占地面积约为传统形式下的 13%；采用一体化箱体模块形式，从材料加工、安装、预装照明、电气、装饰、门窗、各类展示体验装置安装均可在加工车间完成，在实现规模化、标准化生产的同时，使得现场二次安装的工作量大幅减少，在实现相同规模的条件下，现场安装周期约为传统形式下的 25%；每个一体化箱体模块内可以单独布置各项展示体验装置，形成模块化、单元化体验区，根据现场场地条件自由旋转、叠加组合、增加减少；采用一体化箱体模块结构，可以实现重复周转使用，使得综合成本大幅降低，每平方米一体化箱体模块体验区造价在 3500 元左右，在实现相同规模的条件下，一次投入总造价约为传统形式下的 80%，而考虑到周转使用因素（使用寿命 10 年，周转次数 5 次，单次保养费用 2500 元），综合成本可以进一步下降至传统形式下的 20%；由于所有体验展示设施均位于箱体模块内，环境相对封闭，且内部布置有照明设施，可以满足全天候使用，便于工程作业人员利用空余时间进行体验。

9. 资源配置计划

资源配置计划有别于施工组织设计中的资源配置方案，除了常规的各工种劳动力投入、机械施工投入、材料设备采购投入方案及对应时间节点之外，还应体现出设计各专业人员安排、调试人员安排等计划，全方位对整个项目工程总承包履约过程所需要的各方资源投入制定详细计划。

10. 项目内外沟通的程序及规定

项目内外沟通的程序及规定既包括项目内部沟通，如项目管理组织机构与企业各管理职能部门之间的沟通协调，还包括分包商、设备供应商的沟通协调，也包括项目外部沟通如与建设单位、监理单位、政府相关部门等的沟通协调，主要依据项目有关合同文件、相关法律法规及制度等进行，在策划大纲中应说明内外部沟通程序特别是书面文件的审批和发送，宜对项目沟通书面文件指定专人负责收发和登记。沟通程序中应强调收到书面文件的处理流程，必须明确审阅及处理意见、回复拟文、审批、发送、归档记录的相关流程和责任人。

11. 风险管理计划

风险管理计划考虑项目初始、项目实施两阶段的工作内容。

(1) **项目初始阶段风险管理**　在项目初始阶段的风险管理包括风险管理计划编制、风险识别、定性风险分析、定量风险分析、风险应对计划编制五部分内容组成。

(2) **项目实施阶段风险监控**　项目实施阶段需要进行风险监控、并按照项目实施情况动态调整风险管理计划。市政基础设施项目通常需要考虑的风险管理包括安全风险、质量风险、费用风险、设计风险、管理风险、不可抗力风险等方面内容，针对这些风险应考虑制定相关措施。与工程难点特点分析不同的是，项目风险管理的范围更大，不仅考虑到项目客观存在的明显的难点，也需要考虑不可抗力等小概率事件、设计错误等人为主观行为产生不利于项目实施的问题。如某污水提标改造工程考虑的设计风险及对策为：主要体现在施工图可能会出现失误或错误，由于以初设深度的设计资料为依据进行投标，施工图可能会在子目与数量上有出入。采取的对策包括施工前及时做好施工图的会审和设计交底工作，在施工中及时反馈关于图纸问题的建议，避免因图纸问题而返工；由于总承包合同与分包合同签订时的设计深度不同，所以在签订分包合同时尽可能考虑各方面变更因素，并完成必要的设计优化，避免因设计而产生分包方对总承包方的索赔（图 2-7）。

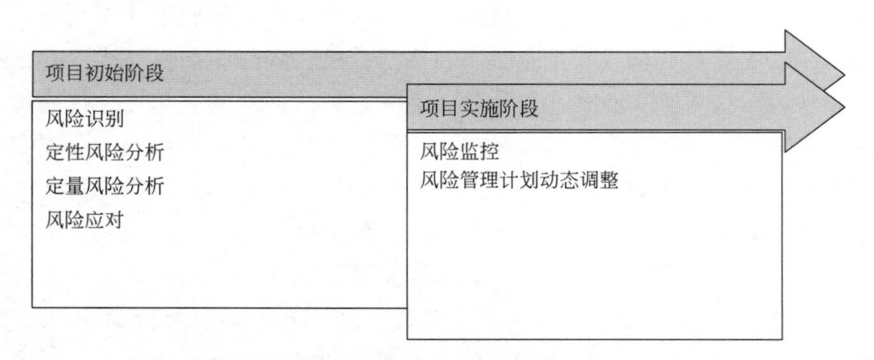

图 2-7　工程总承包风险管理计划编制要点

第3章　工程总承包的组织建设

市政基础设施项目工程总承包的承接，需要有相适应的企业组织架构和项目组织架构、企业文化、人才梯队等全方位的企业平台，传统的设计、施工企业均需要对其现有的组织体系进行改造后方能适应这一变化，并通过不断的项目实施逐渐调整完善。

3.1　企业的变革

3.1.1　组织机构的重塑

对于从事工程总承包的企业而言，需要建立一套包含设计、采购、施工、调试等职能在内的组织机构，每个部门或板块之间相互独立又密切配合。当初涉工程总承包项目时，由于工作内容差异的原因，各部门或板块考核机制往往按照既定地域、市场划分原则负责各自的工作。由于相互独立考核的原因，当面对同一个项目时，不同的人员有不同的理解和目标设定，存在一定的矛盾。在企业组织机构方面，应当考虑设置专门的工程总承包管理部门和安全管理部门，在组织机构方面，需要以项目为中心，重塑跨部门的项目管理组织机构，囊括设计人员和总承包人员并建立共同的目标愿景。

1. 独立业务部门设置

大中型企业往往下设二级机构作为设计或总包项目承接实施的主体单位，在开始承接工程总承包业务时，往往会设立一个专门的业务部门来进行项目实施管理工作，形成“设计＋总承包”的格局。此种做法的显著优点在于业务起步阶段，便于形成合力，较快速度进入工程总承包的管理轨道，对于总承包项目的设计、总包能够集中力量统抓统管，缺点在于设计和总承包板块的利益格局不便于分配，跨部门协调工作量大，难以形成共同的工作目标，最终形成“设计施工两张皮”的情况，不利于工程总承包业务长远的开展（图3-1）。

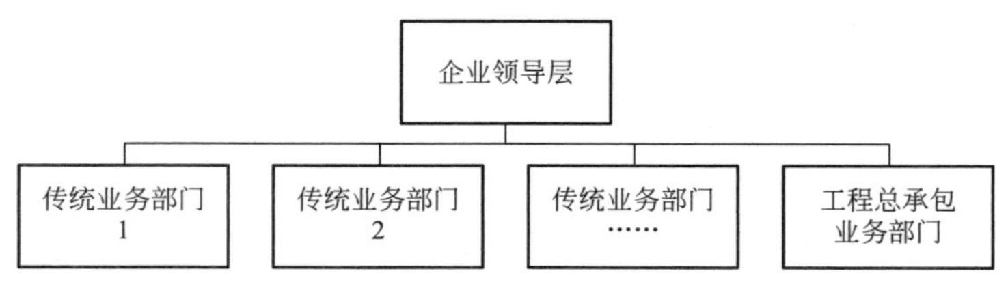

图3-1　独立业务部门设置后的组织机构图

2. 二级机构融合设置

部分企业在发展到一定规模时，将承担设计或总包任务的二级机构进行业务拓展，将专门的总承包部或设计部门“裂变”后下放到二级机构中，培育二级机构独立的工程总承包能力，集责、权、利于一体，降低了企业跨部门之间协调的工作负荷，便于推进设计、总承包之间的相互融合，实现工程总承包模式的初衷（图 3-2）。

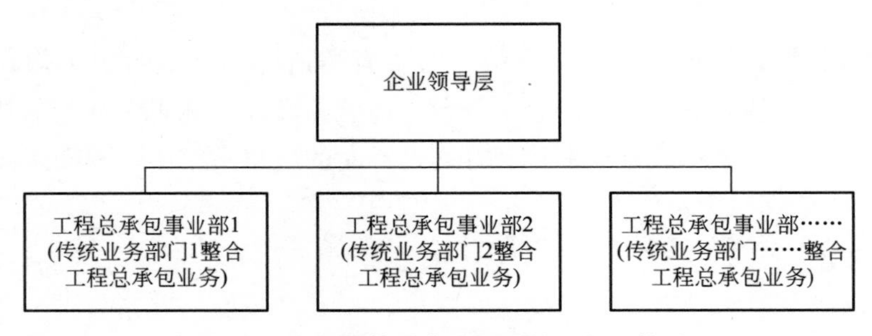

图 3-2　二级机构融合设置后的组织机构图

3.1.2　人才团队的建立

1. 团队的总体建立

任何一个企业在开始承接工程总承包业务后，都应该建立起相应的团队，从社会引进、原有人才转岗、学校招聘等不同渠道建立对应不同岗位等级的人才梯队，并进行分级培养，通过项目时间锻炼和培养人才，也应组织专业的学习培训提高团队的总体水平。针对各专业人才的培训有企业文化与团队价值观的塑造培养、工程总承包业务技能的培训、团队技能的培训等主要内容，通过专题培训、师徒带教等方式促使个人价值观与团队价值观保持一致，提高个人专业技能和管理能力，培养团队协作能力。

无论是设计、施工企业，对于工程总承包人才培养不应按照以往的设计、施工人才模式套用，应该结合企业的具体情况，包括组织机构、规模和业务承接情况，以长远持续承接和发展市场为导向，通过各岗位轮岗、师徒带教等办法，对于传统施工管理人才，要培养设计的总体概念，对于设计工作程序要熟悉了解，对于技术水平方面要向设计板块有所延伸和靠拢，具体项目了解其设计理念、主要指标、工艺理论、建筑结构设计标准等主要设计信息，对于传统设计人才，要深入现场培养施工管理特别是提高设计的可行性、经济性能力，提高合同管理方面的能力，树立设计引导的理念，了解工程总承包合同的具体内容，并在设计工作中时刻保持合同一致性、效益最大化的理念。

2. 项目经理的培养

（1）**基本资格**　工程总承包项目经理是工程总承包项目成功实施的核心灵魂，此岗位必须熟悉市政基础设施项目工程设计、施工管理、采购管理、调试管理、成本管理等范畴的工作内容，同时具备综合协调、综合调度的能力。目前政策层面对项目负责人资质要求比较宽泛，《房屋建筑和市政基础设施项目工程总承包管理办法》（以下简称《办法》）中规定：“工程总承包项目经理应当具备下列条件：（一）取得相应工程建设类注册执业资格，包括注册建筑师、勘察设计注册工程师、注册建造师或者注册监理工程师等；未实施注册执业资格的，取得高级专业技术职称；（二）担任过与拟建项目相类似的工程总承包项目经理、设计项目负责人、施工项目负责人或者项目总监理工程师；（三）熟悉工程技术和工程总承包项目管理知识以及相关法律法规、标准规范；（四）具有较强的组织协调能力和良好的职业道德。”在实际操作中，首先工程总承包项目经理自身应该具备“一专多能”的能力，在设计或施工的技术领域有一定的研究和经验，同时具备较强的商务管理能力和意识，在基于项目实施的角度必须具有调度设计、施工资源的能力。工程总承包项目经理不仅能够与设计经理、施工经理、采购经理进行对接和工作安排，能够调度各方面资源，对于整个团队的绩效考核提出决定性意见，更要与原本设计体系内负责校对校核、审核的专业负责人、专业总工程师甚至企业总工程师能够具有较好的交流和推动能力。

作为市政基础设施项目的工程总承包项目经理，应该同时对项目的建设背景、政治意义有所了解和认识，在较高的层面开展和引领团队工作。在某些急难险重项目的政治背景下，与建设单位进行沟通时应高度认识到团队和企业的社会责任，在经济效益方面做好适当的平衡，才能在完成项目的同时收获较好的社会效益和品牌效应。

总承包方应进行工程总承包项目经理任职资格的评定，将具备项目设计、施工经验并满足《办法》对项目经理任职资格要求的人员进行梳理和甄选，形成工程总承包项目经理人才库，通过定期绩效考核或以项目为单位的绩效考核对项目经理进行分类评级，形成稳定的人才梯队。对于项目实施过程中能力、意识不满足要求的项目经理，应采用警告、严重警告或记分等考核方式进行处理，直至取消项目经理任职资格（图 3-3）。

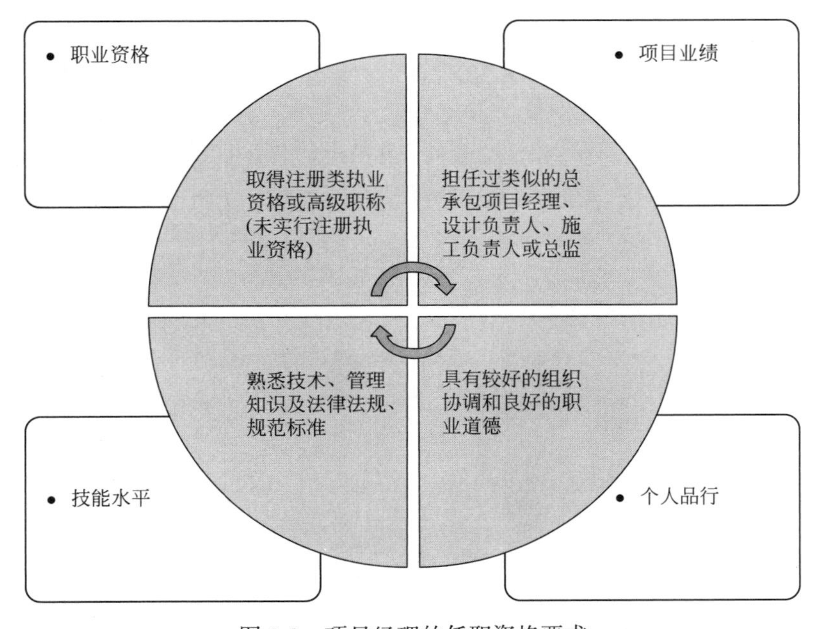

图 3-3 项目经理的任职资格要求

（2）**职业培养** 对于稳定的项目经理人才应组织开展各种业务能力培训学习，与总承包方实际承接的项目相结合进行观摩考察，以提高项目经理总体执业水平。培训学习的内容包括工程设计与施工技术、管理能力提升、法务专题等内容，以项目经理的核心作用最终实现以点带面、全面提高的作用。

总承包方应建立工程总承包项目经理的培养通道，对于个人的职业发挥和职业规划予以引导，主要培养路线为新进员工到施工、设计方面的负责人，然后逐步发展培养成工程总承包项目经理。每个阶段的培养目标、带教手段和成果考核均应充分谋划和考虑，并在过程中不断总结提高。既满足应届毕业生的全过程带教需要，也可以随时安排社会招纳人才的阶段性带教。同时总承包方应考虑到设备采购集成、造价、安全、设计管理等各方面的人才需求，在项目经理岗位培养通道之外建立围绕工程总承包业务多专业发展的通道和机制，弥补总承包方原先的短板和空缺。在工程总承包项目实施过程中，项目经理等主要岗位应该同时肩负带教责任，将个人工作任务与自我的职业成长、职业发展有机结合，通过解决各方面的问题培养个人能力，积累个人工作经验。

3.1.3 经营模式的再造

工程总承包项目的经营与设计项目、施工总承包经营迥异，以技术引领的原则一定程度承袭了设计项目的经营思路，然而在具体竞标等方法上则相对更接近于施工总承包项目，所以总体经营思路应以单纯的技术优势竞争或报价竞争调整为技术引领、凸显总集成能力、精算成本、确保性能的竞争理念，将工程总承包的优势最大化发挥和放大（图 3-4）。

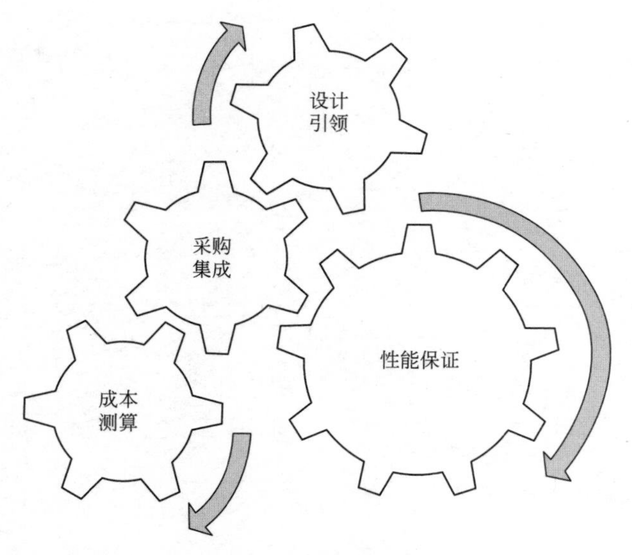

图 3-4 工程总承包经营模式的重点

1. 设计引领

在投标前和投标阶段技术方案应该从设计方面重点着手，在布局上符合规划的前提下体现合理占地、工艺布置线路简洁、人物流交通及参观通道线路布置合理，在结构具体施工方面具有较强的可操作性，通过不同方案的比对体现出一定程度上施工难度、施工成本的降低和施工工期的压缩，以此表现出设计方案的领先性。如市政基础设施项目常见的基坑工程，其围护方式应在设计阶段考虑周边建构筑物和管线情况，支撑方式对坑内结构施工的影响，甚至在围护体施工方面要考虑到当地施工设备机具市场的租赁可能、土方内外驳运的市场行情，最终形成的方案才能真正体现设计引领的技术优势。

2. 设备采购集成

对于涉及设备采购集成的工程总承包项目，传统设计企业可以利用自身平台的优势，将在设计工作中与各设备供应商建立的沟通渠道作为设备采购集成的先天优势，在投标阶段进行充分的技术交流和询价比价工作。参与工程总承包的企业通过若干工程总承包项目的实施，形成设备集采的平台，对于定型化设备产生规模采购优势，从而在成本方面占据竞价优势。有条件的企业可以对于特定方向设备进行深入研发，形成具有企业自主知识产权的成套设备，实现真正意义的设备采购集成。在经营工作中能够对设备采购集成部分做到快速精准的询价和成本测算，对于限定品牌范围的招标，与性能可靠、价格合理的相关设备供应商迅速达成合作意向，获取授权书甚至是唯一授权书，是竞标决胜的关键。

3. 成本测算

工程总承包项目的成本测算，与常规施工总承包项目不同的是，无论是投标还是实施过程阶段，留给商务团队的时间非常紧张。特别是对于工程总承包项目投标而言，前期大量的时间主要用作设计方案编制和设计图纸深化，完成后方具备测算条件，所以对商务团队的效率、水平提出了较高的要求。在测算方面除了要做到工程量核算和综合单价组价精准快速，各类工、料、机的市场行情熟悉了解之外，对于深度不足的图纸能够通过与设计人员的沟通进行较精准的测算，比如结构专业图纸在模板图完成、配筋尚未完成的阶段，通过交流了解含钢量的平均水平，即可进行施工图预算编制，可节约较多的时间。同时，在测算过程中，要结合工程的限价情况不断向设计人员提出反馈意见，便于设计人员结合商务要求修改调整。

4. 性能保证

性能保证是作为建设单位实施工程总承包模式最重要的诉求之一，总承包方必须非常重视，所有的设计、设备采购集成、调试工作必须围绕招标投标文件、合同文件要求的性能指标进行。运行处理能力要考虑到建设单位提供的边界条件进行精准的计算并适当留余量。计算过程中发现的边界条件不清、错漏等问题应及时与建设单位反馈沟通并澄清。各类能源消耗除了理论计算之外，还要结合设备采购集成的情况与设备供应商进行具体对接，复核其提供的数据，用其数据进行计算修正，还要考虑到系统损耗，将整个系统的线路损耗等考虑计入。有些工程总承包合同还要求对工后的运行费用进行测算承诺，还需要商务团队了解能源、耗材、废弃物处置和人工日用水平，再进行计算。在经营过程中，总承包方应凸显自身的性能保证优势，赢得建设单位的信任。

3.2 设计企业的转型

3.2.1 总体理念的转变

1. 固有心态的问题

由于设计企业长期位于行业上游地位，设计企业部分设计人员抱着“设计朝南坐”的固有心态墨守成规，从内心抵触总承包相关的各项工作，不能发挥设计从前端对成本、进度的把控作用，此类情况在设计企业初尝工程总承包时屡见不鲜。一方面是从企业角度缺乏有效的绩效考核机制，另一方面是从个人角度在思想格局上没有认识到开展总承包工作的必要性，特别是在设计工作中忽视工程总承包合同，过于强调设计冗余，忽视了总承包项目对成本、进度的需求。改进此状况，设计企业必须加强内部交流与互动，增进理解，提高合约意识。相关的培训和宣贯不仅针对总承包人员，也必须囊括涉及总承包业务的设计人员。

2. 重视和转变

设计企业中的各专业设计人员必须清晰地认识到，工程总承包模式的应用是历史趋势，是市政基础设施项目未来工程建设的主要模式。每个人必须在历史的潮流中顺势而为，抓住机遇进行变革和转型，正确认识到参与工程总承包项目中个人所肩负的使命和责任，紧紧围绕企业战略发展目标，以规范要求、项目总承包合同为各项工作的实施准则，融入工程总承包管理的团队中，努力完成各方面工作任务，为项目效益增收和品牌塑造贡献力量。

计划开展或已经开展工程总承包业务的设计企业应建立与工程总承包业务相适配的人才培养和考核制度。不仅是对项目管理人员的考核激励，更应重视源头上设计人员的考核制度改革。参与工程总承包项目的设计人员的付出往往比单纯设计项目大得多，为了确保项目达成目标，设计方案反复斟酌、修改屡见不鲜，而设计人员的积极性也决定了工程总承包源头的质量。因此企业也应及时将战略部署转化到具体的行动方案上，以人才培养和考核制度带动工程总承包业务的良性健康发展。让全体员工清晰认识到企业承接工程总承包业务和个人参与工程总承包项目带来的好处，促进全方位的转型和发展（图 3-5）。

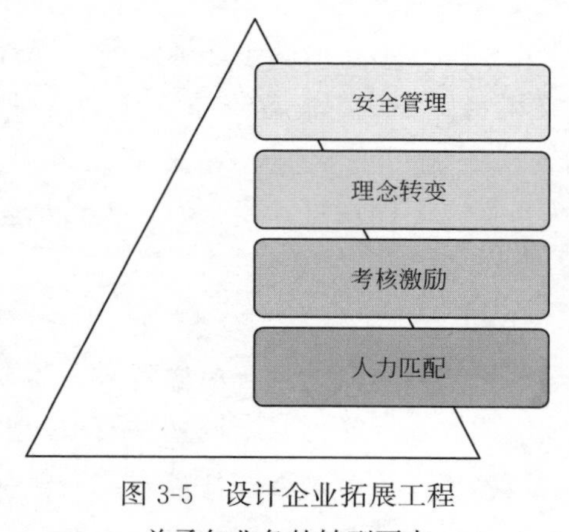

图 3-5　设计企业拓展工程总承包业务的转型要点

3.2.2 设计人员的激励

1. 考核机制的建立

有责任心的设计人员参与工程总承包项目，往往比同样规模的设计项目付出更多的精力，极其可能影响了其他项目的工作。设计企业必须重视此情况。如果工程总承包项目的红利不能分享，极有可能影响设计人员的积极性，导致配合度下降。在设计质量、设计进度、限额设计三个方面必须建立考核机制，持续深化工程总承包项目的配套措施，明确设计人员的责、权、利，提高设计人员的积极性和管控意识。

2. 考核机制的重点

参与工程总承包项目的设计人员考核可从以下方面进行着手：

（1）**横向比较** 原有的设计质量、产值计算方式、考勤方式继续保持，并及时做好统计工作，不需要打破原有的考核制度，便于最终将参与和未参与工程总承包项目的设计人员的绩效考核收入等进行横向比较。

（2）**综合奖罚** 在设计进度方面能够按计划甚至提前完成设计工作的，应给予奖励；在设计质量方面产生优化并最终形成效益的应按照区间进行奖励，在限额设计方面因设计人员疏漏或被动状态出现问题造成成本增加的应给予一定的扣罚；在设计现场服务方面深入现场主动积极参与工程管理，提出合理化建议被采纳，或在设计本职工作之后能够积极配合参与设备采购集成采购、调试等工作的应给予奖励。

3.2.3 安全工作的重视

1. 安全管理基本体系的建立

传统设计企业在职业健康、安全、环境管理方面往往不太关注，而在工程总承包业务方面，这一点却是必须作为重中之重的工作内容。初涉工程总承包业务的传统设计企业应尽快建立起完整的安全生产保证体系，完成安全生产管理组织机构的建立，明确下属各级单位、部门的安全生产管理职责要求，完善并建立安全生产管理的各项规章制度并加以落实，加强安全生产方面的检查、整改、考核、奖罚的全面管理，编制各层级的安全生产事故的救援预案并进行演练，培养安全生产事故发生后的应急处理能力。在具体工作方面，设计企业应该明确所有岗位的“一岗双责”的安全管理职责，明确自上而下各岗位的安全生产责任制，设立独立的安全生产管理机构和企业安全总监的岗位，统一从条线上对各项目进行管控和约束。通过上级文件精神传达、落实检查、定期检查、物资统一采购调拨、安全专题会、安全流动红旗评比等系列活动，有效提升安全管理地位，形成较好的全员安全氛围。在技术方面应由分管工程总承包业务的企业技术负责人对各类施工组织设计、施工方案进行审查。

2. 分包方的管理

设计企业在对分包方进行安全管理时应做到“横向到边、纵向到底”，从企业层面进行合格供应商名录、合格分包方名录的建立和定期考评淘汰机制，结合本企业特点进行分包安全管理协议范本编制，对危险性较大的分部分项工程建立方案审核、实施检查的管理制度。从项目层面应建立并完善全套项目安全管理制度，对施工现场的安全情况进行实时的监管，对人、机、料的各项资质资料进行全面深入的检查，对于各类违章违规行为及时发现、及时提出整改要求，必要时勒令停工。

2016年11月24日早晨7时40分，工程总承包模式实施的江西丰城电厂三期扩建工程项目现场发生了冷却塔施工平台整体坍塌的特别重大事故。事故导致73人死亡，另致地面施工人员 2 人受伤，事故直接经济损失高达 10197.2 万元。事故调查组在报告中指出本项目总承包方中南电力设计院有限公司存在下列问题：①管理层安全生产意识薄弱，安全生产管理机制不健全；未设置独立安全生产管理机构和安全总监岗位。②对分包施工单位缺乏有效管理；未按规定要求对危险性较大的分部分项工程进行管理。③项目现场管理制度流于形式，未对施工现场的安全、施工等各项管理义务进行有效管理。④部分管理人员无证上岗，不履行岗位职责。对于本项目总承包方中南电力设计院有限公司，事故调查组建议责令工程总承包停业整顿一年、吊销安全生产许可证的处罚，建议给予 2000 万元罚款。[1] 由此可见进入工程总承包领域的设计企业如果在安全生产管理方面不能有足够的重视，安全生产管理能力与承接的工程总承包业务不相匹配，必将造成无法承担的恶劣后果。

3.2.4　团队规模的适配

1. 团队的总体任务

工程总承包管理团队既包括设计、施工技术工作，也包括了采购、安全等在内的管理工作，融技术工作、管理工作和外部沟通于一体。工程总承包管理团队对工程项目进行动态的计划、决策、整合、实施、整改、协调、控制、处理、总结的各类活动行为，在低维度实现预期的总体项目目标，在高维度推进总承包方的工程总承包事业发展。工程总承包管理团队的建设是总承包方转型和发展的关键工作。总承包方应及时基于企业现状和企业战略发展要求进行合理的人力资源配置，做好团队建设各项工作。

2. 个人与团队的关系

优秀的工程总承包管理团队应具有共同的使命和愿景，团队内部始终保持高度的信赖感和默契感。设计、施工、设备采购集成、商务等不同专业的人才愿意将不同的专业技能、知识和经验进行相互交流和有机组合，将业务的发展与个人的事业紧密融合，发挥出整体协同的效能。工程总承包管理团队应按照总承包方的发展方向和规划部署来确定建设目标及计划，围绕每一个所承接的工程总承包项目分解和细化项目团队建设目标，并配置好对应的人才。

3. 人力资源的平衡

初期开展工程总承包业务的设计企业往往面临两个方面的问题，因为承接的业务不能持续稳定发展，造成工程总承包管理团队建立发展决心和信心不足，反而影响了已承接业务的正常进展，引进人才、扩大队伍和业务规模无法持续保持，存在较大的矛盾。设计企业应该清楚地认识到，团队是项目承接的基石，要对未来的市场进行分析和判断，在团队建设方面应该留足余量，才能进行良性循环发展的阶段。无论何种模式，因为人员缺岗不到位造成的事故普遍常见，因此而被追究管理责任得不偿失。设计企业同时需要培养现场-采购、总包-设计的跨界人才，实现部门内的调度平衡能力，解决单个岗位工作职能偏窄，抗波动能力差的问题。

---

[1] 江西丰城发电厂“11・24”坍塌特别重大事故调查报告

3.3　施工企业的延伸

由于工程总承包项目是以设计、施工结合为基本特征，总承包方如果没有设计能力，则不可能承接工程总承包项目。由于起步较晚的原因，国内市政基础设施项目施工企业开展工程总承包业务一般仅局限于“施工图设计+施工”的模式，真正涵盖设计、采购、施工全过程的非常少。设计、设备采购集成人才的短缺是制约施工企业拓展工程总承包业务的瓶颈问题。施工企业参与EPC总承包项目，除了与设计企业采取联合体的模式，应逐步培养自身的设计团队，申请设计资质，从工艺相对简单的项目着手参与工程总承包项目，如常规市政道路、中小型桥梁等；也可积极参与某些以施工能力、施工装备为引导的工程总承包项目，如超深基坑、隧道采用的铣槽机、盾构机等特种施工装备情况决定设计内容的项目。

住房和城乡建设部办公厅2018年7月4日《住房城乡建设部关于同意上海、深圳市开展工程总承包方编制设计文件试点的复函》[1] 中指出：“同意在上海、深圳市开展工程总承包方编制施工图设计文件试点。”由此可见，施工企业参与工程总承包项目，施工图设计能力是必须具备的能力，在组织机构、资质方面完成延伸升级之外，更需要通过人才引进、培养完成内部设计院的建设。同时需要将企业自己的施工技术、施工装备优势融入进设计理念中（图3-6）。

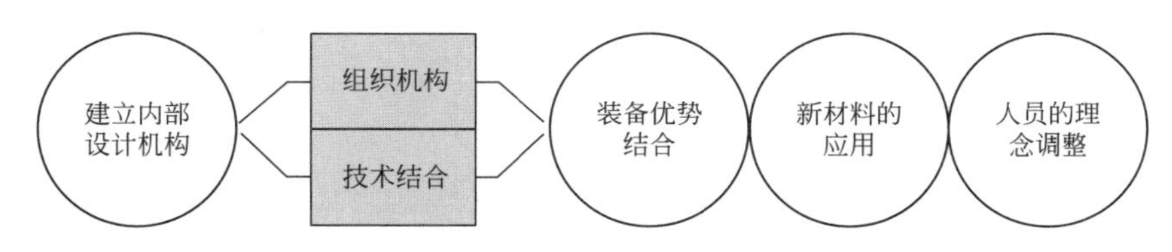

图3-6　施工企业拓展工程总承包业务的延伸要点

3.3.1　内部设计院的建立

内部设计院并非是集团化企业下属与独立法人的施工企业平级的设计院。此类设计院与施工企业由于不同独立法人的原因在实际承接项目中必须以联合体的方式方可承接项目，仍然存在各类利益分割、诉求争议的问题。施工企业为了项目实施的需要，设立内部设计院并申请设计资质，以满足独立承接工程总承包项目的需求。由于市政基础设施项目涵盖专业范围较广，此类设计院的成立需要考虑企业自身特点，以引进匹配路桥、水务、环境、地下工程、轨道交通、景观等某一项或几项施工专长的专业团队起步，逐步打造设计能力，在专业范围再进行业务延伸。

内部设计院的生产和基本质量管控属于专业性非常强的工作，必须从外部引进包括各专业设计人员、专业负责人、专业总工程师等相关人才，按照国家法律法规的各项要求，

[1] 建办市函〔2018〕347号

参照成熟设计企业的制度流程进行管理，严格落实校对、校核、审核、审定的管控流程。施工企业也应努力招收应届生，基于企业自身的管理理念培养“原生”的设计人才，形成稳定的设计团队。

与传统设计企业不同的是，施工企业内部的设计院首先是为承接工程总承包项目而服务的，其质量要求、进度要求应该响应工程总承包合同的相关要求，在投资管控方面应该具有更高的要求。绩效考核制度应该充分考虑这方面的需求，施工企业应在既有的项目考核责任制度上进行拓展，增加设计人员特别是设计经理的奖罚机制。在工程经济方面，施工企业原有的具备资质的商务团队可以逐步学习转岗或兼岗，系统性地完成对估算、概算指标和编制规则的学习后，可以参与可行性研究估算、初步设计概算等编制工作，由于施工企业商务团队具备较丰富的项目施工阶段的经验，可以充分对项目建议书、可行性研究、初步设计等阶段存在的经济问题或风险进行更深入的分析，避免错漏。

在企业硬件投入方面，施工企业除了应采购电脑、打印机、绘图仪、CAD 等常规软硬件之外，还应该考虑采购或定制设计项目信息管理系统等管理软件，并进一步配置专业级无人机、REVIT、VR 眼镜等结合 BIM 技术所需要的软硬件装备，实现设计工作的数字化、信息化管理。

3.3.2 施工技术与设计的结合

承接工程总承包业务的施工企业将施工技术与管理经验前置，通过与设计的结合，形成了施工技术和管理人员理论水平、经验与设计的结合，施工装备优势与设计的结合，施工材料的供应优势与设计的结合。由于施工企业在施工总承包中长期积累的“二次经营”经验，通过逆向思维可以使得施工企业在设计阶段提出各类优化变更措施并完成对比选择，实现成本管控。

施工企业的人才梯次幅度较大，既包括了项目现场的施工员、材料员、质量员、安全员等简称“八大员”在内的基层管理和技术人员，也包括企业技术研发、管理等职能部门，以及高学历、高职称的企业负责人等领军人物。在与设计结合方面，应该从各个层面着手。企业负责人通过对国家政策的消化和学习，在战略发展方向上明确方针，企业内部从组织机构改革、制度流程建立等多方面开展工作，企业外部应注重原有品牌的宣传，赋予更多更新的品牌含义，同时应加强与政府部门、行业协会的对接，争取外部的宽松环境与支持理解。企业技术研发、管理人才应利用企业的规模优势，将现有企业拓展延伸成具备设计能力的复合型组织机构，并将企业掌握的工法、专利、科研成果等逐步植入设计工作中，完成具有企业鲜明特色的设计工作。基层管理和技术人员应具有工程总承包设计配合的理念，从自身岗位需求为设计出图、设计深化及优化提出合理化建议，也应该更深层次去学习和理解设计文件，通过研读掌握工程实施的关键内容，融入自身岗位工作中。

随着建筑行业市场化、分工细化，为了降低企业负担，实现资源集约化管理，多数施工企业经常以租赁的方式获得常规施工设备以满足施工需要，如常见的挖掘机、各类起重设备等。大型的施工企业往往会自行采购甚至研发大型特种施工装备，如大型盾构机、地下连续墙铣槽机、特大型起重设备等装备。深大基坑等特殊项目即便是采用施工总承包模式实施，其工程设计也必须要征询持有设备的施工企业的意见，往往这也是施工企业市场竞标致胜的法宝。此类施工企业在参与工程总承包项目时，则更应凸显装备优势。将装备各项参数与工程设计结合起来，在基坑深度、围护形式、隧道半径曲率、建构筑物预留作业空间等方面进行更经济、更合理的设计，在实施过程中设备运行的各项参数及时记录，为后续类似项目和设备改造升级提供经验。

新材料的应用是施工企业施工技术与设计的又一个结合点。城市桥梁、给排水厂站工程的结构预制拼装，市政养护抢修项目的快速混凝土等特种材料其特性、制造能力均直接影响设计方案。施工企业可以从此方面着手，将企业自身的材料研发、供应能力与设计结合，形成较有特色的唯一性的设计方案，以此在市场竞标中赢得胜利。

3.4 全面完善的工程总承包管理组织机构

总承包方的组织机构分企业组织机构、项目组织机构两个层面，涉及工程总承包方运行、项目实施的参与者的角色分配和工作联系。设计企业和施工企业分别按照自身原有的组织结构机构进行拓展形成具备工程总承包能力的企业组织机构，而项目组织机构应按照国家和地方政策法规，结合总承包合同的要求进行组建。

3.4.1 施工企业拓展后的组织机构

传统的施工企业对于工程管理而言通常涵盖较为具体的安全管理、质量管理、生产管理、经营管理、物资管理、财务管理等多个职能部门，通过矩阵或类矩阵的组织结构形式对项目组织机构进行条线管控。参与工程总承包业务后，应该建立内部设计院和对应的管理部门。

企业对既有的技术质量条线，如总工程师、质量管理部门应增加设计管理岗位和职能，对于设计基本质量管理要严格把控，配合做好工程总承包商务方面的技术质量优化工作，完成业务拓展后的质量管理体系认证工作；在经营管理方面应该注意培养经营团队对于工程总承包业务政策的学习掌握，投标经营方面注意调整施工总承包竞标的惯性策略；在财务管理方面应该注意原有的建筑安装业务基础上增加的设计咨询、材料设备采购业务，做好工程总承包项目不同增值税税率混合开票纳税的工作；在物资管理方面应注意设备采购与设计方面的结合，逐步建立稳定的供应商库，提升技术能力的同时不断提升下游供货能力，体现成本优势。

3.4.2 设计企业拓展后的组织机构

传统的设计企业对于设计咨询业务而言通常涵盖较为具体的技术质量管理、生产管理、经营管理、财务管理等多个职能部门，通过直线职能制或矩阵制的组织机构形式进行企业管理工作。参与工程总承包业务后，应建立工程管理、安全管理、物资管理的相关职能部门。

工程管理部门应着重从工程的质量、生产、创优、成本等各方面对项目组织机构开展综合管理和业务指导工作，是工程总承包业务的龙头部门。安全管理部一般是设计企业业务管理空缺的部门，需要从零建设，打造企业的职业健康安全、环境的管理体系，制定企业层面安全教育、安全检查、安全奖罚的各项制度，开展各项检查和考核工作，以安全防控为抓手，肩负事故应急处理的任务，为工程总承包业务的运行保驾护航。企业的技术质量管理业务应增加对于施工组织设计、施工方案特别是危险性较大的分部分项工程管理，由于专业差异的原因，应由企业技术负责人委托授权具备能力的专人进行审批。原有的质量管理应不仅限于设计基本质量管理方面的工作，更应促进和提高设计施工无缝衔接水平，使得设计变更受控和主动正向发展。由于设计咨询业务的资金流量相对较小，开展工程总承包业务后，资金流量十倍甚至几十倍的增长，财务部门要做好各项相配套的管控制度，特别对于春节前劳务分包支付等陌生领域应有足够的警觉性，即要保障务工人员的基本权益，也要确保稳定可靠的企业财务运作状态。

3.4.3 工程总承包项目组织机构

工程总承包项目组织机构比施工总承包项目组织机构增加了工程总承包项目经理、设计经理及设计团队、采购经理及采购团队，如果合同内容包括勘察、调试、试运行或运行的，还应该包括相应的负责人及团队，传统意义上的施工总承包项目经理（为避免与工程总承包项目经理混淆，以下简称“施工经理”）、项目总工的岗位职责也有较大的调整和延伸（图 3-7）。

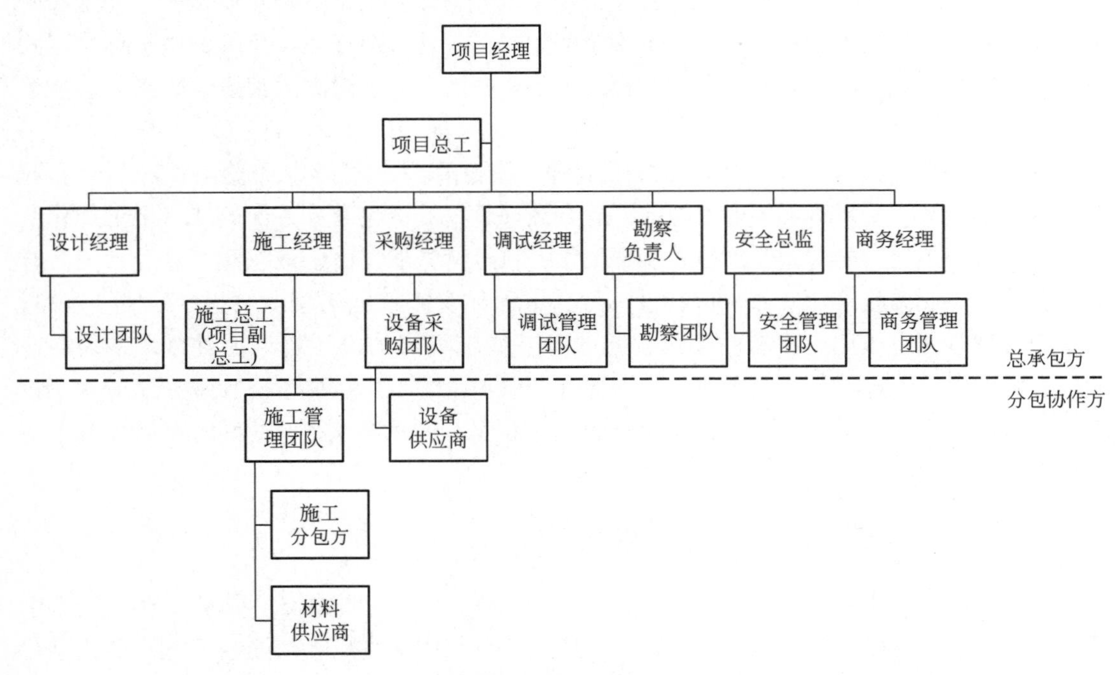

图 3-7　工程总承包项目管理组织机构图

下面对工程总承包项目经理等九个重要岗位的定位及工作职能进行说明：

1. 项目经理岗位说明

工程总承包项目经理是工程总承包项目实施的总负责人，是总承包方的授权代表人。他负责整个项目的策划，对项目各个环节的实施进行总体管控，调度设计、采购、施工各方面资源，实现对工程总承包项目的有效管理控制，为项目目标的全面实现而工作。某些项目也将此岗位称为“项目负责人或项目管理代表”，与施工总承包项目的项目经理岗位有所区分。

由于工程总承包项目经理需要能够调度各板块的资源，解决关键问题，尽管《房屋建筑和市政基础设施项目工程总承包管理办法》目前对其资质要求相对宽泛，但是从经验和能力角度，该岗位应该至少是具有设计或施工项目负责人经历的，能够有效进行资源整合的人员担任。企业应该赋予该岗位对应的责、权、利，特别是对于传统设计、施工企业而言，应打破原有的桎梏，由工程总承包项目经理对于项目组织机构中各岗位的绩效考核提出决定性的意见。

有些企业在工程总承包业务发展初期会安排企业内部具有一定层级职位的领导人员担任工程总承包项目经理，这样运作的优势在于能够借助其领导岗位更好地利用和整合企业内部资源，也体现了企业对于项目的重视程度，更易被建设单位认可和接受。但是对于工程总承包业务发展扩大后，往往不能有足够的人力来满足项目经理的配置需求，所以在业务承接中应不断重视培养人才梯队，明确工程总承包项目经理任职资格条件，完成职业工程总承包项目经理队伍的建设。

2. 设计经理岗位说明

工程总承包项目的设计经理的任职基本资格与传统设计项目设计负责人的任职资格一致，担任工程总承包项目设计经理必须具备传统设计项目设计负责人的任职经验，并应该组织其接受相关的业务学习培训，要求对于所负责项目的工程总承包合同进行深入研究，了解在基本质量之外工程总承包项目设计工作的提升要求。在工作过程中密切与项目经理、施工经理、采购经理等岗位进行联系互动，充分理解项目现场、采购工作、调试工作对设计的配合要求，积极主动为现场工作做好相应的配合服务。通常情况下，市政基础设施项目的设计经理应由主专业设计人员担任，如水务项目的设计经理由该项目的工艺设计负责人兼任，道路桥梁项目的设计经理由该项目的道路设计负责人兼任，跨江跨河大桥项目的设计经理由该项目的桥梁设计负责人兼任，智慧交通项目的设计经理由该项目的自控设计负责人兼任，也可以结合企业自身情况，设定专职设计经理的管理型岗位。

在理念思维上，设计经理应规避过于保守的设计理念，紧紧围绕合同需求和工程目标开展工作。其主要工作内容包括：

（1）**总体设定** 围绕各项指标对项目进行总体规划，对于市政基础设施项目通常包括的工艺、结构、建筑、电气、自控、暖通、道路等各专业的设计工作进行分解安排，在总体进度计划的框架下推进各项工作合理搭接。

（2）**配合服务** 在施工过程中按照现场需求安排驻场设计服务；落实设计交底和答疑，从设计角度对工程难点、重点提出预警和对策要求；配合采购经理编制设备的技术要求或技术协议，配合进行设备监造；在调试、试运行和运行阶段配合各类工艺参数的理论计算和系统状态监控。

3. 勘察负责人岗位说明

勘察工作的质量往往关系到桩基与基坑围护、地下障碍物清除等具有较大风险的工作，直接影响项目成本和安全。如果市政基础设施项目工程总承包合同中包含勘察工作，那么勘察负责人则是整个项目前期基础工作非常重要的角色。勘察负责人除了常规的勘察项目管理能力之外，还应该了解整个项目设计情况，与结构专业有较好的互动，有针对性地进行点位布设，在项目负责人的部署下开展各项工作。

由于勘察是第一个开展外场工作的团队，需要有良好的沟通协调能力，对勘察所需要的工、料、机能够快速调度和安全管理，与沿线或厂内的相关单位有效沟通解决进场、水电接入等相关事宜，优质高效地完成外业工作。需要注意的是，对于劳务外包的勘察外业队伍，勘察负责人必须对钻孔数量、深度等实际工作量进行抽检以确保样本的真实性和代表性。

总承包方如不具备勘察资质，需要将勘察工作分包，则勘察负责人应为勘察单位派出，总承包方应与勘察负责人进行沟通，强调勘察成果对工程造价成本的影响，要求其成果保证真实可靠为后续的设计、施工方案提供基础依据。

4. 采购经理岗位说明

（1）**采购经理工作内容**　市政基础设施项目采购经理的职能一般不包含建筑材料的采购，其主要负责工艺、电气设备的采购，如新建医院项目的暖通、中央监控、医疗辅助设备的采购。采购经理应通晓项目工艺原理，与各大设备厂商或代理商建立较好的联络渠道，参与招标投标工作和合同洽谈中与设备相关的条款，能够按照合同要求和图纸设计迅速完成采购计划的编制，并组织进行意向厂家供货能力考察、询价、采购招标、谈判、合同签订、过程监造、到场验收等各项工作。对于境外供货设备，采购经理还应熟知国际货物采购程序，了解关税和进口增值税的完税程序及减免政策，完成与进出口代理的洽谈，争取合理减免相关税金。

（2）**采购经理的能力要求**　采购经理应同时具备较强的商务和技术能力，应熟知市政基础设施项目中暖通、水泵、搅拌器等标准设备的市场行情，并根据工艺指标、品牌档次大致匡算设备采购成本。采购经理还应该掌握设备制造基本原理和质量把控关键，能在合同中清晰约定重要控制要求，并在监造、出厂验收、开箱验收中进行检查检测。在安装、调试、试运行和运行甚至移交后的缺陷责任期，采购经理应对设备出现的各类问题与厂商进行联系解决。对于包含培训的工程总承包合同，采购经理还应该组织设备厂商技术人员对运行单位人员进行培训，记录培训时间，组织培训考核确保符合合同要求。

采购经理的工作与项目的土建（主要涉及设备提资要求和预留预埋验收）、设计、安装、调试等都是密不可分的，工作进展和每个阶段的安排应在项目负责人的统一指挥下与相关负责人进行不断的沟通联系。

5. 施工经理岗位说明

（1）**施工经理的定位**　工程总承包的施工经理对应施工总承包的项目经理，对现场施工管理工作负具体管理职责，但是在项目管理工作内容和方式以及与设计等部门沟通方面均需要有较大的变化。非联合体模式的工程总承包项目经理在具备相应专业等级的注册建造师和安全生产考核资格证书的情况下可以兼任施工经理。对于某些设计岗位成长的工程总承包项目经理，或以设计为牵头的联合体模式中，需要专设一个施工经理的岗位负责施工现场的管理。由于施工经理常驻现场的特点，实际上在总承包方整个项目组织机构中该岗位与建设单位等其他参建单位的沟通联络是最密切的，所以施工经理的最佳定位是在主抓现场各项工作的同时，对于设计、采购、调试等各项工作能够从工程现场的角度提出合理化建议，发挥好与建设单位沟通纽带作用，能够及时对外部信息消化和反馈，并积极配合工程总承包项目经理开展各项工作。

（2）**施工经理的来源** 对于起步开展总承包业务的设计企业而言，施工经理是必须引进的成熟人才，一方面通过施工经理角色的引入组建项目现场团队、构建项目现场管理体系，另一方面将施工经理的工作方式方法调整融入企业管理框架和企业文化中，这是设计企业的工作重点。对于施工企业而言，原有的项目经理顺理成章成为施工经理，同时可以挑选一批业务素质过硬的项目经理逐步转型成为工程总承包项目经理。

（3）**施工经理的思路调整** 工程总承包施工经理在现场各项业务管理方面与施工总承包项目经理大同小异，但同时应具备更开阔的视野，对于除了现场管理之外工程总承包的合同计价模式、系统工艺、设计流程等相关工作应有清晰的认知，并在此基础上建立与建设单位等参建单位有效的沟通，有的放矢地开展工作。如新建市政道路施工过程中遇到管线保护、浜塘处理等外部条件变化产生设计变更的情况，如果是常规的施工总承包固定单价按实结算的模式，作为施工经理通常会推荐处理效果较好、单价利润较高、处理工作量大的处理方案，以实现项目二次经营的目的。对于此类固定总价结算的工程总承包项目施工经理而言，由于合同约定固定总价的原因，增加工作量往往属于合同范围内约定的由总承包方承担的风险，无法进行索赔，直接造成项目成本增加，所以实施思路应反向调整，通过与设计人员的讨论，选择变更增加工作量最小且能实现目的的方案，以达到控制成本的目的。此类案例实施的关键在于施工经理不能拘泥以往施工总承包的固化思路，而是要通过对合同风险的研究制定对策，通过总承包方内部的沟通机制确定最佳方案，实现工期、成本、质量受控的目的。

6. 项目总工岗位说明

（1）**与施工总承包模式项目总工岗位的异同** 在施工总承包的组织机构里，项目总工在项目经理的领导下全面开展项目技术工作，在工程总承包的模式下，其职能上升延伸和调整。该岗位应具备总体技术指导的能力，负责施工组织设计，各类施工专项方案的编制，技术交底和安全技术交底，组织各类方案评审并解决现场各类技术问题，管理测量、材料、质量、资料、施工、取样、安全等项目日常业务工作。

（2）**与施工总承包模式组织机构工作联系对比** 施工总承包模式项目总工与设计人员的联系属于组织机构的外部联系，在工程总承包模式下转变为组织机构的内部联系，企业应该建立并完善内部联系机制，促使联系工作高效、有序，项目总工通过此机制能够在组织机构内部有效传达并落实设计意图，就现场存在的问题推动合理的变更设计工作。某些设计企业安排具有一定经验的设计人员担任项目总工的岗位，从设计的角度指导施工和解决问题，从根本上完成了现场施工和设计的沟通连接。

7. 安全总监岗位说明

工程总承包项目的安全总监，相较于施工总承包的安全员，其工作范围更广，不仅局限于施工现场的安全文明施工，也需要其对设计工作的安全可行性提出优化意见，并负责调试阶段的安全管理工作。安全总监应在设计阶段尽可能发现项目中可能存在的风险，进行分析控制和优化提议。在施工阶段安全总监应负责落实好安全生产各项规章制度，对工程总承包项目各参建单位安全工作界面进行划分，确保安全生产保障体系正常运行，做好安全检查和整改落实工作。在调试阶段安全总监应参与调试大纲中的 HSE 管理内容的编制，制定调试期间安全措施及突发事件的应对措施，在调试工作开始前组织各方检查施工安装质量，检查调试各项工作是否符合安全运行的要求，确保安全生产的“三同时”。

8. 商务经理岗位说明

商务经理是施工总承包组织机构中造价员的延伸拓展。其职能不仅限于编制施工图预算、工程量清单报价、验工月报申报、工程款申请、结算书编制、合同外工作量的申请等工作，还应熟悉了解财务税务相关知识，对于项目总体商务状态进行评估分析，对于项目成本进行及时动态的掌控和信息反馈，对于各类索赔和反索赔提出专业意见并落实对应文件书函的编制。工程总承包项目中设备采购的相关商务工作包括招标文件商务部分编制、各类合同文本的起草和谈判、结算均应由商务经理负责具体工作。商务经理还应掌握具备勘察设计费的报价测算能力、掌握并应用估算、概算定额，具备专业项目的调试、试运行的成本测算分析能力。

9. 调试经理岗位说明

（1）**调试经理的分类设置** 对于道路、桥梁等常规项目而言，调试、试运行等偏重于交通信号控制等体量较小、工艺简单的工作，一般由专业单位或运行单位自控专业人员负责。对水务、环境等较复杂工艺的市政基础设施项目而言，调试、试运行或运行均涉及多专业、多系统设备的协调联动，需要水、电、燃料、药剂、废弃物处置等各方面的资源投入，最终结果直接关系到合同目标的完成与否，其管理工作与土建、安装等施工管理模式存在较大的差异，所以调试经理所具备的专业能力也有完全不同的要求。

（2）**调试经理的能力要求** 调试经理应具备类似项目调试运行经验，对本项目的工艺原理、运行程序有深刻的理解，掌握主要系统设备的运行控制原理和各类主要参数，并在此基础上完成调试、试运行、运行单位案的编制，组织各专业调试人员有序、快速地进行单机、联动调试和负载联动调试，并在调试至稳定试运转的基础上尽快完成项目性能考核以规避项目执行风险。合同中如果包含一定时间的指导运行或运行工作的，还应该组织好进行后续的运行工作，控制好相应的人力和其他资源投入成本。

例如某采用工程总承包模式实施的污泥处理项目采用“干化＋焚烧”的工艺线路，调试经理全程参与设计、采购、施工管理工作，在采购过程中提出了设备供应商参与调试、试运行等方面的相关要求，并在项目施工阶段陆续完成了总体调试方案、各子系统调试方案的编制和完善，对于可能存在的调试问题进行预估并制定对策，组织核心设备供应商和辅助配套设备供应商、安装专业分包、调试人员、设计人员共同组建了调试团队并明确了分工，配合相关单位完成了水、电、天然气外线接入，采购了各类药剂，落实了飞灰、废渣的处置方式，完成了第三方检测单位的选择和签约，最终按既定方案依次交错完成各子系统的单机调试、冷态联动调试，然后进行了全系统的热态（负载）联动调试、试运行等工作，通过试验调整和消缺解决了调试过程中出现的各种问题，通过第三方单位的连续测定完成了进泥、脱水污泥、干化污泥含水率和灰分等主要指标的检测，最终经过 168 小时连续运行性能考核证明了系统运行能力达到设计要求，最终顺利移交，圆满完成了工程总承包合同约定的调试、试运行任务。

第 4 章　工程总承包的勘察管理

《房屋建筑和市政基础设施项目工程总承包管理办法》第三条："本办法所称工程总承包，是指承包单位按照与建设单位签订的合同，对工程设计、采购、施工或者设计、施工等阶段实行总承包，并对工程的质量、安全、工期和造价等全面负责的工程建设组织实施方式。"由此可见勘察工作并非工程总承包合同的必要工作范围。作为上位法的《建筑法》第二十四条指出："建筑工程的发包单位可以将建筑工程的勘察、设计、施工、设备采购一并发包给一个工程总承包单位，也可以将建筑工程勘察、设计、施工、设备采购的一项或者多项发包给一个工程总承包单位；但是，不得将应当由一个承包单位完成的建筑工程肢解成若干部分发包给几个承包单位。"所以勘察工作仍然可以作为工程总承包合同的工作内容。在实际操作中建设单位为了提高招标效率，压缩前期工作时间，甚或是为了将地质风险转移，经常会把勘察工作作为工程总承包的合同内容一并发包。对于不具备勘察资质的总承包方而言，需要将勘察工作分包给具有资质的单位实施。

广义上工程总承包项目的勘察工作应由岩土勘察、管线物探、测绘三个方面组成。市政基础设施项目的岩土勘察采用钻孔取样后分析实验的方法对拟建场地的土层分布、工程特性进行检验分析，为后续地基与基础设计提供依据；地下物探采用现场调查、仪器检测、挖或触探的方式对地下管线和障碍物进行排摸调查，为后续实施提供参考；测绘工作除了控制点交桩之外，还包含原地面地形测量等工作，以满足工程设计、土方平衡等需要，部分涉及江河作业的如给排水构筑物的取水口和排放口、桥梁水中墩台的工程还包括水下测量的工作。

勘察工作总体工作流程如图 4-1 所示。

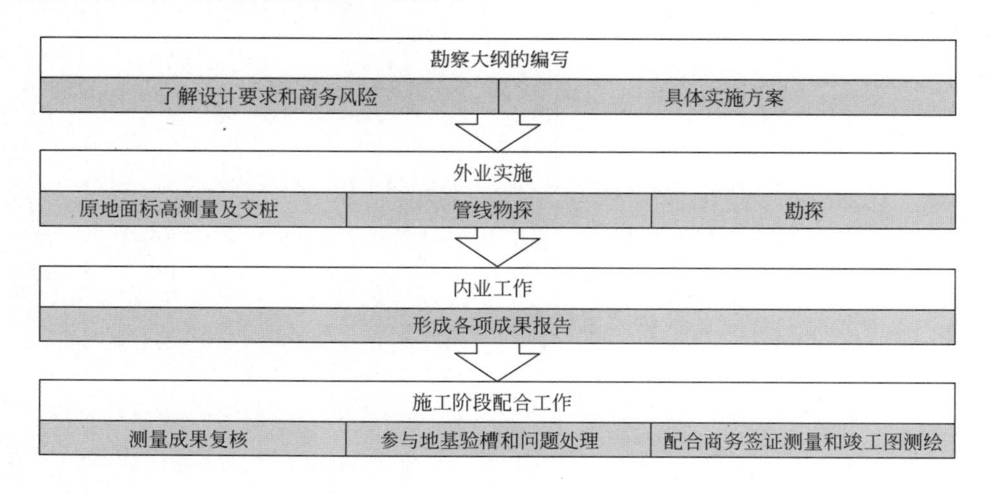

图 4-1　勘察工作总体工作流程

4.1 岩土勘察管理

4.1.1 实施准备

岩土勘察按照项目的不同进展阶段分为初勘、详勘两种工作形式，工程总承包项目一般直接进行详勘实施。岩土勘察详勘实施前，项目负责人应组织勘察负责人、设计经理及地基基础设计人员共同召开勘察工作准备会议，整理汇总勘察区域的交通、水文、气象等各方面信息，对拟勘场地或临近场地地形图、地质资料进行分析，结合初步设计方案对于勘察点位布置进行讨论，并结合工程的重要部位、初勘成果（如有）、现场踏勘情况对于局部点位进行加密，以确保满足设计和商务风险控制要求。

勘察负责人应组织编制勘察大纲，明确大纲编制依据即勘察工作的总体依据、勘察的目的、任务和阶段，详述勘察范围、点位布置、局部加密原因、现场工艺方法、进度计划，说明内业分析项目、实验方法、外部检测单位（如有）、数据整理和计算方式，并罗列资源配置情况，如人员、外业设备（选型及孔径）、内业设备及软件投入，还应该明确职业健康、安全及环境保护的识别及管理措施。勘察大纲中的各项内容应由勘察负责人对所有参与人员进行交底。总承包方应对勘察大纲的编制及后续交底工作进行监督管理，结合工程总承包合同及目标提出相关的要求。

4.1.2 外业管理

勘察外业实施前，应按照规范和勘察大纲对外业工作人员进行详细的技术交底和安全交底，明确勘察工作的范围和作业方法。对于作业过程中需要注意的各类事项进行提醒和要求，如场地污染风险、周边环境要求等，勘察负责人应与场地管理方进行沟通交流，明确现场临时水电接入、人员设备进出的要求。

外业实施过程中，总承包方应关注点位测量准确程度和钻孔深度，并抽样进行复核，对于原状土样、岩芯样本的保存和封样进行监督，确保样本不被曝晒和雨淋，及时送检。对于标准贯入或触探等原位实验，总承包方应对采用装置、贯入深度、测试间距进行旁站监督。整个勘察外业过程，总承包方还应对于现场作业人员的劳动防护、机械设备运转情况、用电情况、泥浆排放等措施进行管理。

4.1.3 内业管理

勘察工作的内业包括实验、数据整理、报告编写等工作。如果存在勘察工作外包且实施单位能力存疑的情况，总承包方可以对相关实验室人员、设备进行查验。

最终的勘察成果《岩土工程勘察报告》的正确和完整，关系到工程设计和施工能否安全可靠、措施有效、经济合理。项目经理应组织勘察负责人对设计经理及相关设计人员、商务经理、施工经理、项目总工进行交底，对于基础设计方案、可能影响工程稳定的不良地质作用的描述和对工程危害程度的评价，应结合工程总承包合同条款约定进行深入讨论，对于不同的岩土处理方案，应进行技术经济论证，确定最合适的方案后再进行设计工作。

4.1.4 实施过程管理

在项目基坑基槽开挖完成后，总承包方应组织勘察负责人共同参与验槽，对于基坑暴露出的实际土性特征与勘察成果进行核对。在基坑基槽开挖过程中如出现勘察报告未反映的暗浜或其他不良地质情况，或者在地基基础实施后其检测承载力与设计要求存在偏差，总承包方应组织勘察负责人、设计人员、商务经理、项目总工及监理单位、建设单位相关技术人员共同讨论，进行方案拟定，对存在疑问的区域进行补勘。

4.2 管线物探管理

管线物探并不一定是市政基础设施项目实施必需的工作，但是对于在城镇范围内实施的各类工程，不可避免需要考虑拟建场地原有各类管线对工程建设的影响，特别是涉及军事、天然气、通信等涉及国计民生或本身即为重大危险源的重要管线，需要在探摸清楚平面位置、标高、材质、功能后才能有针对性地制定保护方案，测算保护成本，同时对存在位置冲突的管线制定搬迁方案。

总承包方应通过踏勘现场整理现状标识、联系相关权属单位的方式对现状管线资料进行搜集、调取，并提供给物探单位，供其作为参考以提高工作效率。在物探工作正式开始前，总承包方应对可能存在的重要管线进行提醒，对于物探数据提出针对性要求，对于采用非金属材质或埋设较深的管道，必要时可安排以人工开挖样洞的方式进行排摸。

物探报告完成后，设计经理、项目总工等岗位人员结合设计方案对于存在影响的管线进行对比分析，对于与工程实体不冲突的管线制定保护方案，对于冲突管线或调整设计位置，或制定管线搬迁方案，对于搬迁方案的衔接位置如果超出原有物探范围还应进行补充物探。

工程实施过程中，对于任何新发现的管线或存疑位置，均应要求物探单位进行补充物探，直至管线信息及对策方案明确后方可进行下一步施工行为。

不同项目工程总承包合同中对于地下管线风险会有不同的约定，对于总承包方不承担风险的项目而言，物探报告是相关工程费用索赔的重要依据，应按照风险费用测算的要求清晰标注埋设深度、材质等参数，实施过程中及时记录各类影像资料，为费用索赔服务。具有条件的总承包方可另行委托物探，采用第三方的工作成果作为索赔的依据，提升可信度。

4.3 测绘工作管理

测绘工作是正式施工前所需要进行的如原地面标高、测量成果交桩复核等基础性工作，为设计、施工提供基本依据，其数据重要性不言而喻（图 4-2)。

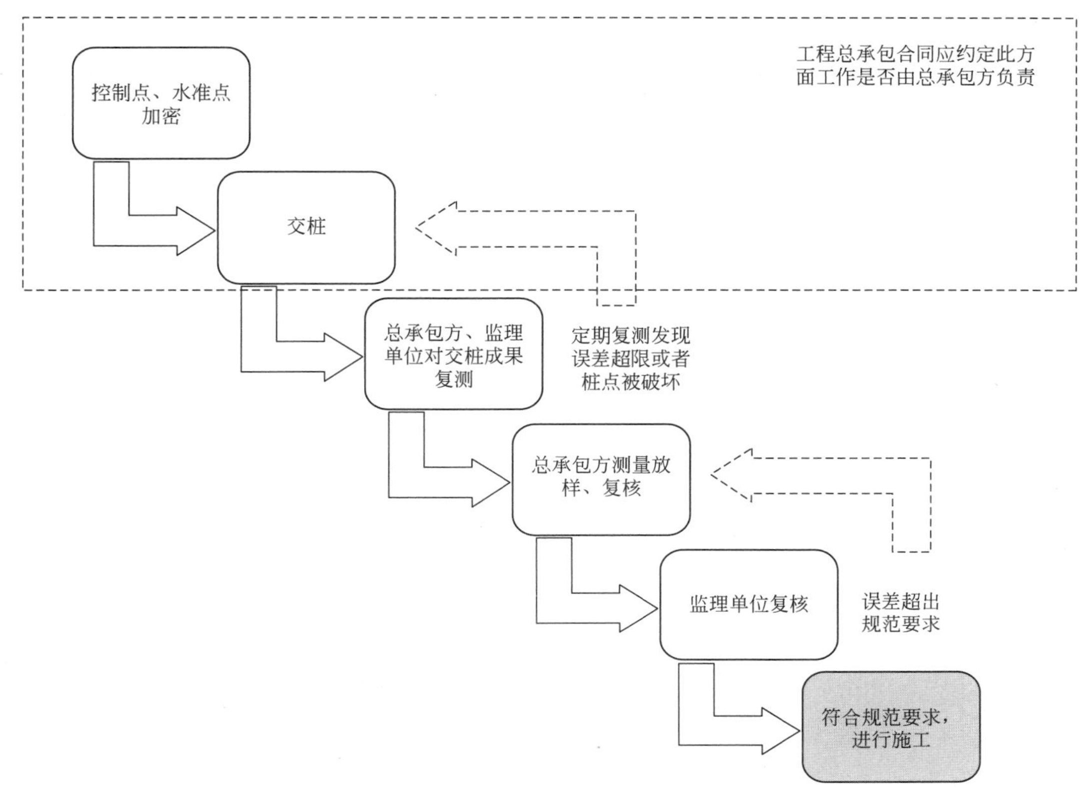

图 4-2 测绘成果复核采用流程

4.3.1 原地面标高测量

设计经理在现有大比例尺地形测量成果的基础上，进一步进行原地面标高测量以确定基准标高，达到土方平衡的目的。给排水项目还应以此为依据考虑合理的水力高程。总承包方应对原地面标高测量的点位间距提出要求，对于地形变化较大的区域进行加密。对于合同约定以施工图预算的工程总承包项目，原地面标高测量同样是工程量计量的重要工作，应将测量成果及时提交监理单位、建设单位并要求复核，复核完成确认后方可进行施工，结合设计图纸作为工程量计算依据。

4.3.2 测量成果交桩

施工总承包项目的测量成果交桩通常是建设单位委托测绘单位进行，工程总承包项目通常将之作为总承包方的工作内容。需要总承包方通知测绘单位根据工程控制点、水准点对监理单位、总承包方测量员进行交桩。交桩后应由专业监理工程师、总承包方测量员分别独立进行复核，闭合差均符合规范要求方可采用交桩成果作为测量放样的依据。同时对于临时水准点还应按照规范要求每三个月进行复测，对于周边环境变化可能造成控制点、水准点偏移的情况应及时进行复测，存在问题的应通知测绘单位进行补充交桩。总承包方具备测绘资质自行负责测绘工作的应做好相关部门之间的沟通联络。

4.4 工程总承包勘察工作案例

例如某采用工程总承包模式实施的全地下污水处理厂工程，拟建场地上面分布着高度6～12m不等的堆土，总承包方在中标后委托勘察单位进行了岩土勘察、地下管线物探工作、原地面标高测量等工作。上述工作完成后发现，在整个场地地下不均匀分布着若干海堤抛石、混凝土块，且有自来水管道、雨水管道分别穿越场地。设计经理组织进行了基坑围护设计、地基基础设计的调整，部分工程桩由管桩改为钻孔灌注桩，并会同施工经理或项目经理联系自来水管道、雨水管道权属单位制定了自来水管道搬迁方案。

实际实施过程中先进行了原地堆土清运，管线搬迁，然后进行工程桩和围护桩施工。尽管前期按照勘察报告的相关成果调整了部分桩基位置，但是在实际施工中仍然有大量桩基础遇到地下障碍无法实施，经过方案讨论后引进全回转钻机进行清障处理。相关方案和清障情况均及时向建设单位进行了报告并提出了索赔要求。建设单位起初认为勘察工作属于工程总承包范围，所有的地质风险应由总承包方承担，所以拒绝索赔。总承包方委托行业协会对整个勘察方案和勘察成果进行了论证，论证结果认为由于客观条件所限，目前的技术仅能进行大范围的地下障碍物的排摸，无法精确定位每一个混凝土块等障碍物的位置，从而造成了费用和工期的增加。总承包方以此为依据提出该风险属于应该由建设单位承担的“不可预见的地质条件造成的工程费用和工期的变化”，最终实现了索赔工期和费用的目的。

对于土方外运、管线搬迁，由于属于工程总承包合同明确约定的由总承包方承担的风险，且在合同中有明确的费用组成，无法对建设单位索赔。由于前期的测量、物探成果准确，给方案制定和相应成本管理工作提供了可靠的依据，实现了成本受控的目的。

第 5 章　工程总承包的设计管理

5.1　传统设计思维的转变

经过多年的实践，市政基础设施项目传统设计工作界面非常明确，项目建议书、工程可行性研究报告、初步设计或方案设计、施工图设计等工作范围、深度、基本质量要求均有明确的规范要求，项目建议书及工程可行性研究报告审批、初步设计审批、施工图审图相关审核程序尽管各地规定有所不同，但是基本流程、审核依据、审核单位资格要求仍然是一致的。在不同的阶段对设计工作的质量、投资控制、可行性均进行了较为全面的审核。随着工程总承包业务的逐步开展，相关政策已经逐步在调整变化以适应整个工程总承包的实施需要。如深圳市人民政府办公厅《深圳市进一步深化工程建设项目审批制度改革工作实施方案》[1] 中明确指出：“全面取消房屋建筑及市政基础设施工程施工图审查，各项行政许可均不得以审查文件作为前置条件……设计单位项目负责人应当保证勘察设计文件符合法律法规和工程建设强制性标准的要求，对因勘察、设计导致的工程质量事故或质量问题承担责任。” 该文件简化了以往的审批程序，解决了不同审图人员的标准弹性对设计工作影响和限制的问题，也进一步强化了设计主体责任。

对于参与工程总承包项目的设计人员来说，应该着重在以下方面进行设计思维的转变。

5.1.1　基于“基本质量”要求的提质增效

从符合法律法规和工程建设强制性标准的基本质量要求提升到既合规合法又创造最大化效益的要求。设计经理应参与合同起草、洽商，项目负责人应组织全体设计人员对合同条款进行交底，并分解相关要求到各专业设计人员。设计人员应以合同约定与本专业相涉及的内容进行思考，确定在合理收益最大化的要求下设计内容的各主要指标。这里的合理收益既包括了经济效益，也包括了进度、安全风险管控、品牌形象等各方面的综合考量，不同的阶段、不同的项目、不同的专业都应有具体的策划和实施，以实现提质增效的目的。

设计经理应对上述工作要求高度敏感，且能够迅速将相关合同条款要求进行消化解读和任务下达，并在具体设计过程中不断跟踪复核，特别是在各专业之间的交接时对于阶段性成果进行提质增效方面的二次审核（图 5-1）。

---

[1] 深府办函〔2019〕234 号

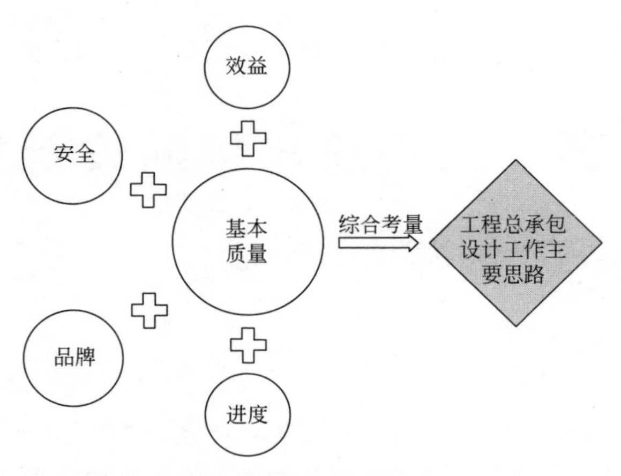

图 5-1　设计工作的提质增效

例如某采用工程总承包模式实施的桥梁工程采用固定总价的结算原则，投标阶段需要投标人按照设计内容编制工程量清单并进行逐项报价，并约定对于施工图设计完成后测算的主体结构工程量与投标阶段主体结构工程量存在15%或以上的差异的，增加部分不予增加，减少部分按实调整合同价。投标时，商务经理对投标阶段的设计图纸工程量进行了测算，并结合结构专业设计人员交流情况对尚未达到施工图设计深度的如钢筋用钢量（配筋）等内容进行了合理的估算；中标后，项目负责人组织就桩基础、墩台、立柱、连续箱梁等主体结构的投标工程量清单对结构专业设计人员进行了专题交底，结构专业设计在施工图设计中对钢筋、混凝土用量等主要指标进行适度合理的优化控制，并在基本质量校审过程中同步由商务经理组织逐项进行工程量的复核，最终实现了预期效益的保证。

5.1.2　全过程的“主人翁”意识

作为总承包方的一员，设计人员应加强对工程总承包项目的服务和管理意识，从阶段性参与转变为全程参与，从单一信息发布转变为积极交流互动，以贯彻设计意图、解决现场问题、完成合同目标为工作导向。树立“主人翁”意识，在传统设计思维方面从以下几点进行调整和超越（图 5-2）。

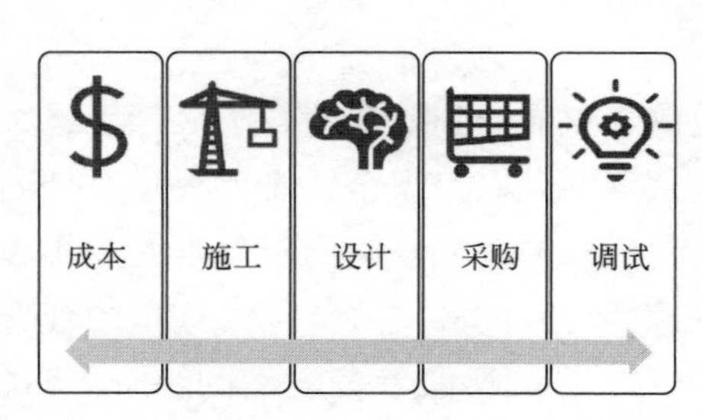

图 5-2　设计工作的全过程参与

1. 以设计工作为基础

在设计过程中，设计人员应更深入地了解现场情况，了解施工安排和组织，对于总承包方自身的施工组织能力、技术优势、装备优势和分包划分情况、分包有所了解，在设计工作中结合上述情况进行针对性设计。设计人员还应考虑项目工期、安全、质量等各方面要求，通过高质量的设计降低项目实施风险，提高总体可行性。

在施工图设计完成后，总承包方应按照施工组织按专业、施工单元分阶段对应组织对自身管理人员、分包方、建设单位、监理单位等参与方的图纸会审和设计交底，这也是与施工总承包项目由建设单位或监理单位组织设计交底工作的差异。设计人员应及时对图纸会审中所提出的问题进行研究分析和解答，及时进行各专业的设计交底工作，应基于设计角度对于工程的难、重点提出相应的要求，并关注落实情况。

2. 全程服务于施工

在施工过程中，设计人员分专业、分阶段常驻现场，对现场设计图纸问题进行及时答疑解惑。设计人员还应对变更设计的要求进行审核并提出意见，对合理要求及时配合进行设计验算和变更设计手续办理，对施工方案相关计算参数进行复核计算，积极主动参与过程的质量验收，对于不合格项提出整改建议，对于施工过程中出现的问题参与共同会商，缩短沟通过程，提高问题解决效率。

3. 积极参与调试

在调试工作中，设计人员参与调试方案的编制，给调试经理提供工艺流程设计思路，从工艺原理方面对调试顺序、工艺主要控制参数进行复核和计算，并按分配的工作任务亲身实际参与调试工作，在具体操作中系统性地加深对各种工况的理解认识，对于调试中出现的问题从设计源头上去分析和讨论解决方案。在调试完成后，在今后项目设计工作中进行调整和优化。

4. 配合成本控制

在成本控制工作中，设计人员配合按照精准控制要求进行"限额设计"，寻求可靠性和经济性的最佳结合点。此方面工作并非单纯将设计无节制无底线的优化，而是要实现资金成本的平衡，将投资或项目成本运用在项目能发挥最大功能的部位，在有限的资金成本内完成对项目品质和功能的提升。

5.1.3　全产业链的延伸互动

工程总承包涉及施工、采购、调试等各个环节，设计人员不应拘泥在传统设计思维中对于材料应用、设备选型等敏感内容保持相对中立的态度，而应该结合项目形象、品质、效益等各方面的需求，对于技术、材料、工艺、设备进行甄别和选择，参与采购过程的技术把关，对于技术参数、工艺流程、设备性能是否满足工程总体需求进行分析并提出意见。

对已选定的产品，有条件的项目设计人员可会同相关生产制造单位进行深度的探讨和研究，结合项目实施需要共同进行品质提升和性能优化，产品的改进和升级可以作为专利、工法、著作权等成果共同进行知识产权的申请和保护，从而维护在市场竞争中的优势地位，在类似的项目竞标中体现技术和经济优势，实现良性循环。此部分工作设计人员具有工程背景下的系统思维优势，对产品接口边界要求和系统应用要求有相对较深的理解、设计和复核能力，可与生产制造单位本身的产品深度研发形成优势互补，完成适应市场的产品二次开发。

对于包含调试、试运行、运行的工程总承包项目，对比传统设计项目而言，设计人员应该且有条件全方位深度参与调试运行的工作，通过调试、运行工作，设计人员可对于项目总体运行情况进行记录和总结，对于存在的缺陷及整改措施进行思考，结合最终运行单位的消缺、接管要求梳理经验，并可形成论文、技术总结等成果，应用到今后类似项目的设计工作，实现未雨绸缪的目的。

工程总承包项目对于设计人员来说是理想的全产业链延伸平台，将设计工作不仅停留在办公室的纸面作业上，更延伸到施工现场、产品制造加工现场、项目调试运行现场，通过设计成果的实施、验证、查漏补缺，“反哺”设计能力，积累设计经验，可以在较短的时间内形成设计企业的技术优势。

5.2 如何做到“限额设计”

由于工程造价的准确程度与设计深度成正比，市政基础设施项目的投标阶段设计深度一般应尽可能接近甚至达到施工图程度，以满足工程量的精准计算，提高成本测算的准确性。从投标开始至中标后的实施及竣工交验全过程均须进行成本控制。在总价合同基础上进行成本分析和成本核算，总承包方以设计为主导，在满足规范要求和使用功能与确保安全的前提下，按照分配的投资限额控制设计，严格进行施工图设计和设计方案的优化，控制因设计、施工等原因造成的不合理工程变更。在整个设计过程中，设计人员与商务团队密切配合，在符合合同约定和设计规范的前提下，做到技术与经济的统一，保证工程建设总价不被突破。

“限额设计”是指对工程总承包合同内容的部分或全部进行工程量的控制，设计成果所体现的工程量不超过、不低于某一个固定指标。“限额设计”不能单纯理解为为扩大总承包方收益，无底线节制地进行优化节省，作为需要塑造品牌、呈现作品的有社会责任感的总承包方而言，更应该在结合设计基本质量要求、合同约定的前提下通过合理设定设计限额，体现资金的合理运用，将资金在项目本身发挥最大的效用，实现从“产品”到“作品”的提升。既要考虑项目的经济效益，还应考虑企业长远经营和品牌塑造的需要。

5.2.1 限额标准

工程总承包项目限额标准视项目的不同情况有所区别，目前国内市政基础设施项目工程总承包主流的结算方式有两种，一种是固定总价模式，以合同约定的项目指标为验收结算原则，对于合同内的工作内容而言，除非发生建设标准或者主要指标变化的情况，结算价格不予调整。另一种是施工图预算模式，即投标以预算下浮率作为竞标条件，中标后以投标风险价签订暂定金额合同，施工图审图完成后按照投标预算下浮率编制施工图预算，并经由第三方或政府财政审批后作为修正后的合同价款，但最终结算价一般不允许超过初步设计概算价或投标风险价。此外，某些工程总承包项目采用混合结算模式，即设备采购部分为固定总价模式，建筑安装工程部分采用施工图预算模式，这种模式主要是基于设备采购缺乏相对透明公正的官方发布的预算定额和市场信息价，所以通过竞价的方式以固定总价结算，而建筑安装工程为防止总承包方过度优化设计，仍然采用施工图预算模式。

某些工程对于不同的模式而言，其总体限额标准是完全不同的。此外，各分项限额标准应该结合品质和功能的需要进行总体平衡，以实现总承包方经济效益和品牌效益的最大化。在此方面，建设单位应与总承包方保持一致的立场，方能实现合作共赢的局面，为项目的顺利完成奠定基础。

1. 固定总价模式的总体限额标准

以符合合同约定指标为基准，在保证功能和质量的前提下，各专业设计内容应考虑尽可能地进行优化设计。在投标阶段的设计工作应考虑到优化设计的可能，在能达到招标设计深度要求的前提下，对部分可能优化内容进行模糊或多方案表述，或者直接采用优化后的设计方案结合不平衡报价的方式进行投标文件的编制。

应该注意的是，由于市政基础设施项目往往要经过第三方审价、政府审计两道结算程序，而不同的单位和个人对于固定总价的理解并不一致，工程总承包合同中对此约定也不够具体，所以优化的内容可能在结算中被核减。在正式开始优化设计前必须对合同条件进行深入解读，在有可能的情况下与建设单位、审价审计单位进行沟通，然后再开展相关工作，避免因理解偏差盲目优化而造成结算损失。

2. 施工图预算模式的总体限额标准

项目中标后应明确最终结算的上限标准。按照上限标准，商务经理应对设计工作量的主要指标如混凝土、钢材用量等按照单体或不同部位进行划分反算，给设计人员提供基础设计量指标。同时，商务经理应对于施工图预算的各项利润指标进行分析，在后续设计工作中，除了应紧贴基础设计量指标进行各项设计工作之外，还应该结合各项利润指标进行综合调整，利润偏低甚至亏损的子项工程应进行优化减量甚至取消，利润合理的子项工程应适当放大系数余量以避免总量核减造成利润相应损失。

基于品质和功能提升的限额平衡标准，总承包方应清晰地认识到，长久健康的经营不应涸泽而渔，在赚取合理利润的同时提升工程项目的品质和功能，扩大民生工程的正面影响，从而提升总承包方的企业品牌，与建设单位达到共赢目的，这是限额设计的根本目的。在具体操作中，设计经理应组织各专业设计人员充分考虑建筑方案标准提升、景观绿化标准提升、建筑材料高质量品牌要求提升、各类机电设备品牌和性能要求提升，无论采用何种模式进行结算，商务经理都应结合各项要求在总成本受控的前提下进行限额设计标准调整平衡，以供各专业设计人员作为工作标准。

5.2.2 动态调整

在工程总承包的实施过程中，商务经理应结合设计出图进度或者深化进度以及现场遇到的各类情况及时进行项目总体工程量的测算，并动态进行比对。根据比对结果及时反馈设计经理、各专业设计人员，项目负责人应及时掌握重大偏差情况并组织制定对策，此项工作主要分为三个阶段进行。

1. 投标阶段

由于投标时间有限，设计工作很难达到施工图深度，但总体工作应该至少达到初步设计或方案设计深度，有条件的情况下应尽量达到施工图深度。以常见的城市道路桥梁工程为例，对于结构主体工程应详细完成地基和基础实施方案，完成桩位布局设计、结合类似地质情况估算桩基数量；地下管线应完成管线平面、高程设计以及井位设定，确定管道施工工艺；主体结构方面至少根据模板图完成较准确的结构混凝土工作量计算，并由结构专业设计人员给出钢筋含钢量指标。商务经理按照投标前的设计成果进行施工图预算编制，对于未达到施工图深度的工程内容应与相关专业设计人员充分沟通，对于能够提供基础数据的工程量的进行测算，不能提供基础数据的应结合风险评估进行估算，相关估算内容作为今后重点关注的内容。

2. 实施阶段

工程总承包招标投标完成后，总承包方应尽快开展各项准备工作，对于专业分包、工、料、机成本、建设环境、地质水文条件等进行深入排摸，对于包含勘察工作的工程总承包项目应尽快安排勘察进场开展工作。根据各项基础成果进行正式的施工图设计工作直至设计完成。商务经理应在施工图设计全面完成后对投标的施工图预算书进行全面深化编制，特别是投标时未达到施工图深度的内容进行详细测算，同时对于设计发生变化调整的内容做好对应调整测算工作。对照施工图预算的基础上对于各项工程直接成本进行统计，直至完成项目总体成本测算。此工作应结合项目实施的全过程任何变化对应调整变化，直至项目竣工验收。每次成本测算完成后应结合工程总承包合同条款进行对比分析，对于超限且无平衡的工程设计内容考虑调整方案，直至完成符合“限额设计”要求的施工图设计（图 5-3）。

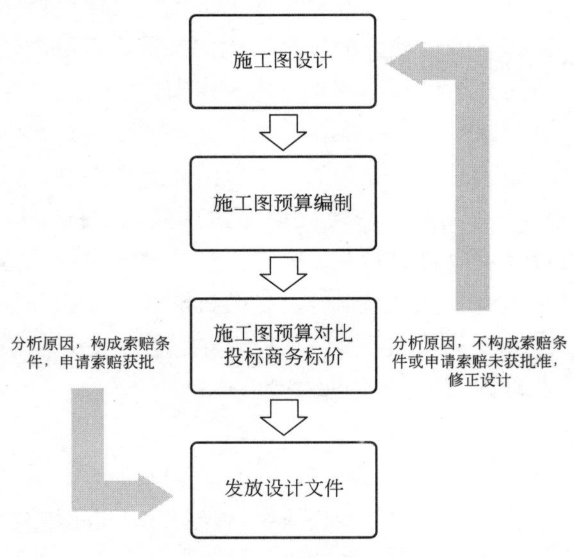

图 5-3　限额设计的控制流程

3. 竣工后阶段

项目竣工后，竣工图编制与项目结算书同步进行编制，结合实施期间的各项变更情况在投标文件、施工图预算书的基础上对应进行项目结算书编制，在此期间应与现场情况进行实测对比分析，对于遗漏、偏差工作量进行调整处理。项目结算书完成后与投标文件进行比对，对于负偏差部分应逐一分析原因，同时结合各项分包合同考虑分包结算的对应调整，从而保证项目目标利润率。

包含设备采购的工程总承包项目，其动态调整原则与上述控制原则一致，需要强调的是，由于设备不存在施工图预算的基准测算，采购经理应参与动态调整的全过程，投标前、采购合同所涉及的设备材料、技术参数应尽量清晰、具体，采购过程中应对可能会发生的变更造成费用调整的原则通过合同条款进行约定，防止在发生变更的情况下采购费用无调整依据。对于确实未曾考虑到的变化，设计方案的制定必须考虑费用调整的因素，努力做到费用受控，性能可靠。

5.2.3 超限处理

在保证项目质量安全并符合规范要求的前提下，正式施工图的工程量必须在投标阶段的设计成果基础上进行限额控制。各专业设计人员应按照商务经理要求的工程量限额进行施工图设计，并不间断地进行比对，对于超限部分及时进行修正调整。各专业设计人员应了解基本的定额工程量计算规则，避免在如钢筋搭接、“马蹬”钢筋等非图纸设计必需内容方面因为规则定义问题产生算量偏差。

1. 限额设计原则

总承包方应针对超限处理制定规则，即所有超额设计的设计图纸（文件）必须由设计经理说明原因并落实相关损失控制措施，报项目经理同意后方可正式发出。增加工作量超过一定额度预计造成直接损失的内容应触发报警机制，对于此类损失及时采取措施进行管控。首先由商务经理具体分析对比总承包合同条款明确是否构成索赔条件，对于构成索赔条件的内容将计划采取的方案及时上报监理工程师和建设单位，待方案审核批准后实施。对于不能构成索赔条件的内容应在总承包方层面组织内部专题技术经济方案评审，结合总承包方的实施能力选择最优方案并实施，对于造成的损失应精确进行测算，工作内容属于分包实施的，还应结合分包合同与分包单位进行议价，将损失控制在最低程度后再实施。项目总工协同商务经理负责审核接收到的设计图纸或文件是否超额设计，发现超额设计无相关批准手续的应及时报告。

2. 效益激励

项目最终结算完成后，商务经理负责统计设计优化产生的最终的经济效益和社会效益，项目负责人应结合具体情况提出奖励方案，奖励方案应涵盖设计经理及各专业设计人员。通过前期预警、过程控制、受控奖励促进各专业设计人员的积极主动性，实现不同项目之间的良性互动循环。

5.3 设计人员应该提升的素质

5.3.1 工程总承包模式的认知和接受

设计人员应充分认识到市政基础设施项目推广工程总承包模式是大势所趋，无论企业还是个人都应该主动融入、深入到工程总承包项目中，使自己不再停留在传统设计工作角色上。一方面应积极接受、参与工程总承包项目的各项工作中，另一方面应加强业务学习，提升对工程总承包模式的组织原则、管理要求、实施路线、合同原则的理解和认知。如果设计人员从心态上故步自封、夜郎自大，最终将无法适应整个企业、行业乃至国家的战略布局。总承包方层面也应加大企业战略、行业发展、国家政策的宣教和培训，多方面提升设计人员对工程总承包模式的认知，让设计人员时刻明确自己是工程总承包团队中的一分子，个人利益与工程承包项目利益高度一致（图 5-4）。

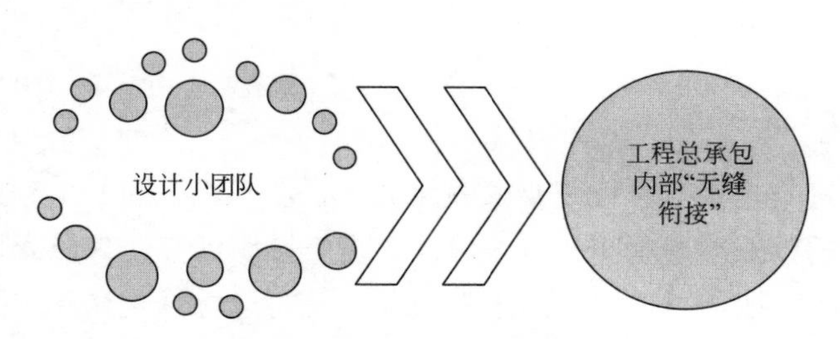

图 5-4　设计人员团队意识的拓展

5.3.2　合同意识的加强

1. 合同研读

作为工程总承包项目的设计人员，要时刻以合同条款为工作指导思想，这是与传统设计项目设计工作的根本性区别。合同条款既包括了工程总承包合同对于设计工作、商务工作的要求，也包含了各类设备采购合同、分包合同对应的工作要求。各专业设计人员应该立足自己的岗位，积极参与合同条款的审核并提出合理化建议。对于已签署的各项合同要学习了解，对于重要条款需要记录并与工作成果进行不间断的比对，不断纠偏。

2. 与其他板块工作的沟通融合

设计人员应深入研读工程总承包合同中对应专业技术要求，以合同约定、规范要求为依据开展具体设计工作，同时设计人员还应了解工程总承包合同商务、进度、质量、安全、违约条款等各方面的约定要求，加强与总承包团队其他各专业岗位的沟通，时刻以工程总承包合同约定为准绳，衡量自己的设计工作是否能够对其他工作有正面促进作用。有意识的设计人员还可以在工作之余加强商务技能、法务意识以及施工管理能力的培养，设计人员经过若干工程总承包项目历练，取得相应的职称资格和注册执业资格并成长为工程总承包项目经理也是国家、行业提倡的职业发展通道之一，而且在源头把控上面有得天独厚的技术根基优势。

例如某采用工程总承包模式实施的危险固体废弃物焚烧处理项目，主要设备为设备总体集成的“工艺包”供应商式。由于“工艺包”总集成的原因，单个设备技术参数比较陌生，给具体施工图设计带来很多不确定性。在采购合同起草时，设计经理提出了在合同条款中增加提资承诺书的要求，以便于进行土建基础、工艺管路连接等方面的设计。

（1）**提资形式**　所有提资将加盖供应商公章以书面形式提交给指定人员统一接收，以其书面签收为准。

（2）**提资时间**　按照工程总进度计划和节点要求、设计进度倒推提资截止时间。提资内容：设备图纸及相关尺寸、安装方式、动力要求、各类管线接口、介质及进出口、功率、扬程、转速、各部位材质、荷载、支脚位置、预埋件要求、设备安装尺寸、操作要求、安装精度要求等，包括但不限于以上内容，直至满足设计出图需求。

（3）**复核确认** 要求供应商将按总承包方的要求对已出具的施工图进行复核并落款确认，并现场对预埋件、预留孔洞进行验收检查。提资责任：因提资滞后、提资修改、提资错误、复核错误、未参与验收或验收意见错误等供应商原因造成总承包方的出图延误、工程进度滞后、返工或工作量增加等损失均由供应商承担。

通过合同意识的加强，在总包、分包及采购合同起草、洽谈和执行过程中设计人员全面参与，实现设计促进合同，合同指导设计的目的，方能更好地体现设计牵头的引领作用，体现工程总承包模式的优势。

5.3.3 团队意识的扩展

1. 项目经理牵头

建立总承包项目团队并培养团队意识是工程总承包项目经理的重要工作。工程总承包项目经理应尽力在任何一项工作中着力体现全员参与的概念，加强设计、施工、采购各个板块的交流互动，特别是初次加入总承包项目团队的设计人员，除了工程总承包项目经理的组织联络之外，施工经理、项目总工逆向主动交流，不断提供提醒以往类似项目的实施经验、工程总承包合同模式的要点，建立沟通渠道和联络机制，对于项目进展、存在问题在第一时间完成信息传达，避免因为信息的不对称造成沟通障碍，造成误会进而影响团队合作。

2. 企业内部引导

不同的企业对于设计人员参与工程总承包项目会有不同的模式，施工企业建立的内部设计院或设计部门很少承接单纯设计项目，形成专业的工程总承包项目设计工作团队；传统设计企业在经营路径方面以设计市场为引导，因此承接的工程总承包项目的设计力量往往因地而异，考虑到不同建设单位工作配合的熟悉程度，以传统设计项目市场划分投入设计人员。

3. 设计人员主动融入

除了各专业设计人员之外，总承包项目团队的其他岗位一般都是长期稳定从事工程总承包项目管理实施的固定人员，所以在一个共同目标的工程总承包团队中，非固定从事工程总承包业务的设计人员需要在极短的时间内熟悉整个项目的工作流程和工作模式，调整自己的工作思路。除了前文中提到的合同意识的加强之外，设计人员必须要迅速融入以项目经理为核心的整个团队中，建立一致的使命愿景，营造“无缝衔接”的融洽气氛。

（1）**深入了解** 在团队意识培养塑造方面，各专业设计人员应充分了解本身岗位职责的工作，对于未接触过的工程总承包业务管理方面的内容积极与其他各岗位进行咨询了解，存在的疑问及时提出，与团队各个岗位充分交流沟通。

（2）**轻重分级** 设计人员应了解工程总承包项目总体工作安排的轻重缓急，特别是针对总体进度计划安排和突发问题事件处理方面要凸显这方面的意识，能够配合团队总体工作安排，对于项目经理、设计经理布置的各项工作任务，应进行充分的沟通交流，包括上级的任务内容交流和平行的各岗位之间的交流，充分了解任务要求和责任关系，按部就班地按照工作计划依次进行。

（3）**避免误区** 设计人员应列出自己工作上的负面清单，在设计工作和日常联络工作中注意规避各项误区，既要做好对建设单位、监理工程师、分包方、供应商的服务配合，又要做好相关分包方、供应商的工作管理。

从根本而言，设计人员扩展团队意识，将原本的设计小团队提升到工程总承包全面管理的大团队，在工作中不断完善和提高改进，实现总体的目标有序实现。设计人员的工作成果对项目成败与否有至关重要的决定性作用，因此如何发挥设计人员的工作能力，团队意识提高是必不可少的工作。

5.4 工程总承包设计工作管理

为加强工程总承包项目设计工作管理，提高工作效率，做到设计—施工无缝衔接，必须制定相关的工作管理方案或制度。工程总承包项目设计工作的各项管理工作需同时遵照企业相关规章制度执行。

工程总承包项目设计工作管理以具体项目为单位，内部主体责任人为设计经理。协调配合和考核评价为项目经理、商务经理、采购经理、施工经理。工程总承包设计经理职责范围超出传统设计项目设计负责人的工作内容，项目经理应指导设计经理围绕具体工作内容开展设计工作管理方案的考虑、总体思想制定，以及后续各项工作内容的不断落实和检查。

工程总承包项目中标后，工程总承包项目经理牵头组织召开合同交底会，针对项目特点，对设计工作的进度、质量、限额设计等提出具体要求，设计经理及各专业设计人员共同会签，形成会议纪要。

5.4.1 设计目标

设计工作目标应符合总承包合同、规范要求。保证总承包合同规定的各项指标，满足建设单位明确的项目总体定位。总承包方应保证项目的设计工作质量，从源头上把好工程质量关。在质量保证的前提下，总承包方应结合总承包合同中商务条款约定做好设计阶段的成本控制。总承包方应明确设计工作进度目标要求，明确各专业设计成果的交接时间和最终的全部设计工作完成时间。总承包方的设计工作应贯彻法律法规和各项强制性标准，贯彻安全、职业健康和环境保护体系良好运行的工作要求（图 5-5）。

5.4.2 投标工作

1. 内部策划会

工程总承包项目投标工作启动前由项目经理召开内部策划会，明确施工经理、商务经理、采购经理、项目总工、设计经理及各专业设计人员，并针对工程各专业存在的风险共

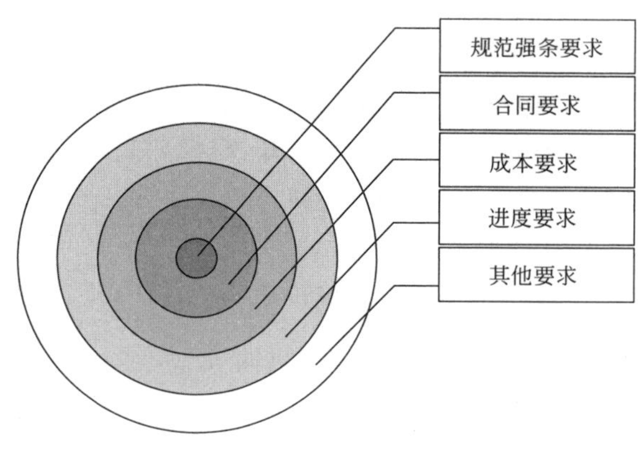

图 5-5　设计工作目标

同进行分析研讨，制定对策。按照投标时间要求，排列包括设计在内的各项工作进度，明确设计成果的交接时间。

2. 交接程序

投标阶段任何一项设计工作完成后应由设计经理采用书面交接的方式将设计成果移交给商务经理，书面交接单封存备案。投标阶段设计深度原则上应达到施工图深度。对于时间不足无法细化的钢筋配筋等工作由专业设计人员在书面交接单中提供含钢量等技术指标供算量参考，同时对于可能会产生的工作内容增加在书面交接单中进行说明和提醒。

3. 问题处理

在投标阶段发现任何一项设计工作与商务策略出现不匹配的情况，商务经理应及时提出警示意见，与设计经理及各专业设计人员进行及时沟通，对于存在问题共同进行设计调整方案的商议。商务报价文件编制完成后由各专业设计人员共同会审，发现的风险和问题应及时向商务经理、项目经理提出，项目经理应组织协商直至形成对策并落实（图 5-6）。

例如某采用工程总承包模式实施的新建雨水调蓄池项目，在招标文件中明确最终结算原则为固定总价。在投标工作中，设计经理将成果文件交接给商务经理后，在组织工程量测算的过程中发现总体施工图预算与投标报价空间较小，无法满足项目实施过程中的风险应对和企业上缴利润的需求。商务经理反馈情况后，经过多方研究磋商，发现场地四周开阔平坦且无需要保护的建构筑物，经过计算，将基坑围护方式由钻孔灌注桩改为放坡结合喷锚加固方式，最终节省了部分资金额度，缩短施工工期。

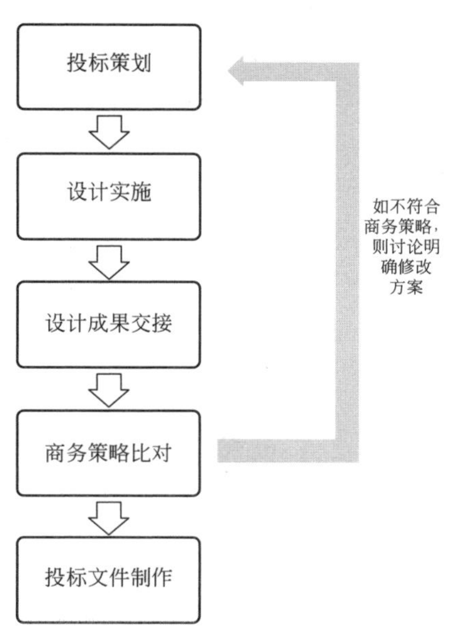

图 5-6　投标策划设计-商务衔接工作程序

5.4.3 设计进度

采用工程总承包模式实施的市政基础设施项目通常进度非常紧张，加之工程总承包中设计经理及各专业设计人员附加工作量又超出常规设计项目，所以设计进度受控是保障后续实施推进顺利的基础条件。常规设计项目的进度取决于建设项目的性质、规模、技术要求及相关技术细节要求，如工艺流程、设备系统、地基条件等，完成设计工作就完成了全部合同任务，而工程总承包设计工作的进度仅仅取决于完成合同目标的总体进度计划倒排能够留给设计的时间。

1. 设计工作进度计划编排

无论何种类型何种规模的项目，设计工作都是关键线路上必不可少的环节，设计进度应始终以服务项目总体实施进度为原则，按照施工进度情况进行倒排、倒算。工程总承包项目中标后由项目经理、施工经理按照总体进展要求和合同要求在合同交底会上明确设计工作的关键节点，由设计经理在会后组织编制设计进度计划，进度计划应包括图号、图名、出图时间等要素，还应建立明确清晰的进度目标，设计经理及各专业设计人员共同会签后提交项目经理、施工经理。项目经理负责审核设计进度计划各子项、各专业工作的划分和交接顺序是否合理，是否存在缺漏项，最终的完成时间是否满足总体进度计划的要求。商务经理在合同交底会上以商务交接单的形式将各专业投标报价情况、设计限额及主要工程量对设计经理、各专业设计人员进行书面交底。

涉及多专业协同设计的工程总承包项目，设计经理应着重对各专业之间的交接进度进行排列，并在设计过程中重点关注专业交接情况和存在问题，避免因为交接信息沟通延滞或信息沟通错误而造成总体设计进度滞后。

2. 工作过程中的进度管理

设计工作过程中的进度控制决定了设计进度计划能否实现，此项工作应由设计经理总体负责。设计经理应定期对实际进度与设计进度计划进行比对，一旦发现实际进度偏离，应立即采取以下措施以纠正偏差：树立“集中力量打歼灭战”的指导思想，增加设计人员配置，做好同专业的设计工作按单体、系统进一步拆分，由多人分别负责同专业的设计工作。与项目经理、施工经理协商，进一步细化研究施工进度计划中各分部分项工作的开工顺序，分阶段、分批次提交设计成果以满足施工要求。

项目实施过程中发现的设计问题和需要设计配合的各类事项解决进度应满足项目实施的需要，必要时由项目总工或施工经理发出内部设计工作联系单，由项目经理负责督办。

5.4.4 设计质量

1. 基本原则

市政基础设施项目工程总承包设计质量的总体要求指在满足建设单位及今后的运行单位对工程项目的全面功能及价值需求的前提下，正确开展为施工、为运行服务的全面设计工作，完成设计成果并在实施过程中不断修正，最终实现经济适用、环境友好、节能降耗、符合约定、可持续发展的目标。工程设计质量要求应建立在设计依据真实可信、总承包合同要求的工程最终特性要求基础上。最终特性要求包括适用性、可信性、安全性、经济型、可行性以及环境友好等诸多方面的量化和定性要求，还应包括总承包项目使用的社会要求、总承包项目运行技术指标要求。

2. 具体要求

(1) **设计质量的定位** 工程总承包的设计质量既包含了传统设计工作质量，又包括了为满足工程总承包合同约定、总承包方的目的诉求而必须进行的各项设计品质提升工作。设计的质量出现问题，将直接影响施工和正常投用，轻则造成返工影响成本和工期，重则使得项目总体无法发挥设计功能造成建设单位、总承包方重大损失。设计是工程总承包项目实现各项目标的核心工作，提高设计工作的质量能够在根源上实现项目成本的节约、进度的加快和总体品质的提升，也是工程总承包项目管理的重中之重。

(2) **设计质量控制要求** 设计质量应符合市政基础设施项目相关的法律法规；设计质量应符合市政基础设施项目相关的技术标准和规范，设计的所有指标必须执行国家强制性规范要求；设计质量应符合经过审批的项目建议书、可行性研究报告、初步设计等前期设计咨询成果，也应符合基本控制规划、规划选址意见、用地规划许可、建筑规划许可等相关规划要求，还应符合安全、环境的“三同时”建设要求；设计质量应满足总承包合同的要求，还应满足施工所需要的各项便利要求；设计质量应符合工程实施过程和建成投运后的相关技术、经济参数及设备供应商等单位提交的数据资料；设计质量应保证图纸全面，计算准确无误，技术要求明确可靠，并且应由设计经理带领各专业设计人员配合帮助实施人员和运行单位掌握图纸设计意图和具体要求。

3. 设计工作大纲的编写

(1) **总体原则** 在项目正式实施前，设计经理应在项目策划大纲的基础上深化编写设计工作大纲，将总承包合同文件、招标投标文件、重难点分析和主要思路加以提炼，并通过设计工作大纲明确设计决策，合理安排设计流程、各阶段各专业的任务与职责，选择设计工具，明确质量标准。各专业设计人员应全面熟悉了解总承包相关情况和要求，必要时组织设计人员进行现场踏勘，了解现场情况，考虑多专业配合要点和具体措施。

(2) **主要特点** 设计工作大纲应确保设计工作的先进可行、合理合规，即设计总体目标要保证设计中采用的各项技术指标、工作成果保持一定的先进性，先进性可以是在成本受控下的领先技术，也可以是性能受控下的降本措施，有条件的项目可以结合项目总体科研任务进行设定研究，同时又要保证在现有的资源下确保可以实现目标；合理合规是指设计工作大纲的定位应满足规范要求和合同约定，不仅在技术、指标方面响应要求，在成本、进度、施工便利性、质量安全易控性方面更要考虑周全，综合确定相关工作内容和要求。

4. 设计工作大纲的落实

(1) **动态审核要求** 设计经理应组织各专业设计人员在设计工作过程中不间断与设计工作大纲、合同交底会相关内容予以对照，并做好内部沟通工作，对发现的问题及时交流和处理。在工程设计中应基于设计规范要求实施标准化控制，通过正常的校对、校核、审核、审定程序进行基本设计质量的控制，同时通过与施工经理、项目总工的协商交流，进一步将设计工作服务于施工现场，服务于建成后的实际运行。设计经理应按照企业规定要求对于整个设计成果分批次分阶段进行逐级的检查，确保设计成果符合要求，校审工作的标准包括所有成果的合理正确，不仅仅是图纸设计本身，还应对图纸设计之外的各类计算书、辅助设计软件、参考资料进行检查评估，以确保设计成果的整体质量。

（2）**会审会签制度** 保证和提高设计质量，应在总承包方内部建立完善的会审会签制度，既有纵向的专业设计人员、专业负责人、设计负责人、部门技术负责人或企业技术负责人的审核，也要包括横向的各专业之间的联审协调，总承包项目经理的审核会签，通过会审会签制度的建立和落实有效地消除各专业设计人员对设计工作中的误解、错漏，解决分歧问题，将工程总承包项目在纸面上完成虚拟建造，为后续的实际建造打好基础。

（3）**设计交底** 设计工作的实际落实形式主要为设计交底，此阶段设计质量的控制重心从设计人员转为项目总工。项目总工首先应负责组织正式设计图纸或设计文件的发送工作，项目资料应做好书面收发记录，包括图名、图号等主要信息，修改设计图纸发送的同时，应做好原图纸的收回或接收方书面确认的作废记录。项目总工在接收到图纸后负责组织图纸会审、设计交底会议并最终形成附设计交底记录的会议纪要。因设计质量问题造成的返工或工程量增加，项目总工及时做好记录提交商务经理，由其测算具体损失。所有涉及预埋、预留的设计图纸原则上由相关的设备供应商进行会签确认后方可正式出具，相关要求应反映在设备采购招标文件和合同中。

5. 设计传统工作模式的衔接

在传统设计企业中常见的通用化、参数化设计在工程总承包项目中不应盲目全面覆盖推广，因为传统的通用化、参数化设计成果不一定能应用在深度履约要求的工程总承包项目中，一旦与总承包合同约定的进度、标准等发生矛盾，可能会因为单纯的设计效率提高而影响总体项目的实施，设计经理应综合评估工程总承包项目相关通用化、参数化设计的既有资源的经济性、合理性，通过在评估后的通用化、参数化设计成果中加以选择应用以提高设计工作效率。

6. 设计成果的表现形式

工程总承包设计成果的表现形式应包括设计图纸、设备清单、设计说明、各类规划文件、计算书、设计业务联系单、BIM 模型数据库等。所有的正式设计成果应符合法律法规、规范标准和总承包合同的要求。各设计阶段的文件内容、深度和格式应能够对照设计质量要求进行检查确认，以满足可追溯性要求。

5.4.5 变更调整

从发起方角度，市政基础设施项目工程总承包的设计变更调整包括了设计变更和变更设计两种方式。基于总承包方的诉求和需要，为了满足优化设计或更改错漏的需要，从设计人员方面发起的变更调整为设计变更，这一点有别于传统设计项目仅为设计单方面发起的变更调整，涵盖了总承包方的施工层面要求。从监理单位、建设单位等外部提出的变更调整要求，经设计人员复核同意则为变更设计；从经济角度，市政基础设施项目工程总承包的设计变更调整包括了合同变更和非合同变更两种情况：

（1）**非合同变更** 在合同约定条件内的变更调整，不造成合同索赔或费用核减为非合同变更。

（2）**合同变更** 超出合同工作范围，产生了总承包方或建设单位的索赔内容，则为合同变更。

无论是何种变更调整，对于总承包方而言，必须做到资料依据翔实准确，变更理由充足可信，变更程序完善完整，满足今后各方的审计要求，避免因此产生建设单位的索赔。合理、完善、完整的变更调整资料是总承包方的相关索赔实现的基础文件。

1. 设计变更

设计变更工作程序如图 5-7 所示。

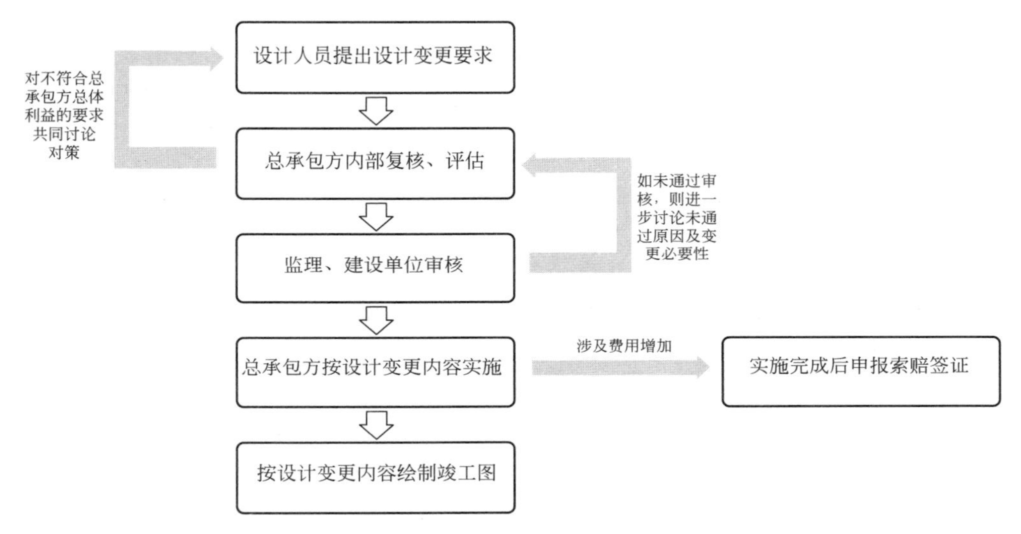

图 5-7 设计变更工作程序

设计变更由各专业设计人员对正式施工图的变更、调整通过设计业务联系单或修正版图纸的形式提出。在审核流转过程中，应做好相关的原因解释并附相关资料证明，如内部会议要求、设计勘误、设备供应商提资补充或者变更。设计变更同样作为设计成果的一部分，应完全按照设计正常出图程序完成校审。传统设计企业的设计业务联系单往往由专业负责人、企业技术负责人或总工程师负责校对校核后签发，对于工程总承包项目而言，此流程必须进行“再造”，由工程总承包项目经理参与会签会审，会签会审过程中应基于项目具体情况和工程总承包合同约定着重对变更造成的施工难易度、经济成本增减、工期增减进行研究检查，对于会签会审过程中发现的问题，项目经理应及时组织沟通协商，以达到变更目的的同时规避各方可能存在的风险因素。项目经理、商务经理或其他院内部门提出的变更意见应与设计经理、各专业设计人员进行沟通。所有设计变更涉及复杂工况、复杂工艺或“四新”技术应用的情况，应上报总承包方层面的相关技术力量或邀请外部专家共同参与会审。

2. 变更设计

变更设计工作程序如图 5-8 所示。

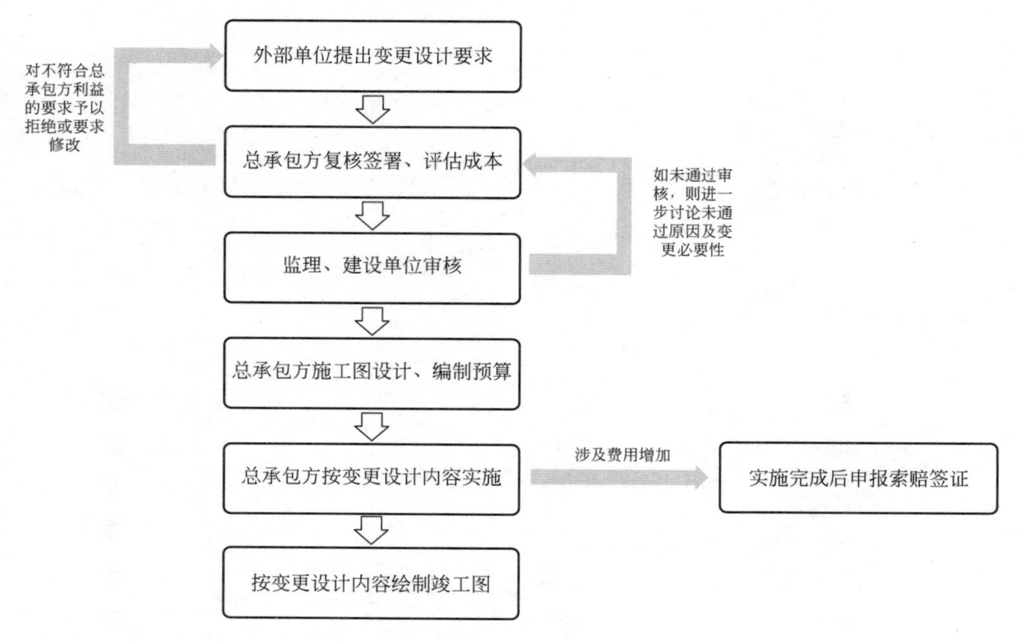

图 5-8　变更设计工作程序

建设单位、分包方等外单位提出的变更意见应通过技术核定单、工程洽商记录等形式提出，经参建相关单位审核确认，项目经理、施工经理、商务经理负责对变更后的工程量增减情况进行审核，超出原设计工程量的原则上应由变更提出单位承诺费用风险自行承担，属于建设单位提出的应确认属于合同外工作量。工程洽商记录会签完成后，按照规范要求需要出具图纸的以洽商记录为依据进行深化并出具设计图纸。

工程总承包合同中对于变更调整有要求的，应按照合同进行变更流程的申请，所有变更资料签署完成后由商务经理负责发放和归档，涉及合同外工作量签证申请的，由商务经理负责向建设单位提交、跟踪和沟通。所有变更信息均应由项目经理、施工经理负责把关，项目总工或设计经理负责唯一传达通道，各专业设计人员未经项目经理同意，不应口头或以书面方式确认分包等外单位提出的相关需求。由于变更调整与各方索赔行为、成本管控密切相关，总承包方应不间断开展变更调整与费用管理方面的联动比对工作，每次的变更调整应配有相应的费用情况和结论，便于总体成本管控，降低实施风险。

5.4.6　协同配合

1. 总体要求

工程总承包的设计工作协同配合包括设计各专业之间的协同，也包括设计、施工、设备采购集成等各项工作的协同。市政基础设施项目的设计属于系统工程，需要各专业设计人员通力协作、有机配合、及时传递交接各项成果，才能保证设计质量（图 5-9）。

例如某采用工程总承包模式实施的综合管廊项目的设计工作共涉及结构、工艺、建筑、暖通、消防、电气、仪控、景观、道路、技术经济等十个设计专业。为了保证所有专

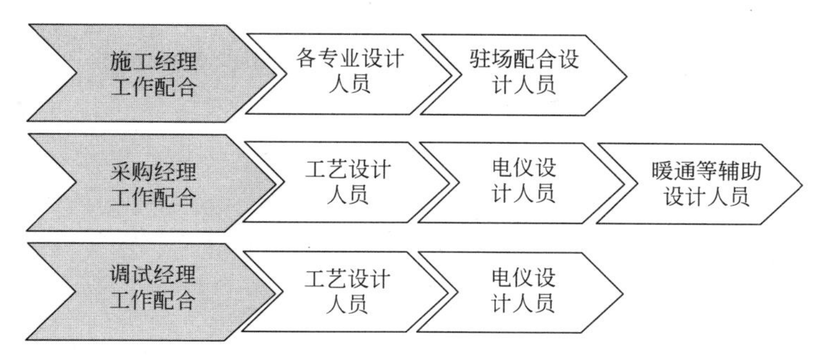

图 5-9 设计工作协同配合

业设计工作有序衔接，避免“错、漏、碰、缺”，设计经理采取了设计例会、成果会签、资料交接确认等措施保证了设计工作的总体协同性。

工程总承包设计工作除了编制、绘制各类设计文件形成成果之外，还包括总体配合工作如驻场设计、采购配合、共同验收等工作。对于复杂项目，设计总体配合有利于各专业设计人员第一时间掌握和了解现场情况，便于指导施工，及时预见、发现并解决具体问题，也有利于设计人员发挥设计先导作用，提高采购工作与设计要求的契合度，有利于设计、采购、施工相关工作的衔接。

2. 驻场服务计划

(1) 驻场服务计划落实分工 工程总承包项目按照实际需要由项目经理组织设计经理、施工经理共同商定设计驻场服务计划，明确配合专业、配合时间和具体配合工作内容。施工经理应负责驻场配合设计人员的办公、生活及交通条件的落实解决。

(2) 驻场配合设计工作内容 驻场配合设计工作包括以下各方面内容：

① 参与图纸会审，与项目总工等专业技术人员共同对图纸进行复核会审，解决自身专业需要解决的问题，同时将其他问题反馈给相关专业设计人员。

② 处理设计变更及变更设计问题，积极做好相关资料的研究、传递、实施等工作。现场设计文件的管理，配合做好设计文件资料的整理和发放记录等工作，确保变更文件及时有效地传递发放，监督作废文件的收回，确保设计文件的有效性。参与施工组织设计的审查，从设计角度对施工组织设计进行审查。

③ 参与各项质量检查验收工作，包括日常巡检、关键部位验收、隐蔽工程验收等工作，从设计角度检查施工符合性，对需要整改的内容提出相关的设计意见。

④ 参与调试工作，复核检查调试方案，提供相关的计算参数，通过调试结果复核设计内容，对于缺陷内容及时进行设计变更。

3. 驻场服务工作内容

驻场配合设计人员主要负责了解现场进展情况，及时解决现场问题。驻场配合设计人员还应做好日志记录工作，对于现场设计问题及时解决，并对现场施工情况进行符合性监控，发现的问题及时向项目总工提出，需要其他专业支持的及时将问题反馈设计经理并跟踪落实解决。各专业设计人员应配合商务经理提供索赔、结算所需要的相关设计图纸。

4. 采购配合工作

工艺、电仪、暖通设计人员应配合商务经理、采购经理编制设备采购招标文件技术分册，并提交管线、阀门、设备等数量清单，共同审核技术协议，参与设备监造。建筑、结构等专业设计人员应配合商务经理共同进行土建工作量的测算，并提出土建施工技术要求，参与各分部分项工程的质量验收，对主要材料供应参与考察和验收，对建筑外立面等装饰材料进行样本选择和确认。

5.4.7　考核评价

项目经理、施工经理、商务经理、设计经理可定期对参与工程总承包项目的各专业设计人员进行客观公正的评价，评价分设计进度、设计质量、限额设计、变更调整、总体配合五个方面进行，评价分数可作为绩效考核的相关依据。通过考核评价提高各专业设计人员参与工程总承包项目的积极性，有效督促设计人员深入研究总承包合同内容，鼓励设计人员更有目的性地进行设计优化，发挥设计核心引领作用（图 5-10）。

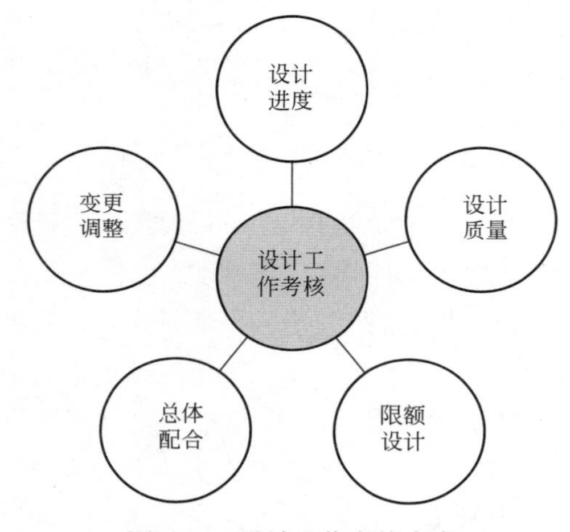

图 5-10　设计工作考核内容

第 6 章　工程总承包的设备采购集成

市政基础设施项目工程总承包的设备采购集成从广义的角度解释包括项目管理的方方面面，但是从偏狭义的角度是指涉及工艺运行的如自来水厂、污水处理厂、污泥处理、固废处理等项目中除勘察设计、土建施工外，包含设备系统的深化设计、采购、安装、调试等为性能达标服务的全部工作。本章节主要从偏狭义的角度对设备采购集成的运作方式、要点进行阐述，考虑到专业性和实施阶段的不同，对于调试管理方面将另列单独章节。

设备采购集成在某种程度上是有别于施工总承包相对突出的内容，设备采购集成是工程总承包的关键工作，往往是市政基础设施项目采用工程总承包模式的根本原因，设备采购集成和相关技术的掌握，能够作为工程总承包方在竞标中胜出的关键优势。无论是传统设计企业还是施工企业，在发展工程总承包实施能力的过程中，均应重点培养设备采购集成能力。

6.1　设备采购集成的总体策划

对于市政基础设施而言，并非所有的项目都会涉及设备采购集成，如常规的居民住宅楼、城市道路施工，没有设备采购的工作内容或者仅有少量的路灯等简单采购，专业调试内容。对于水务类型和环境类型的厂站类项目而言，采用工程总承包模式的核心内容在于设备采购集成工作，最终决定项目成败的目标除了建设程序的竣工验收之外，对于设备系统还涉及考核和移交。直到系统成功稳定运行后，方意味着合同核心任务的完成。对于设备采购集成工作的总体策划共包括三个方面的内容。

6.1.1　设备系统的拆分

对于一个市政基础设施项目而言，如果采用工程总承包模式，总承包方应对整个设备系统的内容进行深入的研究，特别是在总承包投标阶段应对设备系统的总体内容、实施的主要难点和控制点、考核的主要指标等关键因素有深入具体的了解，在此基础上实施单元的拆分，即将项目完整的设备系统按照工艺流程、专业特征、采购对象、市场分类、验收指标等特性拆分成若干个相对独立、界面清晰的实施单元。如一个常规污水处理厂项目，可以分为泵、搅拌器、闸门等非标准设备、曝气、污泥处理、除臭、暖通、高效沉淀池、滤池、厂级电气与自动控制、消毒等多个实施单元。起重泵、搅拌器、闸门等非标准设备属于按照设备类型归类实施的实施单元，可能会散布在整个项目的各个工艺流程和部位中，按照单个设备运行状态和功能进行检验，没有集中的性能验收指标。高效沉淀池、滤池等属于包含系统深化设计、常规设备及电气仪表控制和逻辑组合的完整子系统，可以按照子系统前后的进出水水质进行独立集中的性能验收，此类实施单元就被称为“工艺包”。

在实施单元拆分时，应对市场供应情况进行调查了解和排摸，特别是对需要委托他人实施的“工艺包”，总承包方应了解市场上总体的供应情况，避免形成垄断造成价格缺乏竞争。需要注意的是，所有实施单元汇总后并不一定是设备采购的全部，某些零散设备与工艺系统无关，但又是项目生产所必须的内容，如常见的起重设备、电梯等往往独立且零散，也应作为设备管理的相关内容进行布置安排，避免遗漏。

从长远看，总承包方应培养部分甚至全部“工艺包”的自行实施能力，与自身的工程设计能力相结合，通过项目的实践和总结，对工艺系统的深化设计、设备制造加工进行提升和改进，形成技术领先、性能可靠、成本受控的优势。

6.1.2 集成团队的组成与职责

1. 总体分工

设备采购集成工作除了采购、安装、调试之外，还包括工程设计资料提供（简称“提资”）、深化设计、培训、售后维保等“伴随服务”。设备采购集成团队应以项目经理为指导，采购经理为中心，包括设计经理、商务经理、施工经理、调试经理等各岗位共同配合形成完善的设备采购集成团队。视项目情况，采购经理、设计经理、调试经理可以专职，也可以兼岗。各岗位职责具体分工一般如表 6-1 所示。

某工程总承包项目设备采购集成工作分工配合表　　表 6-1

岗位名称 / 具体工作	项目经理	采购经理	设计经理	商务经理	施工经理	调试经理
总体策划安排	主体	配合	配合	配合	配合	配合
综合协调推进	配合	主体	配合	配合	配合	配合
技术控制审核	配合	配合	主体	配合	配合	配合
商务合约洽谈	配合	配合	配合	主体	配合	配合
现场对接实施	配合	配合	配合	配合	主体	配合
调试具体负责	配合	配合	配合	配合	配合	主体

2. 岗位分工

（1）**项目经理**　负责设备采购集成工作的总体策划推进。部署各岗位对应工作内容，制定工作节点目标安排，协调各专业之间工作衔接，解决集成工作中的重要问题，指挥并参与重要采购工作的合同起草、洽谈工作，过程监督保障各项工作按计划推进。

（2）**采购经理**　负责全过程直接与供应商沟通，参与合同起草、洽谈。对于集成工作各项安排协调推进，把控采购总体过程进度和质量，组织对设备生产制造过程的监造、出厂验收，配合完成建设单位、监理单位的各项要求，负责向建设单位提交技术协议并负责过程中的沟通和修改落实，内部衔接设计经理、调试经理、施工经理等各环节工作，参与现场开箱验收并审核相关资料，组织提供设备各项“伴随服务”，负责总体售后质保服务。

（3）**设计经理**　按照工程设计总体目标提出设备采购各项参数指标要求和提资配合节

点要求，审核提资内容合理性并组织进行配套的工程设计，组织设备供应商共同对工程设计成果进行复核并按照意见进行审核修改，对设备供应商提交的技术规格书、技术协议等资料进行审核，配合完成建设单位、监理单位的各项要求，参与调试和各项验收工作，解决工程设计层面存在的各类问题。

（4）**商务经理** 组织总承包方的询价比价、招标投标工作，编制具体采购商务条款，牵头完成采购合同的编写、洽谈直至签约，并负责履约监督和评价汇总。审核集成工作实施进度并进行对应的资金成本管控、向建设单位请款、向供应商支付等工作，配合企业财务部门完成税金缴纳。按照资金申报、索赔的各项要求对内协调设计经理、采购经理、施工经理等各岗位工作。

（5）**施工经理** 了解熟悉设备采购集成工作的总体情况，协调解决设备厂内运输路线的确定、加固和畅通保障。对设备进场的时间和土建、安装施工顺序全面分析、明确流程要求并落实，组织设备供应商、分包方、监理单位、建设单位共同对设备土建基础进行交接验收、设备开箱验收，负责设备开箱后的保管工作和相关资料的对外申报、修改。负责对设备安装方案进行初步审核和逐层申报，对安装过程进行全面管理，配合商务经理完成资金收支、调试等各项工作。

（6）**调试经理** 全面掌握了解设备采购集成各方面工作，参与合同起草、洽谈。积极参与设备提资审核和工程设计审核并从调试运行角度提出合理化建议，对设备制造、安装过程进行监督，牵头编制项目调试大纲，组织调试团队进行调试实施，负责调试过程中的环境管理、职业健康安全管理工作，组织整个项目的性能考核。

6.1.3 设备采购集成进度计划

1. 计划的作用

按照项目总体进度计划制定设备采购集成进度计划是设备采购集成的总体策划工作的重要内容。设备采购集成进度计划包含了设备合同签署、设备制造供货、设备安装及设备调试直至性能考核的全部内容及配套工作。设备采购集成进度计划不仅是设备采购、调试本身的进度计划，还因技术资料的提供和完整性直接影响设计工作进度，因设备按时进场影响安装工作进度。所以集成进度计划在项目总体进度计划中既要考虑本身的生产制造要求，还要考虑到设计配合、安装配合、合理调试的进度要求。

2. 计划编排原则

集成进度计划在总承包项目招标投标阶段可以根据招标文件要求的时间进度进行倒排，按照总承包方的经验考虑调试时间、安装时间后推算设备进场的时间，并初步与潜在供应商沟通生产制造时间倒推采购完成时间节点，并且要根据设计进度需要明确提资时间，考虑上述因素后编制集成进度计划。在总承包方中标后，应进一步与选定的供应商明确生产制造时间、提资时间，调整修改集成进度计划，同时将相关时间节点要求和延误处罚纳入采购合同约定。

3. 计划相关因素

（1）**设计要求** 尽管采购技术文件会对设备总体参数进行约定，但是由于各个供应商的设备形式、尺寸、材质在细节上存在区别，从而影响的是与设备相关的设备基础、管路布置、空间布局等相关设计内容，需要供应商在较短的时间内提供设备参数，形成设计工作的实施依据。相关的工程设计不仅应考虑设备本身的安装空间和各类管路连接需求，还应考虑调试运行的人员巡检通道、维保空间、出场维修可能等相关因素。设计成果完成后，应提交给供应商进行复核确认，最终形成可行的设计成果文件。

（2）**施工衔接**　现场实施进度需要综合考虑土建施工进度、土建与安装的实施顺序，如某大型设备安装与土建实施存在交叉施工，通过施工顺序分析研究，得出了“先进行框架结构施工，然后进行大型设备吊装，吊装完成后进行钢屋面施工，最后同步进行工艺管路连接”的实施原则，按照此原则明确大型设备的进场需要时间，实现现场实施一气呵成，杜绝等工现象。

（3）**物流运输**　设备采购的物流运输因素也是进度计划需要考虑的环节，特别是进口设备通常采用海上运输的方式，周期长，受国际环境影响的风险相对较大。在进度计划编制中应考虑运输时间和报关完税等相关手续办理时间。

6.1.4　“伴随服务”的要求

1. “伴随服务”的定义

总承包方在进行设备采购集成的总体策划时，除了设备本身各项采购要求外，还应该视总承包合同约定和总承包方自身的能力考虑对供应商提出的“伴随服务”的要求。“伴随服务”是指根据本合同规定卖方承担与供货有关的辅助服务，如运输、保险、调试或调试指导、提供技术援助、培训和合同中规定卖方应承担的其他义务（图 6-1）。[1]

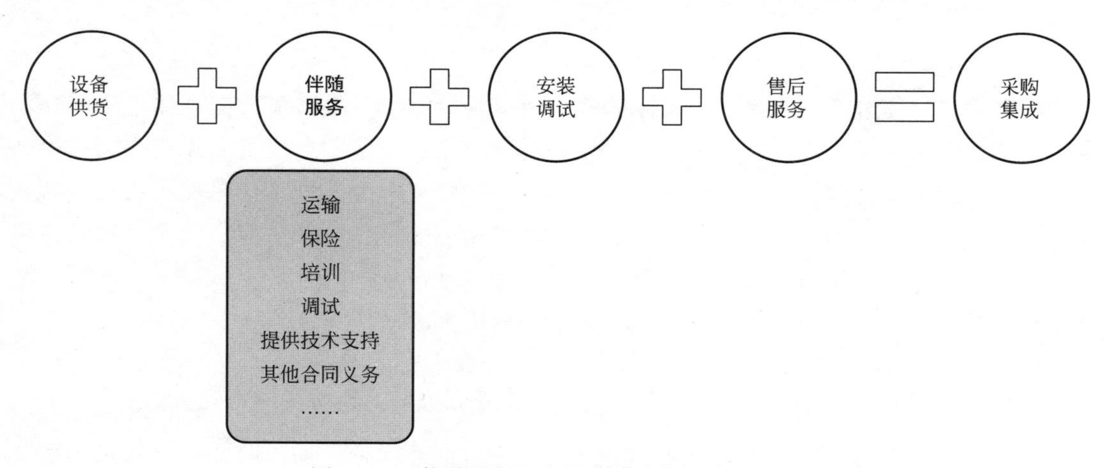

图 6-1　“伴随服务”在设备采购集成中的定位

2. “伴随服务”的内容

伴随服务的包含内容应考虑以下几方面的因素：

（1）**总承包合同要求**　总承包合同文件对于设备采购集成内容方面提出的除设备本体

[1] 商务部机电和科技产业司编《机电产品国际招标标准招标文件（试行）》

供货之外的相关要求，通常包括运输、保险、调试或调试指导、培训等内容。

（2）**采购实施单元的特点**　结合总承包方本身的技术能力和采购实施单元的划分特点，将自身具备服务优势的内容对应梳理，明确总承包方自身提供的伴随服务内容，再在总承包合同伴随服务要求基础上考虑总承包方为了完成总承包合同自身额外需要的伴随服务，如提资技术要求、专用维修工具等内容。

（3）**“工艺包”的配合要求**　针对每一个实施单元形成完整的伴随服务需求。特别是对以性能验收指标为依据的“工艺包”供货应对其伴随服务要求考虑充分，尽可能地在采购合同中约定相关的技术原理资料、深化设计成果细化提交目录，并对于调试完成后的技术指导和维保服务要求细化考虑，对超出缺陷责任期提供有偿维保的服务。

6.2　设备采购集成的总体流程

设备采购集成工作总体工作流程为总承包合同约定的所有设备系统工作内容以设备系统的发挥功能并通过考核为目标排列的工作顺序。包含了设备系统本身的采购、深化设计、制造、供货、安装、调试、性能考核、技术培训等各项工作内容，并与勘察、设计、土建施工相互交叉、相互影响。

1. 总承包合同文件分析

总承包方应对招标文件、总承包合同进行分析，参与前期设计工作的总承包方应提前做好相应的准备，对设备采购集成的范围、边界、总体性能目标进行研究。招标文件中除了前期设计中已明确的工艺流程、总体性能要求、设备初步选型等信息之外，通常会对设备推荐品牌范围、性能指标、付款条件、培训和维保要求等做出进一步要求，总承包方应结合自身情况、市场情况考虑充分的应对策略，实施单元的精准划分，在策划上实现综合利益的最大化。

2. 避免唯一性原则

在采购价格商谈方面，总承包方应在招标投标、总承包合同签订过程中尽量规避对建设单位唯一性品牌选择的承诺，防止一旦失去竞争可能会造成采购价格居高不下、谈判困难的情况。在唯一性选择的情况下，总承包方应要求设备供应商以报价承诺书的方式尽早锁定价格，防止其恶意涨价造成成本失控，在谈判困难的情况下，总承包方应与建设单位积极沟通，争取得到理解和支持，保留设备品牌同档次更换的可能性。

3. 合同签订后各项工作安排

在采购合同签订后，总承包方应按照合同约定监督和指导设备供应商的深化设计、生产制造、出厂验收、发货卸货，并在设备到场后及时组织开箱验收、安装直至调试完成后的相关培训工作，最终结合各方力量完成总体性能考核并移交建设单位或运行单位，并负责协调在缺陷责任期内的相关维保工作。

总承包方的总体工作流程应该严格遵守和落实，任何环节出现纰漏，都可能会对项目总体进展实施和费用结算产生不利影响。

例如某采用工程总承包模式实施的某水质净化厂选用的罗茨风机为德国某知名品牌，

总承包方基于内部招标投标的结果向建设单位上报了该设备品牌及相关技术协议并获得批准，随后总承包方与设备供应商签署了采购合同。在后续采购过程中，设备供应商与生产厂家因存在价格、进度问题未能达成一致，在未获得总承包方同意的情况下，擅自更换了另一品牌并进行了采购。在知悉相关情况后，总承包方采购经理未及时向各级领导反馈汇报。罗茨风机发货抵达现场后，总承包方项目经理与建设单位沟通更换品牌未获批准，但仍然安排了后续开箱验收、安装调试等一系列工作。由于设备供应商盲目压缩采购成本，导致风压等参数与招标文件存在不匹配的情况，造成建设单位对产品参数、运行状态发生质疑，影响总承包方后续的议价和结算，最终发生了法律诉讼。从此案例可以看出，在设备采购集成采购工作中只要严格执行设备监造、进场、开箱验收等流程，均可避免风险的扩大与蔓延（图 6-2）。

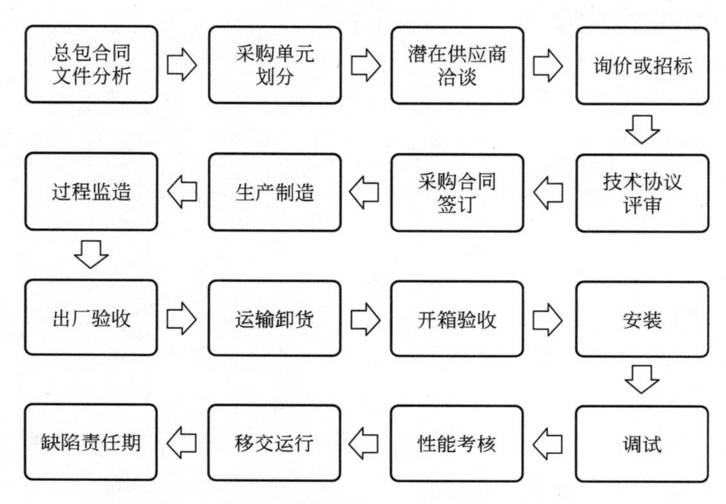

图 6-2 设备采购集成工作的总体工作流程

6.3 投标阶段的询价及资料收集

总承包投标阶段对潜在供应商的询价主要是满足招标文件中提出的投标文件编制要求，同时也完成对设备采购集成部分成本的初步测算，具体工作内容包括拟实施单元的初步划分、与潜在供应商询价沟通、汇总报价文件、对存在问题进行再次沟通、相关商务报价分册编制完成。

6.3.1 实施单元的初步划分

总承包招标文件一般会对设备采购集成的主要实施单元进行初步划分，并明确品牌选择范围或标准。结合招标文件的划分和品牌标准要求，结合以往的联络渠道进行潜在供应商的梳理，对于没有联系方式的应通过间接介绍、网站查询等方式获取联系方式。按照招标文件的要求和设计要求，每个实施单元在询价前应完成主要技术参数要求作为询价资料，以形成潜在供应商的统一报价标准。

6.3.2　初步询价沟通要点

询价过程中应着重对技术标准澄清、时间节点、到场要求、代理优势等要点进行沟通（图 6-3）。

1. 技术标准

技术标准应符合总承包招标文件要求、图纸深化设计要求，对于设备功率能耗、介质要求、产出指标、空间尺寸等主要指标等进行要求，对于存在出入和疑问的内容进行深度交流直至达成一致，共性要求应同步传达到所有潜在供应商，鼓励不同供应商就非原则指标进行提升和个性化设计，并作为同等价位下的竞争优势予以记录。

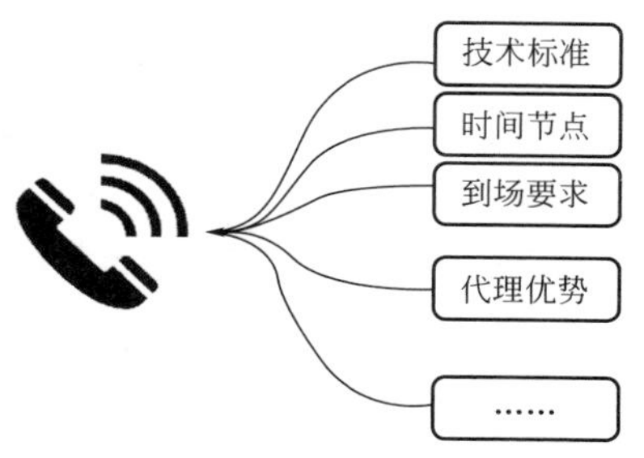

图 6-3　询价沟通重点内容

2. 时间节点

时间节点包含提资节点、制造周期、运输周期和到场时间，应符合总承包招标文件的总体节点要求，总承包招标文件未明确要求的应按照投标编制的总体进度计划进行集成进度目标的细化确定，对于进口设备必须明确运输时间和运输方式。

3. 到场要求

到场要求指对于设备进场到卸货点位置的通道情况即设备运输尺寸要求、装卸方式进行要求和约定，这一点对于大件设备是成套就位还是散件到场拼装的成本和时间安排影响比较大。

4. 代理优势

设备供货分为厂家直供和代理商供货两种形式。对于厂家直供的要纵向对比同类产品历史采购价格并横向对比市场同类产品价格，代理商供货应尽量寻找一级代理商，避免过多层级承包造成沟通路径长、管理费和利润诉求层层堆叠。

6.3.3　报价文件比对汇总

潜在供应商完成的报价文件应包含设备名称、具体参数、生产制造周期、价格组成、税金等因素，报价有效期按照中标后采购周期安排进行合理估算，最终落款后形成正式的书面报价文件。潜在供应商完成报价后由采购经理负责价格汇总比对。主要比对工作分三步进行，制作汇总表，分析总体报价水平，对明显差异报价过高或过低原因进行分析，必要时与潜在供应商联系澄清，避免技术参数指标不一致等原因造成报价错漏或标准偏高，对于技术参数不一致的情况应根据相应总承包招标文件沟通好材质、功率等具体要求，但是对于总承包招标文件未做具体要求的应结合设计要求、规范要求及设备的工作环境、总体性能要求综合评估后确定标准，并将标准向所有报价人发布，确保统一标准报价；还应组织项目经理、设计经理、商务经理等相关人员共同确定选择排序，既要满足各项技术要求，又要追求价格合理；要对照招标文件和系统的总体要求；最后进行价格复核，避免遗漏运输、卸货、税金等成本报价。

6.3.4 商务报价分册编制

设备价格询价完成后，综合考虑自身的管理成本、税金、利润等需求并按照招标文件的要求格式进行商务报价分册的编制。由于税率和取费方式的不同，设备采购报价往往独立于施工报价之外，需要按照当地的预算定额要求严格区分安装工程、设备采购的内容，特别是针对安装辅材部分应作为安装工程的施工内容，不应归入设备采购报价中。

6.3.5 资料收集整理

在询价的同时，采购经理还应要求潜在供应商提交相关设备样本、选型计算依据等资料。设备样本既是技术参数审核的相关依据，也可作为相关设备选型依据纳入投标文件。设备样本应包含设备的主要技术参数、工艺图纸、实物照片、应用案例等信息。

6.4 国产设备采购要点

采购是设备采购集成的核心工作和重要环节，具体工作内容包括与设备供货商进行沟通交流、设备询价或招标文件编制、对报价书或投标文件进行评估评标、采购合同洽谈及签订、过程中设备监造、出厂验收、运输交付、仓储管理、安装直至售后维保等各项工作。国产设备是在国内生产制造不需要进口报关的设备，对于市政基础设施项目工程总承包所涉及的国产设备采购，小额采购可采用直接议价订购的方式进行，大额采购可采用询价比价、招标投标等方式进行。在总承包方中标后应按照总体进度计划要求合理划分实施单元，并以合适的方式启动采购工作。

6.4.1 实施单元的二次划分

1. 二次划分的目的

结合总承包招标投标、总承包合同约定、前阶段市场摸排、设计深化工作的成果，在实施单元的初步划分基础上进行二次划分，作为正式采购实施的单元。二次划分除了按照潜在供应商供货能力、品牌选择范围等要素对初步划分单元进行修正外，重点是明确各实施单元之间、实施单元与安装之间的界面工作。

2. 二次划分的原则

（1）主要工艺设备划分 主要工艺设备按照同类设备统一供货或工艺流程独立集成供货的原则实施单元的划分，在工艺布局方面应明确或要求潜在供应商明确介质进出管路界面，即设备工艺管路进出接口位置，包括外部管道连接方式如法兰、焊接等，同时应明确工艺设备配套电气供货界面、自控仪表供货界面，除了就地控制内容外，还应明确接入项目级（厂级）电气、自控仪表的接入点或馈出位置及要求；在安装实施方面应明确或要求潜在供应商明确设备预埋件要求、平台支架要求及是否属于供货范围，还要明确属于安装工程的辅材采购供货范围还是属于设备附属供货范围，如桥架、电缆支架、螺栓等内容。

（2）其他工作划分 设备的提资要求、备品备件、操作培训、安装指导、调试指导、测试、售后维保时间和要求等均应该在实施单元二次划分时具体明确，除了复核总承包合同文件要求外，还应该满足总承包方对提高实施效率、品质及维护品牌方面的需要。

6.4.2 议标采购

对具有专利技术的唯一性供应商、长期合作供应商及小金额不具备必选条件的供应商，可采用议标采购的方式直接进行合同各项条款的洽商直至合同签署。议标采购应符合总承包方自身的合规性要求，有历史采购价格的如无明显的市场波动，可直接按照历史采购价格参照以往合同条款进行直接采购，如果属于多次小额采购的内容，总承包方可进行某一个时间段的集中采购招标，明确该时间段内的采购价格并签署框架协议作为后续采购执行依据。其余议标采购内容，总承包方采购经理对供货实施单元的成本、合理利润进行估算后，与商务经理共同明确采购底线价格，与潜在供应商除了就供货价格进行洽商外，还应该对付款方式、付款节点讨论明确，在价格不变的基础上充分降低总承包方的资金时间成本。

6.4.3 正式询价或招标工作要点

询价文件、招标文件应由商务经理起草初稿，技术条款由采购经理、设计经理、调试经理共同起草完善，并经项目负责人组织会审后发出。具体内容应包含以下要求。

1. 供货范围

设备供货的全部内容，包括设备本体、配套管路、支架、平台等，还应包括专用工具、备品备件、培训服务、调试指导、安装指导、售后维保等在内的伴随服务内容。对于货物运输、交货方式特别是大件场内运输、卸货、保管也应约定清楚。

2. 供货时间

按照总体进度计划排定的设备供货时间，分批进场的应视设备安装条件的满足情况制定分批进场安排。由于设备安装条件的具备时间可能会有前后调整，所以总承包方应明确发货前若干时间点发出的书面进场通知作为最终的发货时间要求，避免发生不必要的仓储或二次进场索赔。

3. 担保方式

对于预付款、合同总体履约、性能担保、缺陷责任等要求供应商以保函、保证金或其他方式给总承包方提供的担保形式和金额。

4. 售后维保

由于潜在供应商通常要求根据设备采购合同的缺陷责任期以设备本体调试完成起算，与总承包合同的缺陷责任期以项目性能考核通过或竣工验收起算存在时间差，所以总承包方应要求售后维保必须与总承包合同的售后维保要求一致，必要时可采用有偿的方式进行约定，避免供应商缺陷责任到期后出现故障问题无法处理。

5. 支付方式

明确设备款的支付形式是现金转账、支票还是承兑汇票，同时应明确合同签约后预付款、技术协议签订、到货、安装完成、性能考核通过、缺陷责任期满等各个时点的支付比例。

6. 技术要求

主要包含供货设备的功率、扬程、日处理最大能力、主要部件材质、自身尺寸、安装要求、子系统工艺设计图等内容，核心部件属于外购的如配电柜内部元器件等，还应明确部件供货厂家的品牌要求。

6.4.4 合同谈判与签署

设备采购合同主要涉及商务、技术两部分内容。商务部分主要包含合同的内容、资金支付、履约担保、执行期间的各项关于工作的约定、风险承担、伴随服务的相关要求等，技术部分一般以技术协议为载体，在满足总承包合同、总包招标投标文件的基础上，满足设计性能等各方面要求进行约定。在设备采购合同签订前，总承包方可将技术协议向建设单位进行申报，待建设单位批准后再与供应商进行商务条款的洽谈和最终的合同约定。

1. 总体洽谈原则

合同条款的总体洽谈应建立在《中华人民共和国民法典》“合同编”约定的平等原则、合同自由原则、公平原则、诚实信用原则、遵纪守法原则、依合同履行义务原则基础上，经过总承包方和供应商友好协商后订立。采用招标投标方式进行采购的项目，其合同原则应与招标文件中的相关要求、合同范本内容保持一致，投标人在投标文件中提出偏离且被确认中标的应就偏离条款对合同内容进行修订。

2. 商务条款

在商务条款方面，资金的支付是合同的核心内容，往往资金支付的时间和比例会对合同价产生影响，总承包方应考虑单项采购合同占项目总体资金比例、企业自身的资金实力、建设单位的付款节点和比例、供应商的付款计划和优惠程度总体把控资金支付比例，在对供应商的信用评价良好的前提下，通过资金支付比例的提高降低合同价款。为了项目的正常进展，原则上不建议采用低于建设单位付款比例的方法降低项目总体资金压力。

3. 代理服务与资金的平衡关系

市政基础设施项目中涉及的很多设备生产厂家并不直接销售设备，而采用代理的方式进行供货。总承包方与代理商签订合同前应要求其提供代理品牌的授权书，核对授权书中包含的项目名称、品牌型号等关键内容，对代理商的注册资本、类似项目业绩、伴随服务要求进行核对，在代理商对项目推进的正面的代理优势条件确认后再洽谈具体合同细节直至签订采购合同。在资金紧缺的情况下，通过代理商垫资的方式降低资金支付比例也是可采取的方案，缺点是会提高结算价款，需要总承包方综合平衡两者间的关系。

4. 时间节点

采购合同中关于到货日期等确认，总承包方应结合项目总体进度安排进行分析和确定，从竣工或性能考核通过日期倒推相关节点，在合同中应予以明确。同时考虑到项目进展的不确定性，应约定到货时间为暂定，具体以总承包方提前一个固定时点的书面正式通知作为到货时间。供应商在合同洽谈时也应该考虑生产制造周期和运输时间、运输方式，对总承包方提出的到货时间予以调整商洽或确认。

5. 其他要求

采购合同中还应该考虑的包括交货方式、卸车要求、到货后的开箱验收、安装前的保管、保险、制造过程中的监造、技术交流和提资、支付担保、违约责任、争议解决方式等方面内容（图 6-4）。

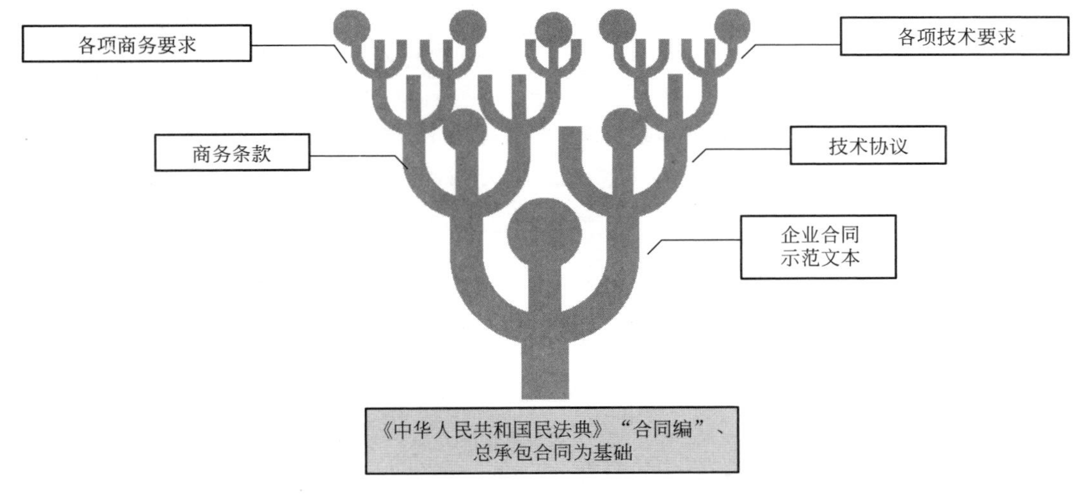

图 6-4　设备采购集成合同的组成

6.5　如何与国外供应商进行谈判沟通

市政基础设施项目特别是水务环境类项目经常会涉及国外进口设备采购。进口设备有通过国内代理商进行供货，或直接进行供货两种方式。国内代理商供货的采购模式与国产设备采购基本一致，资金的支付时间差、进口关税问题由国内代理商自行解决处理，总承包方只需要与国内代理商发生合同关系即可完成相关采购工作。国外供应商直接供货的情况，一般涉及合同范本格式、结算币种、合同语言、支付方式、指导服务、关税计取、技术标准、不可抗力等方面与国产设备采购的差异，在合同实际执行过程中往往还会遇到外方人员工作时间、工作环境要求、外方节假日安排、联络时差等问题，需要总承包方提前考虑、周密谋划。

6.5.1　与国外供应商合同谈判的总体原则

1. 合同谈判风格

国外供应商合同法律意识比国内总体水平要高，特别是欧美等西方国家在大额采购合同签约前往往会安排专业的谈判团队与总承包方进行不带感情色彩的谈判，国外供应商的谈判团队一般包括法务、商务、技术、翻译等各专业人员，在谈判过程中据理力争，过于坚守且缺乏变化和弹性，这一点与国内常规的设备采购合同洽商是风格迥异的。国外供应商通过国际招标投标形式获取的项目，在投标文件中往往会针对招标文件中的一些要求提出对应的偏离要求，这些往往会成为合同谈判的焦点。

2. 合同谈判原则

（1）**底线与反制**　应做好充分的准备，对于焦点问题提出相关的论点和佐证，明确底线原则，在若干非原则问题上通过胶着讨论后可以予以一定的让步，但是任何让步都应在提取其他条款的坚持要求或者针对此条的附加反制要求范围内。

（2）**语言问题**　考虑到自身后续工作的便利，应坚持中文作为合同谈判语言和正式的合同语言，安排专业翻译人员参与谈判，避免沟通偏差。

（3）**胶着坚持**　应投入充足的人力，选择合适的谈判场所，做好胶着持久的谈判准备。对于参与谈判的个人来说，应做好体力和精力的储备，在谈判过程中保持不卑不亢、坚守原则、平等友好的风格。

6.5.2　国际招标要求

总承包方或委托招标代理将项目中的相关设备面向全世界（包括国内）的潜在供应商发出招标要求属于国际招标，招标行为应遵守商务部令2014年第1号《机电产品国际招标投标实施办法（试行）》执行。

6.5.3　结算币种与汇率变化风险

国外供货合同一般结算币种为国际上通用程度相对较高的美元，欧洲供应商往往要求采用欧元结算。由于国际形势的变化，外币往往存在汇率波动的风险，针对大额采购合同总承包方一方面应由专业人员做好汇率波动风险范围的预判和动态的掌控，以此作为项目成本的动态控制管理，另一方面应争取从建设单位方面获得同样的汇率波动的补偿或调整，以规避风险。

6.5.4　支付方式时间差的风险考虑

国外供应商往往要求在发货装船前付款比例接近或达到100%，从而给总承包方带来较大的资金压力和风险，而对应建设单位的付款比例一般不会因为进口设备的原因单项提高。总承包方应做好充分的资金平衡分析，同时对需要发生的垫资金额、垫资周期进行测算，将垫资产生的财务成本计入项目成本中。

进口设备采购一般采用信用证（L/C）、付款交单（D/P）、承款交单（D/A）等方式进行资金支付。如果是采用装运港船上交货价（FOB）等非目的地交货类的交货方式，对于总承包方和国外供应商之间由于接受货物前的大比例资金支付引发的信用问题特别是给总承包方带来的风险，可以采用信用证的支付方式进行规避，即双方通过两家银行之间进行信用支付，将商业信用问题通过银行信用的方式进行解决。总承包方应注意信用证相关条款，避免陷入资金已支付给银行却依然承担货物未按约抵达的风险（图6-5）。

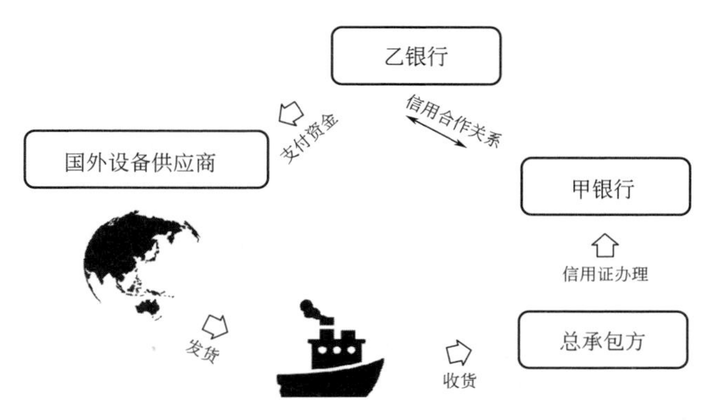

图 6-5 信用证的支付

6.5.5 指导服务的费用原则

国外供应商提供的伴随服务往往需要按照人工发生情况另外计算费用，总承包方应尽量以性能保证的原则通过“闭口总价”的方式进行指导服务工作的计价和支付，以免因客观条件变化造成人工指导工作的绝对时间延长而导致指导费用过高。同时由于国外供应商的人工单价往往按照其所在国家的劳动法律和工资水平计取，其单价水平可能会高于国内的人工单价水平，所以在需要单独计算费用的情况下，应严格区分清楚设备采购本身包含的相关技术服务和额外的人工指导服务，避免因为边界不清晰产生争议，并应将调试、考核与人工指导服务相挂钩，约定提前完成调试的给予一定的奖励，以规避恶意延长调试时间以获取人工指导服务费用增加的情况。

6.5.6 技术标准的统一

由于市政基础设施项目必须按照国内的标准进行验收，所以在采购进口设备的时候要明确设备的相关参数标准及技术要求，需要采用国际标准或供应商所在地区标准的，总承包方应进行标准的对比，特别是针对压力容器等特种设备，其参数指标应高于中国的国家标准，以免影响特种设备的专项验收和项目最终的验收移交。

6.5.7 进口税收减免政策的运用

财政部、工业和信息化部、海关总署、税务总局、能源局在《关于印发《〈重大技术装备进口税收政策管理办法〉的通知》[1] 中明确，工业和信息化部会同财政部、海关总署、税务总局、能源局制定《国家支持发展的重大技术装备和产品目录》和《重大技术装备和产品进口关键零部件及原材料商品目录》后公布执行。对符合规定条件的企业及核电项目建设单位为生产国家支持发展的重大技术装备或产品而确有必要进口的部分关键零部件及原材料，免征关税和进口环节增值税。

[1] 财关税〔2020〕2号

在项目实际实施中，如有减免关税和进口环节增值税的需求，建设单位可与总承包方协商，会同进口代理方对项目所采用的设备与上述目录进行比对分析，并按照政策的要求对于部分进口设备进行响应性的单位组合和说明，最终对符合政策的相关设备启动减税申报工作，从而降低项目总体成本。

6.6 工程设计与“工艺包”的深化设计

1. “工艺包”的定义

在市政基础设施项目中能够完整进行的包含多套不同设备、管路在内集中实现功能要求，且能够独立进行性能验收的实施单元就被称为“工艺包”（表 6-2）。

“工艺包”采购与单套设备采购差异 **表 6-2**

类型＼内容	性能	价格	设计	验收
“工艺包”采购	介质进出口数据、周边环境影响、整体功率能耗、软件设计	设备采购＋系统设计等软服务综合价格	需要进行深化设计	供应商需要保证“工艺包”性能考核通过
单套设备采购	功率、转速等主要参数	单独采购	仅需要进行提资	供应商需要保证单机调试成果，参与联动调试

2. “工艺包”的核心内容

“工艺包”除了所必需的设备制造、供货、安装、伴随服务之外，其核心内容在于“工艺包”内的系统设计，包括项目说明、设计边界条件和各类基础数据、工艺描述及工艺流程图、PID 图、工艺总体布置图、防爆或消防区域划分、机械设备清单、机械设备规格书或技术协议、各类管线配管设计、配套的建（构）筑物空间荷载等要求、自动控制系统设计、电力配套及控制设计、配管单线图、配管布置图、管架布置图、各类计算书、电气用户清单、电仪规格书。

3. “工艺包”的最终目的

“工艺包”设计的最终目的是在项目总体设计给出的进口端的各类条件下，通过系统内的合理布置和设备的选取在总体能耗受控的前提下最终实现出口数据达标。在实施过程中按照“工艺包”设计的内容开展相关工作，主要包括“工艺包”供应商自身进行设备采购、配管加工、调试等，也为总承包方的总体设计提出土建设计的相关依据，如建筑空间的要求、设备基础的荷载能力、巡检通道的要求。

4. “工艺包”设计与工程设计的衔接

总承包方设计经理在工程设计与“工艺包”的深化设计方面做好两方面工作。

（1）**系统设计要求**　在系统设计的基础上需要提供“工艺包”设计的进口端数据指标、出口端数据要求、能耗成本要求、基本空间布局情况。

（2）**“工艺包”接口复核**　应针对“工艺包”设计提出的配套要求，如公用工程的相关指标范围进行复核，按照土建设计相关依据进行土建设计的二次调整或优化，同时还应对“工艺包”设计的相关内容进行技术性复核。

6.7　设备制造期间的管理

6.7.1　总体管理要求

在设备采购合同签订后，由采购经理负责设备采购总体管理。采购经理应做好设备总体采购过程控制，动态追踪设备制造加工进度、出厂情况、运输路线、到场时间等信息，将设备相关制造信息定期上报给项目经理、施工经理等相关负责人。

6.7.2　工厂监造和验收

1. 监造要求

重要设备按照建设单位要求，或考虑到加工质量的重要性，总承包方设备经理应组织相关人员进行工厂监造和出厂验收。在采购合同中应明确工厂监造和出厂验收不能免除供应商的质量责任，并且供应商应对总承包方组织的相关监造工作予以配合、提供便利。

2. 监造准备

监造前，监造人员应对被监造设备的总体情况包括采购合同、技术资料、相应规范进行了解和学习。了解工厂的环境和进场安全管理要求、质量管理程序并与工厂沟通确定合适的监造待检时点、见证部位、检验方法、出厂验收时点，掌握被监造设备的加工、焊接、检查、试验、无损探伤等主要工艺方法及相应标准，编制具体的监造工作大纲。

3. 监造工作内容

监造工作包含对加工人员水平、加工环境、工艺方法、加工设备能力、原材料质量和供应情况的实时监管，也包含对设备加工过程中某个工序完结或出厂前的验收。

(1) **制造条件监管**　对于加工环境、工艺方法等应采用定期或不定期的方式验收，并应由监造人员进行抽查和调查，对于可能会影响采购合同约定的设备质量、交货时间的问题对供应方进行警告并提出整改要求。

(2) **验收程序及不合格处理**　验收工作需要监造人员在商定的待检时点对见证部位采用经过标定的工器具进行测量、测试和评估，并在相关的监造文件上签署相关意见。对于监造中发现的不合格内容提出整改要求，通过工厂本身的质量管控体系进行纠偏。对于较严重的不合格问题可能会造成合同无法正常履约的情况应进行评估并要求供应方提出解决方案，严重情况下启动违约责任的追究程序。

(3) **监造报告**　定期监造应在每次监造后形成单次监造报告，驻场监造应定期形成监造小结，最终汇总后形成总体监造报告，作为制造质量评判的依据。

4. 出厂验收

出厂验收是针对采购合同和技术协议要求，对设备制造质量和随机文件进行出厂前的检验，对设备本体、随机文件、装箱情况进行检查。设备本体验收包括总体尺寸、外观质量的检查，对动设备进行必要的动作检查；同时对备品备件的型号、数量进行查验，对装箱、装车的方式及产品外部标识进行检查以达到防雨、防潮、防磕碰的要求；随机文件应对其包括出厂合格证、商检证明等在内的明细清单进行检查，防止错漏。

6.8 设备进场后的管理

6.8.1 进场仓管

总承包方施工经理、设备经理应协调好进场时间和现场安装条件。市政基础设施项目的机电设备应尽量采用进场后即在车板上组织开箱验收，当场卸货就地安装的方式，以节约施工临时场地，降低仓储风险。总承包方在采购合同中应明确约定卸货交货、二次搬运和相关保管责任，避免货到后产生争议。

设备进场时应包装完好，表面无划痕及外力冲击破损。应按照有关标准和采购合同的要求对所有设备的产地、规格、型号、数量、附件等项目进行检测，符合要求方可接收。对于不具备直接安装条件的设备，应卸货后妥善放置在专用场地或仓库中，做好相关的交接程序，录入专用档案台账。对于保管要求较高的设备应按照供应商的要求做好防潮、防雨的措施，做好醒目的标识提醒作业人员注意防护，也便于需要安装时查找。

6.8.2 开箱验收

1. 验收成员

在设备安装前，总承包方应会同监理、建设单位、安装专业分包方、设备供应商等各方进行开箱验收。

2. 开箱验收内容

设备开箱检验的主要资料内容包括设备的产地、品种、规格、外观、数量、附件、标识和质量证明资料、相关技术文件等。设备应具备的质量证明资料、相关技术要求如下：

（1）**资料检查** 各类设备均应有质量合格证，其生产日期、规格型号、生产厂家等内容应与实际进场的设备相符。对于国家及地方所规定的特定设备，应有相应资质等级检测单位的检测报告。主要设备、器具应有安装使用说明书，进口设备应有供应商认可的中文说明书。

（2）**进口设备检查** 进口设备还应有商检证明和中文版的质量证明文件、性能检测报告以及中文版的使用、维修和试验要求等技术文件。设备生产制造合格证应使用原件，合格证的内容包含设备的名称、规格、型号、牌号及产品制造标准、设备主要技术性能或工作条件及使用说明，如耐压强度、使用环境，以及产品批号、生产日期及检验员标记、生产厂名、厂址及联系方式。

（3）**铭牌检查** 常见的泵类等动设备、容器类等设备上应有金属材料印制的铭牌，铭牌的标注内容应准确、字迹清楚。

3. 开箱验收问题处理

（1）**资料问题** 对于开箱验收发现与合同约定不符的情况，总承包方应及时查明原因，属于笔误或资料不全、明显错漏、与设备明显不符的情况的应责成设备供应商予以尽快更正，提交补全修正文件，对于存在质疑的内容应进行相关的测试检验以明确设备的实际情况。

（2）**设备实体不符合**　对于经检验确实属于设备未按照合同约定提供的，总承包方应停止后续一切的安装工作，要求设备供应商重新发货，并对造成的工期、经济损失予以评估，按照合同约定进行索赔。

（3）**存在疑义**　对于未明确约定的但开箱验收相关人员提出疑义的，总承包方应会同设备供应商做好解释沟通工作，对于确实存在影响后续安装调试的情况，应积极采取措施解决相关问题。

6.8.3　设备安装的资质原则

设备安装的相关工作属于建筑安装工程范围内，按照国家法律法规的要求，总承包方自身具备专业承包资质的可以自行实施，否则应安排具有相应施工资质的安装专业分包方负责实施，总承包方应通过招标比选等必要的程序对安装专业分包方的能力、资质、业绩进行审核。某些“工艺包”供应商不具备资质条件的，又出于性能总体保证不接受总承包选定的安装专业分包方负责安装的，可以由其自行与具备施工专业承包资质单位组成联合体与总承包方签署包含安装工程在内的“工艺包”集成合同。如果不具备联合体组成条件，也可由总承包方与“工艺包”供应商商定供货、安装、调试之间的界面条件，由“工艺包”供应商指导和监督安装，各方共同做好各道工序的交接检验，避免扯皮纠纷（图6-6）。

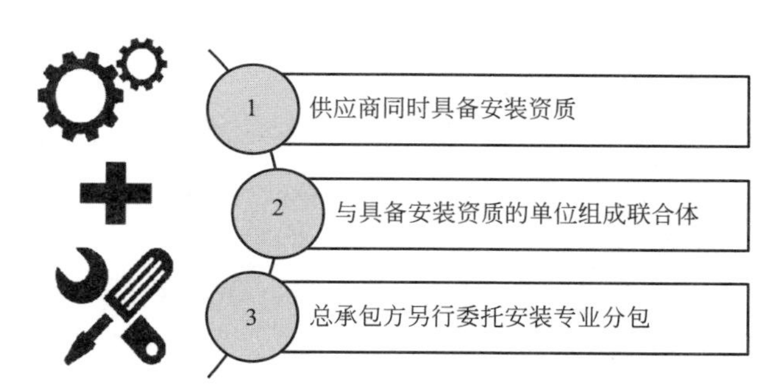

图6-6　设备安装的三种实施方式

6.9　特种设备的采购管理

特种设备是指对人身和财产安全有较大危险性的设备。市政基础设施项目常见的特种设备包括锅炉、压力容器（含气瓶）、压力管道、电梯、起重机械等。

6.9.1　特种设备管理的通用要求

总承包方应对特种设备制造厂家的生产制造能力和相关生产许可进行考察检查，应要求供应商随设备提供符合安全设计规范的相关使用说明、设计文件、产品质量验收合格证明及安装指导文件。特种设备本体应在显著位置设置设备铭牌、相关的安全警示标志。

总承包方应注意在设计工作中结合特种设备的使用要求考虑足够的安全距离、安全防护措施，对于起重机械等特种设备应考虑起吊能力与使用要求相匹配，做好桁车梁等配套设计，锅炉选取合适的材料作为保温隔热措施，并设置合理的检修平台，土建电梯井的设计应考虑选购电梯的尺寸和结构相关要求。

某些特种设备如涉及在项目移交前试运行阶段投入使用的，总承包方应向特种设备检验机构提出检验申请，在检验通过后方可使用。在使用过程中检验有效期满的还应该提前提出定期检验要求。

6.9.2 进口特种设备管理要求

《中华人民共和国特种设备安全法》[1] 规定，进口的特种设备应当符合我国安全技术规范的要求，并经检验合格；需要取得我国特种设备生产许可的，应当取得许可。特种设备的进出口检验，应当遵守有关进出口商品检验的法律、行政法规。进口特种设备，应当向进口地负责特种设备安全监督管理的部门履行提前告知义务。

除上述要求之外，总承包方在实际操作中还应注意，对于锅炉等特种设备的某些进口部件，在进出口检验的相关报关资料中的名称和描述应按照特种设备名称进行描述并纳入锅炉或压力容器的分类，否则在特种设备后期安装检验中可能会因为进口设备名称和描述不统一而造成特种设备监督检验机构无法进行检验。

6.10 企业层面的集成工作

作为长期从事市政基础设施项目工程总承包业务或者设备采购集成业务的总承包方而言，在企业层面建立设备采购集成工作体系非常重要，可以发挥集中采购优势，同时从源头上规范设备采购集成工作的各方面流程，明确采购主体和各岗位的职责。企业层面应做好集成信息库的建立、集成工作指导的完善及落实、合同文件的制定与审核三方面的工作。对于持续存在设备采购集成业务的总承包方，应基于企业战略开展集成工作，突破单个项目采购数量低、单价高的情况，以形成集中采购、规模效应的“大客户”优势地位，在标准化定型设备方面不再就某个工程总承包项目进行商务洽谈，而是根据战略价格直接完成订货采购。为此，需要完成以下工作。

6.10.1 集成信息库的建立

1. 合格供应商甄选

在设备供应商管理方面，企业应建立合格供应商名录，通过具体设备采购集成合约的签订，对每个新的供方进行企业注册资本、生产经营能力、以往履约情况的全面考察后录入合格供应商名录。建立供方评价具体细则，在履约过程中通过项目经理的定期评价反馈

---

[1] 中华人民共和国主席令第 4 号

及项目完成后的总体评价反馈，对设备供应商进行不合格、合格、良好、优秀或类似的评价分级并定期发布。对于因设备供应商进行违约行为造成总承包方损失的，经过确认后评定经列入不合格，在后续的设备采购集成工作中杜绝与此类设备供应商的合作。

2. 集成信息库建立

总承包方整合已经实施完成的工程总承包设备供应商信息，形成集成信息库，包括所采购设备技术、商务上的具体信息，建立检索目录、定期更新，为后续工程总承包项目类似水处理设备选择提供快捷有效的参考，让设计工作、成本控制更精确。总承包方应致力于通过采购行为逐步建立与设备供应商高层直接对话的沟通渠道，以高层甚至企业法人的权限就项目实施推进中某些焦点问题如价格下浮率、供货进度、设备售后服务等做出足够的重视、更大的让步，从而实现更快速的解决和更高的收益（图6-7）。

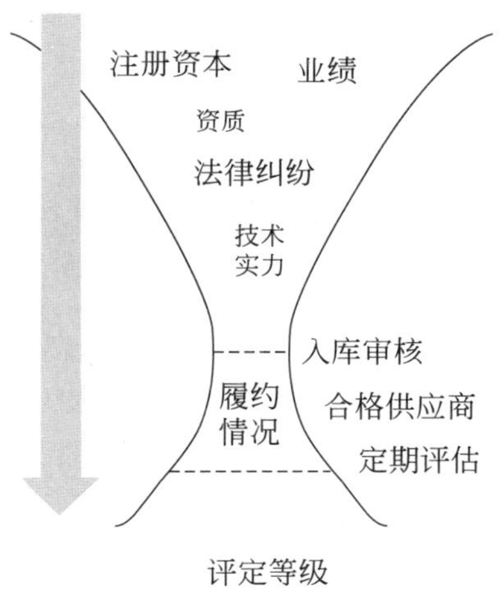

图6-7　企业集成信息库的建立

6.10.2　设备采购集成指导的完善与落实

1. 设备采购集成工作制度

企业应编制、完善、落实设备采购集成工作制度，明确采购工作程序和控制要求，制定本企业的设备采购集成询价比价、招标投标、合同示范文本，并在企业层面建立设备采购集成采购工作专门的机构部门或负责人，对项目层面上报的项目设备采购集成计划、询价比价或招标投标、评标结论、合同文本进行审核把关。对于履约过程进行监督管理。有条件的总承包方应建立自身的集中采购平台，对于标准通用设备及相关辅材通过平台规模化采购与资信良好的设备供应商建立长期的合作关系，获取相应的低价优惠，不仅可以降低项目成本，在总承包投标阶段可以快速进行成本测算，对应进行优惠报价从而提升总包的总体竞争力。

2. 设备采购集成指导手册

总承包方层面应编制集成工作指导手册，针对设备采购集成中容易产生纠纷的问题（时间节点、功率大小、尺寸大小、材料材质、厚度、颜色、螺栓性质、配件及备件供应、运输卸货、质量标准、技术指导、设备款支付）做出详细的描述和要求，减少设备到场后因合同内容不明确造成的纠纷，同时形成一套采购标准，有利于工程总承包设备采购集成的标准化，也能凸显出总承包方整体控制的优势。

3. 陌生设备供应商采购工作程序

总承包方对于项目中首次合作的设备供应商也应制定一系列工作程序，确保集成工作的效率和质量。

（1）资信考察评价　总承包方应对设备供应商进行考察，确定其具备技术研发、生产制造的能力和满足项目需求的资信。

（2）**实地案例考察**　总承包方对其已供货并投产运行的项目进行实地考察，了解运行单位对设备本身的评价及对设备供应商的服务满意度。

（3）**细化工作要求**　总承包方将工艺设备清单化，明确每台设备的具体参数要求和提资、监造、供货的时间节点明确。

6.10.3　合同的制定与审核

审批集成采购合同文件是企业层面对项目集成采购工作的把控关键。总承包方应对询价比价、招标投标、合同文本、技术协议进行评审，重点对比选对象范围、资金支付条件、评标定标办法、技术参数的符合性、履约担保要求、设备缺陷责任期等进行审查，确保相关内容满足总承包合同的相关要求，同时满足设计及规范要求，并能确保总承包方的利益。总承包方应组织商务、法务、工程等各专业人员共同制定本企业的设备采购合同标准文本，供项目结合实际情况、商务洽谈情况增补后予以应用。设备采购合同要逐条明确，在评审过程中应组织项目组织机构主要人员和企业各专业人员共同会审，体现工程总承包多阶段同步介入的优势，避免前后不衔接造成的修改、误差。

第 7 章　工程总承包的实施管理

7.1　独具优势的前期手续办理

7.1.1　总承包方的综合优势

市政基础设施项目办理规划许可证、施工许可证是项目实体工程开工实施的必要前置条件。按照常见的工程总承包合同约定，市政基础设施项目工程总承包的现场管理将相关前期证照手续办理内容作为重要工作内容进行，主旨是考虑到前期设计、现场工作与各类手续办理的关联性，由总承包方负责主要办理工作，可以缩短工作流程，体现技术交流优势，对于偏差进行适应性修改。

7.1.2　总承包方为主导的前期手续工作

例如某采用工程总承包模式实施的污泥干化处理工程项目前期手续办理，按照当地行政主管部门的要求，涉及建设项目选址意见书、建设用地规划许可证、建设工程规划许可证、勘察文件审查合格书、施工图审查项目合格书、农民工工伤保险、工程合同备案、质量安全报监、缴纳散装水泥基金及农民工工资保障金、建筑垃圾处置手续、施工许可证等多项前期手续。其中与总承包方设计工作直接相关联的包括建设项目选址意见书、建设用地规划许可证、建设工程规划许可证、施工图审查项目合格书等多项具体工作，主要如表 7-1 所示。

某项目前期手续办理与总承包方相关资料的关联表　　表 7-1

序号	手续名称	总承包方设计、现场相关资料提交要求
1	建设项目选址意见书	1∶500 或 1∶1000 地形图一份(无 1∶500 或 1∶1000 地形图的地区可提供 1∶2000 或 1∶5000 地形图)，并在一张地形图上用 HB 铅笔绘出拟选建设用地范围
2	建设用地规划许可证	方案文件 2 套(内含缩印图纸及说明书)及其相应的电子文件；另行提供 1∶500 或 1∶1000 的总平面规划图 2 张(审批后退还 1 张)；方案深度符合《城市规划编制方法》及设计条件要求； 方案说明书及方案图纸缩印合订本 5 套及相应的电子文件； 方案简要介绍、主要图纸及电子文件
3	建设工程规划许可证	符合出图标准并加盖市政工程设计单位设计出图章的 1∶500 或 1∶1000 总平面设计图 2 份
4	施工图审查	全套设计文件
5	质量安全报监	大临设施建设方案及验收手续证明

总承包方应将前期手续办理能力作为项目实施优势着力培养，通过前期手续办理效率的提高，有效缩短项目建设周期，赢得建设单位的认可。通过前期手续政策的研究和实际办理，促进设计、现场管理工作针对性加强，适应各项前期手续办理行政许可的动态调整，避免与相关要求出现矛盾或错漏。

7.2 设计引领的安全文明施工管理

市政基础设施项目的安全管理既涵盖了单纯施工总承包的安全管理，又贯穿了整个设计、采购、建设全过程的。作为总承包方而言，除了需要逐步建立成熟完整的施工现场安全管理体系之外，还应充分发挥设计方案优化及设备供应商管理的优势，提高全过程全方位的安全管理水平（图 7-1）。

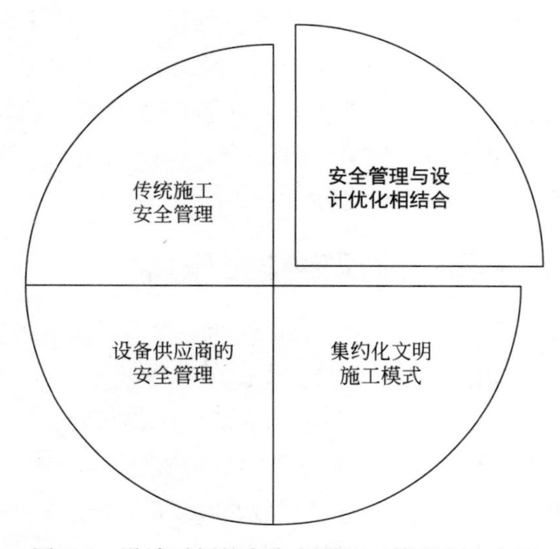

图 7-1 设计引领的安全文明施工管理主要内容

7.2.1 设计优化对安全管理的影响

1. 设计阶段

总承包方在设计阶段就应有安全总监参与，由其对初步设计方案进行危险源预估，并将结果向设计人员进行反馈，设计人员就能根据安全总监提供的意见进行设计优化，从而减少施工工程中不必要出现的危险源，降低危险。

2. 施工阶段

施工阶段可以安排设计人员驻场配合或建立“施工-设计”之间良好的信息沟通反馈渠道。基于设计人员对于施工情况的了解比较深入的前提情况下，可以迅速、有效地进行优化设计的动态反应，做出更合理的设计，消除或降低第一类危险源（可能发生意外释放的能量或危险物质）的危害程度、发生概率，从而在根源上预防安全事故的发生。

如某采用工程总承包模式实施的自来水厂扩建工程，工程现浇池体构筑物原设计埋深

5.5m，其基坑开挖及支撑属于“超过一定规模的危险性较大的分部分项工程”，且其周边各类运营的管线密布，施工难度及风险高，经LEC法分析为重大危险源。经过设计优化工艺管线布置、水力高程外部接口调整以及综合景观考虑，将构筑物整体抬高，调整为埋深为2.5m，降低重大危险源为一般危险源，且有效降低了施工成本，充分体现了EPC工程项目模式的优势。

7.2.2 工程总承包的危大工程管理

《危险性较大的分部分项工程安全管理规定》[1] 以下简称《规定》第三条对危大工程有清晰的定义：“危险性较大的分部分项工程（以下简称“危大工程”），是指房屋建筑和市政基础设施工程在施工过程中，容易导致人员群死群伤或者造成重大经济损失的分部分项工程。”按照相关要求，总承包方对危大工程的管理需从前期保障、专项施工方案、现场安全管理三方面开展具体工作。

1. 前期保障

（1）**勘察提示** 总承包方如果承担勘察工作应根据工程实际及工程周边环境资料，在勘察资料中说明地质条件可能造成的工程风险。在勘察工作开始前由结构专业设计人员提出详细、周密的勘察要求，勘察人员应按照勘察结果对设计人员进行成果交接。

（2）**设计重点沟通** 总承包方还应在设计文件中注明涉及危大工程的重点部位和环节，提出保障工程周边环境安全和工程施工安全的意见，必要时进行专项设计。工程设计工作正式开展前，设计、施工各专业技术人员应做好交流沟通，从设计层面尽量减少危大工程的产生。

（3）**危大工程清单** 总承包方项目经理应在施工正式开始前组织勘察、设计、施工各专业技术人员列出危大工程清单，并明确相应的安全管理措施。在设计交底中，各专业设计人员应就危大工程的相关因素和安全保障意见进行重点描述，基坑、管线保护等工作内容应及时进行专项设计。

2. 专项施工方案

（1）**方案编制** 工程项目开工前，项目总工应会同安全总监、各专业技术人员根据工程项目的实际情况，结合施工现场的水文、地质、气象气候、季节变化等具体影响因素，制定切实可行的包括如大临设施方案、施工临时用电、高支模等各类方案在内的各类方案，并经审核批准后方可付诸实施。

（2）**专家论证** 《规定》第十二条规定：“对于超过一定规模的危大工程，施工单位应当组织召开专家论证会对专项施工方案进行论证。实行施工总承包的，由施工总承包单位组织召开专家论证会。专家论证前专项施工方案应当通过施工单位审核和总监理工程师审查。”

（3）**施工方案的设计复核** 在施工过程中，专项方案还要根据工程项目特殊情况及时作相应的调整和完善。总承包方应发挥各专业设计能力优势，安排各专业设计人员对相应

[1] 中华人民共和国住房和城乡建设部令第37号

的施工方案进行验算和校核，对发现的不合理和计算失误的施工方案，及时调整并进行纠正，从而确保理论上的万无一失，提高方案实施的可靠性。如对于施工临时用电方案可安排电气专业设计人员对其导线及负荷、临时线路布置的安全可靠性进行验算；对于各类施工所需临时建构筑物、脚手架等可安排结构专业设计人员对其稳定性、抗风等参数进行验算。

3. 现场安全管理

（1）**警示交底**　危大工程的现场安全管理方面，项目经理应总体督促落实警示标识、方案交底、作业人员登记等相关工作。项目总工负责组织对施工现场管理人员进行各类专项方案交底，并监督施工现场管理人员向全体作业人员进行安全技术交底。安全总监负责安排在施工现场显著位置对危大工程名称、施工时间和具体责任人员进行公告，在吊装、基坑等危险区域设置安全警示标志，同时应对专项施工方案实施情况进行监督和整改，按照规定对危大工程进行施工监测和安全巡视。

（2）**方案论证及落实**　总承包方应将勘察、设计相关危大工程的资料成果、专项施工方案及审核、专家论证、交底、现场检查、验收及整改等相关资料纳入档案管理。

（3）**抢险**　危大工程发生险情或事故时，总承包方应立即采取应急处理措施，组织勘察、设计、施工等各方面人员共同开展应急抢险工作。在危大工程的现场安全管理方面，总承包方全体人员都应具备相应的业务知识和管理能力，对于现场的违规违章现象予以指出并要求整改，实现真正的全员化安全管理。

7.2.3　设备供应商的安全管理

1. 设备供应商安全管理的问题与难点

涉及安全管理的设备供应商是指具有专业承包资质进入现场进行设备制造的设备供应商。设备供应商是工程总承包项目的重要参与角色，而且某些设备供应商由于其专业要求高或大型非标设备无法运输的原因，必须在施工现场进行设备制作，从而给总承包方带来了安全管理方面的问题和挑战。尽管进场制作的设备供应商必须具有专业承包资质，但大多数设备供应商缺乏现场安全管理能力，往往存在施工现场安全制度不全、责任不分明、有法不依、违章指挥、处罚不严、安全技术措施不全面、安全检查不够等问题。有些设备供应商无专业的安全总监，通常都是现场负责人身兼数职，只抓生产，不顾安全，对施工人员安全教育不及时、不落实，从业人员的素质不能满足安全施工的需要。特别是很大一部分外来务工人员，没有进行过专门的安全教育培训，安全技能差，自我保护意识差，人员未经培训就上岗，违章情况屡见不鲜。

2. 管理具体工作

总承包方应从人员、物资、环境、工艺四个方面进行设备供应商的管理，并通过合同约定奖罚措施、事前交底等措施，将安全管理与经济利益相挂钩，建立驱动程序，从而促使设备供应商能够接受、配合甚至积极主动地参与安全管理工作。

（1）**人员管理**　对设备供应商人员方面的管理要建立健全的安全生产责任制，落实到人。设备供应商进场时总承包方应对现场管理人员进行安全总交底，要求设备供应商必须按规范要求配备专职安全生产管理员，做好安全检查工作。及时发放和正确使用个人防护用品，作业人员应当遵守安全施工的强制性标准、规章制度和操作规程，正确使用安全防护用具、机械设备等。对于特种作业人员应该持证上岗，未取得特种作业操作证的人员禁止从事特种作业。

（2）**物资管理**　所有设备供应商进入施工现场的设备、材料、半成品、燃料、施工机械、机具、设施等必须上报项目部，并经项目检查验收挂牌后方能使用。设备供应商必须建立完善的设备保养制度，经常进行预防性试验，对机械设备做好经常性维护保养和定期检修，确保设备性能符合安全标准要求。

（3）**环境管理**　在设备制作施工现场设置明显的安全警示标志，做好季节性施工准备工作。要求施工人员必须做好落手清工作，保证施工现场井然有序，改变脏乱差的面貌。

（4）**工艺管理**　对于设备供应商的所有现场工作，安全总监必须要求其做好施工方案编制审批工作，按照施工组织设计合理组织施工安全作业。对所有进入施工现场的人员进行进场教育和安全技术交底，要求所有工人能熟知施工中所存在的危险隐患。

总承包方杜绝对设备供应商“以包代管”，而应与其他专业分包方一视同仁，加强管理，定期检查，加大对电焊、金属切割、电工、司索等特殊工种的检查力度，强化安全教育培训，不断提高安全业务素质，增强人员的安全防范意识，同时采取有效措施规范人的行为，实行规范化作业，杜绝工作凭感觉、靠经验，使其人员形成一种程序化、标准化的工作习惯。

7.2.4 集约化文明施工模式

1. 文明施工管理的问题

市政基础设施项目往往涉及土方、地基、劳务、设备安装、设备供应等各种类型的分包方或供应商。一般而言，各分包方均有一笔文明施工措施费用于文明施工。由于各分包方施工的专业不同，既存在先后顺序施工，又存在交叉施工的情况，造成了施工现场凌乱不堪、文明施工管理难度大、某些方面重复使用文明施工物资、缺乏统一的管理和调度的问题，由此不仅增加了成本，更浪费了资源。在此情况下，文明施工费用往往成为分包方赢利的重要手段，脱离了文明施工费用单列的本意，总承包方虽花费了许多资金，但收效甚微。

2. 集约化文明管理案例

集约化文明施工是将安全文明施工作为独立的工程内容，由总承包方自行负责，统筹掌控，从而加大现场的安全文明施工管理，杜绝施工现场凌乱不堪，文明施工难以开展的局面，有效减少了资源的浪费。

例如某采用工程总承包模式实施的垃圾渗沥液处理工程 EPC 合同总价为 2.2 亿元，各分包方及供应商共 15 家。总承包方从技术方案指标、费用等各方面甄选专业文明施工供应商，订立集约化文明施工合同，编制文明施工总体方案并付诸实施。设立文明施工小分队。由总承包方安全总监统一指挥协调，对于施工现场的硬化道路进行洒水清扫，控制扬尘。车辆人员出入管理。建设门禁系统和视频监控系统，对施工现场人员车辆进行采取信息化管理，对施工现场情况进行远程无线视频监控。标准化各类文明施工设施的租用。采用租赁的模式配置各类场地封闭、灯架、废料箱、危险品仓库、休息亭、氧气乙炔手推车、电焊机防雨车、小型设备防护棚等定型标准化设施。现场视觉识别及警示标志。根据总承包方的企业标识系统和安全需要在施工现场全方位统一设立各类企业宣传标志、标语以及安全警示标志、标语。

3. 集约化文明施工管理的优势分析

集约化文明施工模式在上述项目的应用不仅降低了投入成本，更重要的是杜绝了施工现场凌乱不堪、文明施工难以开展的局面，提高了安全文明施工的管理水平。总承包方必须做到从设计阶段开始进行安全预测和评估，设备供应制作阶段进行安全监控，施工阶段进行集约化文明施工管理，通过全过程全方位的安全管理和控制，可以减少施工过程中的安全隐患，杜绝事故的发生，避免人员伤亡，方能充分体现工程总承包模式的安全管理优势。

7.3 “两端延伸”的品质追求

市政基础设施项目采用工程总承包模式进行品质管理，其与施工总承包模式的质量管理在根源上有两方面的差异，一是工程总承包模式的设计工作必须充分考虑到质量管理的相关要求，围绕质量管控目标、创优目标开展设计工作；二是工程总承包模式的设计工作必须考虑到整个项目的品质需求，既包含了施工成果的质量，也包含整个项目的领先的充分展现美感的设计理念、使用维保的便利快捷、适应各种不同工况的广泛应用以及经久耐用的优良质地。简单地说，施工总承包的追求目标是优秀的产品，而工程总承包的追求目标是卓越的作品。

在工程总承包项目的品质追求中，包含了前端的设计引领，也包含了后端的使用感受。在工程总承包项目承接后，应根据总承包方自身情况、合同约定编制具体的品质工作计划，其中现场工作主要在传统施工总承包的质量管理常规手段如首件制、PDCA 循环管理、QC 小组活动、创奖评优等四方面进行提升，形成拥有工程总承包特点的品质管理工作方式。

7.3.1 “首件制”的研究应用

通过精心策划，将每个检验批或分部、分项工程的第一个实体的高品质施工成果作为后续大面积施工的样板和标准，称为“首件制”或“样板引路”。工程总承包项目的“首件制”实施应由项目经理、设计经理、施工经理、项目总工、质量员共同策划、共同实施、共同总结。

1. “首件制”的策划

“首件制”的策划应由项目总工结合单位工程、分部分项、检验批的划分提出初步策划意见，如选定第一根桩、第一个先浇构件、第一段路基填筑等作为“首件”。设计经理对首件制的设计意图、质量控制关键点、验收规范标准提出要求，其余各相关人员结合工、料、机、法、环各方面资源投入条件提出策划和控制要求，最终由项目总工形成作业指导书和工艺方案，并由具体作业人员进行针对性交底。

2. “首件制”的实施

“首件制”的实施，应安排专人负责全过程的旁站监督，对于过程中的施工情况予以真实记录，同时对施工机械选用情况、主体材料和周转材料使用情况、作业环境、施工工艺顺序、人员交底情况结合作业指导书、工艺方案进行对照，在实施前检查相关措施落实情况，对于未按照相关策划进行的内容予以纠偏整改。

3. “首件制”的总结

“首件制”实施完成后，应对外观质量进行目测、实测实量，同时通过试验仪器设备自测或由第三方进行实际检测。对相关检测成果由设计经理、项目总工等人员进行成果复核，存在偏差和问题的情况进行分析并制定对策。特别是桩基等关键部位必须对高应变或静载试验成果与设计理论值进行复核。外观质量是品质的最直观要素，现浇结构应作为“首件制”的重点管控内容，对混凝土表面观感进行判断、分析和改进，确保首件成果表面色泽统一，杜绝蜂窝麻面情况，棱角分明，无跑模涨模的情况。作为样板的“首件制”成果应张挂显著标识和作业说明，作为现场施工人员对后续类似工序实施的参考和验收依据。

7.3.2 工程总承包的 PDCA 循环

PDCA 循环由美国质量管理学家休哈特博士提出，戴明宣传推广，故又称为“戴明环”，其将质量管理分为四个阶段，即 Plan（计划）、Do（执行）、Check（检查）和 Action（处理）。工程总承包的 PDCA 循环与施工总承包 PDCA 循环的差异在于，工程总承包的 PDCA 循环的四个环节均增加了设计、调试内容的参与，实施过程也相对向两端延伸（图 7-2）。

1. 计划环节

（1）质量管理计划 Plan（计划）环节主要应针对项目总体工作内容编制相应的质量管理计划，也可纳入项目总体策划大纲，作为项目全过程的质量管控依据。

（2）编制人与主要内容 质量管理计划应由项目总工牵头，设计经理及现场质量员等岗位参与共同编制。编制内容应包含项目基本质量目标及创优目标、项目设计质量管控措施、项目施工质量管理重点难点及对策分析、项目质量管理的组织体系、项目质量管理的工作流程、“首件制”的部位选择、QC 活动的开展计划等内容。

① 项目基本质量目标及创优目标一般以满足合同约定为基础，结合企业自身条件资源、品牌塑造要求及市场开拓的需要可选择相关行业、地区、全国奖项作为目标。相关的质量策划应针对合同约定、创优工作要求针对性进行开展，如为满足某省级市政金奖的评审要求：桩基检测一类桩合格率必须大于 95%。那么在实施过程中应将成品桩的采购、施工过程监控特别是接头焊接等作为工程管理的重点内容，确保满足创优的必要条件。

② 项目设计质量管控措施包括了设计成果的校审程序，也包括了为了响应工程总体

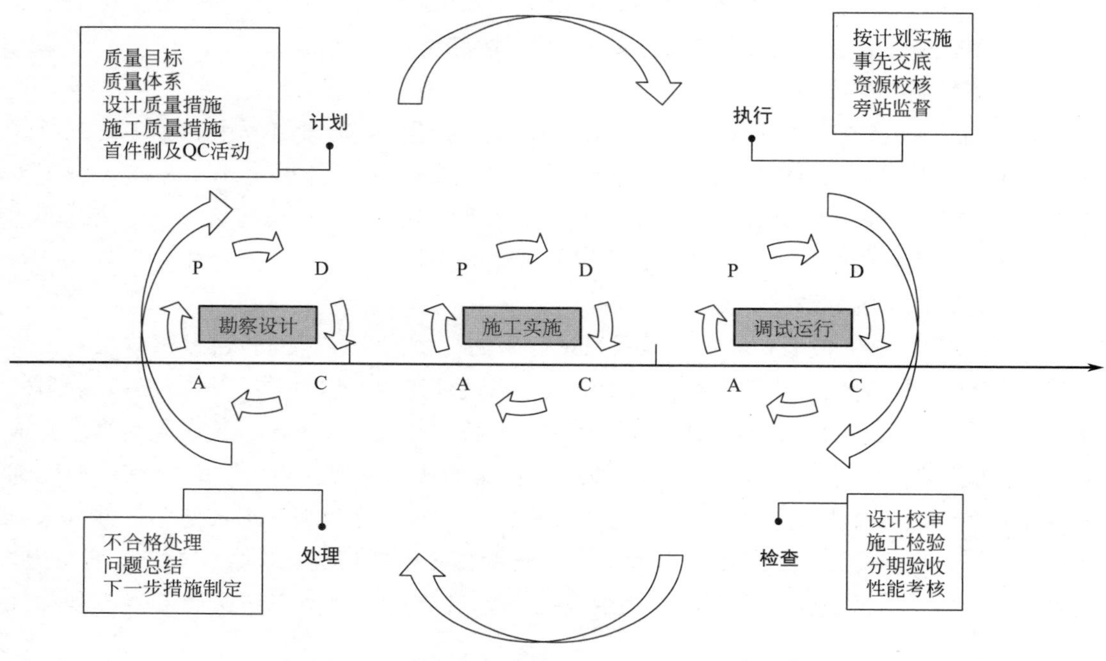

图 7-2　工程总承包的“戴明环”

目标而提升的设计工作要求，以及围绕勘察设计类奖项所需要重点关注和落实的各项设计工作，设计经理应参与到总体质量目标的制定工作中，在设计工作中尽量与技术成熟、质量可控的工法相适配。

③ 项目质量管理的重点难点应通过充分对工程实施本身进行分析研讨确定，研究讨论在实现质量目标上存在难度和不确定性的单位工程以及分部、分项工程，并将其作为工程实施的重点难点，从作业人员质量意识和技术水平、施工原材料质量管理、施工机械设备能力、施工工艺工法、地质水文交通等作业环境六个方面明确对策、责任人和时间计划安排。

④ 项目质量管理体系和工作流程应按照项目组织机构和企业相关质量管理模式，对工序验收、质量检查与整改等内容提出实施流程，明确各环节主要责任人，特别是针对工程总承包模式而言，设计参与的问题解决是质量管理体系和工作流程的核心内容，在此方面策划中必须凸显设计参与的质量问题可快速、高效解决的优势。

（3）动态调整　质量管理计划不应在编制完成后一成不变，而是应根据项目实施的情况不断进行动态的调整与优化，即与后续的 Do（执行）、Check（检查）和 Action（处理）相结合，为下一阶段的质量管理工作提供指导思想。

2. 执行环节

Do（执行）在项目实施过程中始终应按照规范、合同约定及质量管理计划进行。

（1）设计工作　设计工作应全面按照既定安排和要求，无论是初步设计、施工图设计或者过程中的设计工作联系事宜，既要符合企业内部校审程序，又要考虑到项目质量管理计划中涉及的各环节的相关要求，从前端尽量解决质量问题，消除质量控制难点。

（2）**施工工作** 施工过程中应做好监管和设计参与。

① 施工工作开始前应对各方面资源投入进行检查，由项目总工组织好每道工序前的技术交底工作，结合各工种特点将工作要求具体化，并明确检验标准。执行过程中做好旁站监督工作，作业人员在实施过程中发现的问题应及时反馈，经项目总工、设计经理出具明确的意见后再实施。

② 采用工程总承包模式的市政基础设施项目，在地基基坑开挖、大体积混凝土浇筑、大型设备或构件吊装、联动调试等关键工序实施时，设计经理及相关专业设计人员应参与质量管理，结合设计内容提出管控要求，及时解决现场存在的变化问题。

3. 检查环节

Check（检查）包括正常的设计校审、工序验收行为、定期或专题的质量检查，针对已完成的设计成果、施工实体、调试情况进行检查，指出偏差内容，提出相应的整改要求。

（1）**设计校审** 设计校审是工程总承包方依据自身的校审制度对设计成果进行的校对、校核、审核、审定工作，工程总承包项目的设计校审既要检查强制性条文的对应要求，又要按照合同和相关工作目标进行延伸检查。

（2）**施工检验** 施工阶段自检、互检、交接检作为日常“三检制”应严格执行，特别是土建完成且具备设备安装条件时应组织安装施工班组、土建施工班组共同对涉及安装的土建工作内容进行共同验收并签署验收移交意见。

（3）**分期验收** 单位工程、分部、分项、检验批完成后均应及时做好相应的验收工作。市政基础设施项目中常见的给排水厂站工程，由于调试需要，在项目竣工验收前需要进行通水，还应该组织各方对相应的隐蔽工程进行通水（前）验收。

4. 处理环节

Action（处理）既包括了不合格产品或行为的处理工作，也包括了问题的总结和下一步措施的制定。对于各项检查验收中发现的不合格产品应按照项目或企业管理制度、规范要求、合同约定进行整改处理，对于重复发生的问题应作为质量通病，除了整改之外，还应该回归到Plan（计划）阶段，认真分析原因，制定预防措施，在今后的类似内容实施中重启PDCA循环。

良性的PDCA循环应与“首件制”、QC活动相结合，既包含整个项目的PDCA循环，也包括针对重点部分的PDCA循环，最终实现提高全员质量意识和操作水平，完成优秀的品质追求目标。

7.3.3 全方位实施的QC活动

作为市政基础设施项目经常性开展的群众性质量管理（Quality Control）活动，解决了质量管理的诸多问题，并将项目质量不断提升，体现了社会效益和经济效益双丰收。作为工程总承包模式建设的项目而言，QC活动从以往单纯施工总包方的实施转为设计、施工、调试等多角色共同参与、全方位实施（表7-2）。

施工总承包与工程总承包 QC 活动的差异　　表 7-2

类型	参与人	实施过程	研究深度
工程总承包 QC 活动	设计经理、各专业设计人员、调试经理、施工经理等共同参与	从设计阶段开始，至调试完成均可实施	从设计层面考虑解决问题的方案
施工总承包 QC 活动	仅限施工团队	仅限于施工阶段	仅限于施工措施改进

1. 活动选题

QC 活动的选题应当基于项目需求，分析项目合同要求、质量通病等各方面综合情况，选取有明确目标改善要求或有创新改进需要的课题，立足工程总承包项目开展的 QC 活动可以提出涉及面更广泛的质量课题，通过设计、调试等多角色的参与，更高层面、更广范围地制定 QC 活动的选题。

2. 小组组建

QC 小组的组建可在传统 QC 小组成员的基础上，邀请设计经理、各专业设计人员、调试经理等人员参加，按照设计、施工、调试等不同岗位职责，划分不同的 QC 活动分工，设计更侧重于理论计算验证和设计改善，施工更侧重于实施和过程分析，调试更侧重于结果验证和效果反馈。

3. 活动目标

QC 小组活动目标的确定围绕现状调查进行，利用总承包方类似项目的调研检查成果整理相关数据，用好调查表、排列图、折线图、柱状图、直方图、管理图、饼分图等工具，从设计、施工、调试多角度多方面分析可行性，最终确立量化的目标值。

4. 原因分析与要因确认

QC 活动的原因分析和要因确认应不拘泥于现场各种因素，要前延至设计阶段，分析设计方案存在的优化可能，直至分析到不能进一步拆分的末端因素。通过因果图、关联图、系统图、相关图、排列图等各种验证方法进行主要原因、次要原因分析确认，再针对造成质量问题的主要原因进入对策制定与实施阶段。

5. 对策制定与实施

QC 活动的对策制定与实施应紧扣主要原因，如果设计因素属于主要原因的，对策实施必须考虑设计改进优化后与现场实施的无缝衔接，原则上参与 QC 活动的设计人员应做好现场实施的监督落实，确保优化意见能够实施到位。

6. 成果验证

QC 活动成果验证的方法可以后延到调试、运行乃至移交阶段，涉及性能方面的目标通过调试运行成果进行验证，不仅考虑了施工方面的经济效益，也考虑到项目一次性通过性能考核为移交打下基础所节约的经济效益，从而更加直观直接地进行总体测算。

7. 巩固措施制定

QC 活动成果验证完成后，还应制定巩固措施，QC 小组可以发挥工程总承包的优势，编制相关的企业标准、设计标准图集、工法、导则等指导文件，将行之有效的方案方法加以总结纳入。每次 QC 活动的完成，同样是一个 PDCA 循环的完成，应全面梳理遗留问题，并将遗留问题作为下一次 QC 活动的目标，从而进入新的 PDCA 循环。

总体而言，立足工程总承包项目开展的 QC 活动，涉及面更广，改善和解决问题的层面更高，更容易从根源分析原因并解决问题。在实现 QC 活动目标方面，有较多的设计理论支撑，也有更多的验证方案和工具。QC 小组组长应结合各岗位特点进行合理分工，加强各专业间的联系和交接，确保 QC 活动成果能够更广泛地推广和应用。

7.3.4 工程总承包的创奖评优

工程总承包的创奖评优是总承包方塑造企业品牌的重要手段，通过创奖评优可以有效提升总体项目管理水平，营造积极向上的工作氛围，为后续市场经营奠定良好的基础。近年来，建设单位往往把创奖评优的要求直接罗列在招标文件中并设定经济奖罚，更突出了项目创奖评优的必要性。采用工程总承包模式建设的市政基础设施项目的创奖评优包含了传统的勘察设计类奖项如地方和全国的勘察设计成果奖、施工类奖项如地方和全国的安全质量各类奖项，同时还包括工程总承包项目独有的奖项如中国勘察设计协会颁发的工程总承包金钥匙奖等。创奖评优工作应分为策划、实施、总结申报三个阶段进行。

1. 创奖评优策划

作为总承包方，在进行创奖评优工作策划时应秉承与总承包合同约定相符合、与项目的规模指标相匹配、与企业总体定位相契合的原则，做好评奖条件研究和可行性分析。任何一个奖项都有相应的准入门槛，包括项目的规模造价、类型、评奖时点等要求，在工程总承包项目计划参评奖项的同时，首先应核对工程本身各项基本指标是否满足参评奖项的要求，如“中国建设工程鲁班奖（国家优质工程）”将市政基础设施项目纳入“市政园林工程”分类，对于城市道路、桥梁、城市跨河桥、轨道交通、污水处理厂、生活垃圾卫生填埋处理工程、生活垃圾焚烧处理工程、园林建筑工程、其他市政园林工程的规模提出了要求。总承包方应首先比对硬性指标是否符合参评条件。针对优质结构类型的评奖，往往需要在装饰层实施前组织进行专家检查，错过这个时点便丧失参评资格。这些均为策划阶段必须明确符合的要求。对于初入的地区或行业，应与创奖评优的相关主管部门或行业协会进行充分的交流沟通，了解各项要求，有的放矢开展相关工作。

2. 创奖评优实施

在项目实施过程中，应结合创奖评优的要求，有针对性地开展各项质量安全管理工作。参评安全文明施工类奖项的，应做好安全文明施工专项策划，明确各类资源投入计划，设定不同阶段的场地布置方案，需要组织观摩的还应联系相关主管部门或行业协会确定观摩时间和要求。参评质量类奖项的，应确保关键工序的施工质量，特别是地基与基础工程的检测结果、隐蔽工程的验收资料、外观质量观感和实测实量的结果，均可结合“首件制”、PDCA 循环、QC 活动进行改进和提高，为后续申报和检查打好基础。

3. 创奖评优总结申报

（1）文字材料的编写汇总 总结申报阶段最重要的工作是做好申报材料的提炼和升华。申报材料的格式、章节组成、篇幅要求应严格按照各类评奖办法来编写。重点突出的内容包括：

① 项目实施的目的、投资、主要工程内容、生产规模或等级、参建单位及建成后的重要意义，作为市政基础设施项目涉及国计民生的重要内容需要着重指出。

② 主要工程内容的设计理念、施工工艺，对于先进的理念技术予以具体说明，并配合以相关成果数据。

③ 已经获得的成果和荣誉，如申报总体质量奖项宜有QC成果基础，科技奖项宜有专利申报、技术论文等研究成果作为支撑。

④ 领导及社会各界关心关注，包括各级领导及社会各界参与项目观摩情况及评价。

（2）**影像资料的整理** 很多奖项的申报需要提交影像资料，所以在实施过程中注意影像资料的记录、收集和整理。影像资料应由专人或专业单位负责拍摄，合格的照片或视频资料应配套记录拍摄地点、拍摄部位或工序名称、拍摄时间相关信息，切忌出现安全违章情况或质量不合格的现象，切忌后期进行虚假修图处理，需要在原片中充分展示出项目的特点、实施的优势，实现工程与艺术的结合。

7.3.5 “产品”到“作品”的升华

1. 升华的意义

总承包方以工程总承包模式承接的市政基础设施项目，与施工总承包模式不同的是总承包方不仅要按图施工，还应对最终完成项目的功能、规模、整体外观造型、细节设计及质量全面负责，突破施工总承包在设计方面无法自主的桎梏，从单一的“来样加工”转为“设计实施一体”。可以说，每个工程总承包项目都是总承包方独一无二的作品，所以总承包方也应以对待作品的态度来进行项目实施。实施完成的项目也将在很长一段时间内形成总承包方独有的业绩和实力展现，为后续市场的拓展和经营打下良好的基础。

2. 作品塑造的重点

作品的塑造，需要注意以下方面：

（1）**前瞻性的项目定位** 在招标投标阶段充分考虑项目总体定位，特别是在实现功能、规模等约束性指标的前提下如何提升整体外观造型、细节品质应有明确的定位。

（2）**商务经营的匹配** 要完成提升多数要在成本上有所投入，需要总承包方综合考虑总体定位、商务经营情况进行平衡，不能因为提升而突破商务的底线，也不能纯粹为了利润的需要盲目优化核减，明显降低项目品质。

例如某采用工程总承包模式实施的位于城市中心地带的大型排水泵站项目，地上泵房在总承包投标阶段为常规建筑结构，外墙采用普通涂料装饰。中标后，建设单位按属地归口管理部门的要求提出了周边地块开发要求特别是沿河景观带的统一协调的需求，总承包方随即进行了总体造型和外立面的设计，在选择建筑外立面装饰材料时，总承包方设计经理、建筑专业设计人员、商务经理共同商议，比对了穿孔铝板、仿石涂料、干挂陶土板、干挂石材等材料，结合项目投标的成本测算，在结合与建设单位前期沟通的情况，在考虑最不利今后无法索赔的情况下，选择了成本能够负担的总体干挂陶土板，局部采用穿孔铝板的立面装饰方案。实施完成后，此泵站成为城市中心沿河景观带的重要组成部分，得到了媒体和周边市民的广泛关注。既实现了功能需求，又满足了景观需要，同时成为总承包方对外包装宣传的典型案例。

7.4　技术管理及创新

市政基础设施项目的技术管理与创新应为项目本身服务，而不是单纯为了技术而脱离现实的假、大、空。所有的技术管理与创新应该以解决项目存在的问题和风险为原则，技术管理与创新的实施过程应及时进行总结并形成最终成果，为今后类似问题或风险提供解决方案和经验。

7.4.1　“升级版”施工组织设计与专项方案

1. 总承包方负责的方案

项目总工负责组织编写施工组织设计、施工现场临时用电方案、环境安全生产方案、质量计划（可并入施工组织设计中）、应急预案并按程序上报总承包方相关管理部门及技术负责人，总承包方内部审批完成后报监理单位审批。

2. 分包方负责的方案

（1）**分包方案的编写**　分包方应编写所负责实施部分的施工方案如土方工程施工方案、桩基础施工方案、结构工程施工方案、钢结构施工方案、脚手架施工方案、满堂支架施工方案、建筑节能施工方案、幕墙施工方案、室外总体施工方案等，并对危险性较大的分部分项工程单独编写安全施工专项方案，应通过分包方企业技术负责人的审批，以书面（附企业审批表）和电子形式同时上报总承包方。

（2）**总承包方审核及管理方案编制**　总承包方项目经理应针对分包方报审的施工专项方案针对性地组织编制分包施工管理方案。分包施工管理方案与专业分包单位报审的施工专项施工方案一并按程序上报总承包方相关管理部门及技术负责人，总承包方内部审批完成后报监理单位审批。施工组织设计与专项方案经批准后，项目部建立台账留存。

超过一定规模的危险性较大的分部分项工程施工方案在总承包方审批、监理单位审批完成后应按相关要求组织专家评审，最终按专家意见完善和修改后方可实施。

3. 施工组织设计编制要求

（1）**基本内容**　采用工程总承包模式建设的市政基础设施项目施工组织设计（专项方案）应包括的基本内容包括：工程概况：工程地理位置、建设规模、主要涉及的工程量描述、地质水文及气象情况、周边交通情况等；编制依据：相关法律、法规、规范性文件、标准、规范及图纸（国标图集）。

（2）**施工组织安排**　项目部的组成、施工管理上的总体部署、施工区段的分割、施工总流程等；施工方法：工程测量方法概述、主要分部分项工程施工方法的介绍（包括工、料、机的组织实施）。

（3）**质量管理**　质量管理体系的组成、质量管理流程、工程质量管理方面的具体措施、通病的防治。

（4）**安全管理**　安全管理体系的组成、安全管理流程、应对本工程重大危险源的初步分析以及安全管理方面的应对措施。

（5）**文明施工与环境保护**　文明施工的主要措施、工程施工对周边环境影响分析、采用的主要环境保护措施。

（6）**附近管线及构筑物保护**　附近管线构筑物的排摸、保护方案。

（7）**施工总平面布置**　生活区及施工现场的总体布置、施工临时给排水措施、施工临时用电线路及主要配、用电设施布置、施工现场内外交通组织等。

（8）**施工进度计划**　计划开竣工日期、总日历天数、主要分部分项工程的计划开完工日期、施工总体进度计划表、施工进度计划完成的保证措施。

（9）**主要机械设备配置**　主要机械设备配置表；劳动力进场计划：劳动力进场计划表；单位、分部、分项、检验批的划分：单位、分部、分项、检验批划分表及文字说明。

4. 专项方案编制要求

（1）**主要内容**　工程概况：危险性较大的分部分项工程概况、施工平面布置、施工要求和技术保证条件；编制依据：相关法律、法规、规范性文件、标准、规范及图纸（国标图集）、施工组织设计等；施工计划：包括施工进度计划、材料与设备计划；施工工艺技术：技术参数、工艺流程、施工方法、检查验收等；施工安全保证措施：组织保障、技术措施、应急预案、监测监控等；劳动力计划：专职安全生产管理人员、特种作业人员等；计算书及相关图纸。

（2）**有别于施工总承包项目，按照项目具体情况在施工组织设计中可能增加的内容**
包含工程总承包特点的各项内容如下：

① 设计经理及各专业设计人员的岗位责任制，以及设计人员参与本项目的解决施工问题的工作流程。

② 考虑到设备采购集成、勘察设计周期、证照办理及各项验收程序在内的项目总体施工进度计划。

③ 针对施工难重点在设计层面进一步优化的可能性分析及下一步实施计划。

④ 永久道路与施工便道、永久围墙与临时围墙等“永临结合”方案的设想与打算。

⑤ 设备采购交接与设备基础验收的工作程序与标准要求。

⑥ 其他总承包方在施工方面需要提出的方案和计划。

7.4.2　图纸会审及技术交底

工程总承包模式下，原有的建设单位组织图纸会审、设计交底的职能全部转化为总承包方的工作职能。

1. 施工前准备

每个单位工程或分包方进场开工前，项目总工按照职责范围组织有关人员及管理部门对设计文件进行会审，对图纸疑问进行汇总记录。设计经理应在图纸会审完成后组织各专业设计人员进行设计交底会，会议前将图纸疑问和会议通知书面发给设计人员。通过交底了解设计意图、明确技术途径，确定工程项目适用规范、工法、操作规程和作业指导书，并用其作为施工过程指导性文件，组织各专业设计人员对图纸疑问进行解决。设计交底会议最终形成书面会议纪要，由总承包方、监理单位、建设单位会签。

2. 动态管理

施工过程中，凡是涉及重大设计变更、新发施工图、图纸二次深化设计等情况，项目总工应重新组织图纸会审及设计交底工作。其中，涉及具有资质的专业单位二次深化设计图纸最终需经总承包方设计经理组织专业设计人员进行审核。

3. 问题处理

在设计交底前或施工过程中，分包方如对设计文件有疑问或认为设计文件存在问题，应填写图纸疑问的书面报告并及时向项目总工以书面形式提出，由项目总工组织书面解答。项目部相关图纸疑问以同样的形式向设计人员提出，设计文件会审应以图纸会审记录形式做出会审记录。

4. 设备反馈

设备供应商在收到正式施工图纸后应对于设备基础、操作空间等相关内容进行复核确认，对于存在偏差的内容应及时向设计经理反馈。

5. 文件管理

项目经理部应建立图纸收发、设计业务联系单、图纸会审、设计交底大纲、设计答疑会议纪要等设计相关文件专项管理台账。图纸收发专项记录台账应做到每张图纸进行登记记录。图纸收发记录应包括图纸专业、图纸编号、图纸内容、收发文时间、收文单位、签收人等。

6. 其他要求

工程项目开工前，必须确保施工组织设计、施工专项方案、安全施工专项方案已通过了审批。项目总工负责向分包方进行详细的施工组织设计交底、技术交底，提出并明确工程项目的技术标准、质量目标、质量保证措施及要求，以及工程项目中所采用的新技术、新工艺、新材料、新设备及操作规程，并以技术交底书形式下达并记录。

7.4.3　“四新”技术的应用

我国建筑行业一直积极提倡的“四新”技术是指新技术、新材料、新工艺、新方法的应用。“四新”技术代表了先进技术与先进生产力，是建筑业从劳动力密集型向技术性转变的基础条件。通过在工程实施过程中运用“四新”技术可以提升工程实施效率、提高工程质量、降低工程成本。

1. 工程总承包项目采用“四新”技术的优势

由于传统施工总承包模式设计、施工分离的模式，无论是总承包方还是设计方单方面采取“四新”技术，都可能会涉及与外部单位的沟通协调，出于种种考虑，往往在外部环节难以贯彻落实甚至形成阻力。工程总承包模式由于涵盖了设计、施工等多个环节，可以更前瞻、更全面地考虑“四新”技术的应用，在应用过程中可以全方位、多角度地分析和解决应用问题，总结应用经验。具体优势有以下几点：

（1）**设计引入**　在设计阶段即引入“四新”技术，以相关技术“反哺”设计工作，将两者有机融合并为后续应用打好基础。

（2）**理论复核** 在应用前更好地完成理论复核，可以结合实体的工程设计计算对“四新”技术相关应用的技术数据进行核算检验，分析风险提出优化方案。

（3）**多角度解决** 在应用过程中就出现的问题从设计、施工多角度考虑解决方案，可以更全面更深入地解决问题。

（4）**全面总结** 应用完成后全面总结应用成果，并与前期理论分析进行比对，完成技术应用成果。

2. 应用方向与实例

当前市政基础设施项目应用较多的包括预制拼装技术、厂内加工技术、高强快硬混凝土等各类建筑材料革新应用、脚手架及模板等周转材料的创新改进、各类新型施工装备应用等内容。总承包方应积极引入先进技术或开展技术创新，通过工程总承包的优势将成果及时应用转化，从而形成企业独有的竞争力。

例如某采用工程总承包模式实施的地下式污水处理厂项目，在设计阶段考虑将池体部分结构改为预制拼装，专业构件生产单位提前介入进行深化设计，总承包方按照专业构件单位意见结合污水厂水池构筑物抗腐蚀、防渗漏的特殊要求确定将池体上盖梁板改为预制拼装结构，并进行了具体设计、采购、预制加工和现场施工工作。预制拼装技术的成功应用提高了混凝土构件的质量、减少了满堂支架模板的成本，同时也节约了工期。

7.4.4 如何进行技术创新

1. 技术创新目的

在市政基础设施项目中进行技术创新，需要有比较宽泛真实且能够按需索取的资讯渠道，也需要有技术团队、商务团队的人力资源支撑，同时需要总承包方层面有一定的配套资金，以解决试验、研究方面的设备、消耗品等投入成本问题。基于项目开展的技术创新，其目的一定是为解决项目存在问题或提升项目品质、提升项目效益。围绕项目首先应进行技术重难点和对应商务问题的分析，具体明确相关技术创新的要求。

2. 技术创新的实施

技术创新可以分为简单引入、引入再创新、自主创新三种类型。

（1）**简单引入** 简单引入指在实现某方面的技术要求时，从外部引入成熟技术进行应用。如某城市高架桥总承包方在钢筋加工过程中采购直螺纹滚丝加工设备进行应用，将钢筋接头由焊接连接改为机械连接，提高了生产效率和接头质量即为简单引入。

（2）**引入再创新** 引入再创新指引入技术后结合项目情况和要求，进行适应性技术改造或再解决原有技术存在的问题，形成新的成熟技术。如应用在房屋建筑工程方面比较广泛的塑料模板、铝合金模板等先进技术，将之应用在市政基础设施项目的桥梁结构、水池结构施工，需要将模板配板和总体加固体系按照结构形式的特点进行调整优化，针对局部异形构件需要考虑特殊的处理节点，综合调整完成后形成新的模板支撑体系应用技术。

（3）**自主创新** 自主创新是指一个相对从无到有的过程，针对需要解决的问题或需要达成的目标，从头开始研究施工工艺、施工方法、工程设备、工程材料的过程。创新能力的形成需要一个较长的过程，总承包方应围绕企业总体战略目标，结合承接的具体项目进行技术创新，在创新实践中不断总结工作方法和经验，积累技术经验，完成技术成果的表现和转化。

7.4.5 技术成果的表现及转化

市政基础设施项目技术成果通常表现为专利、工法、著作权、论文、科研成果等受国家法律保护的知识产权。这些技术成果通过在项目实践中的应用，产生经济效益和社会效益，完成技术成果的转化，某些优质成果可实现规模化应用，从而完成技术成果产业化应用的目标。

采用工程总承包模式的市政基础设施项目对总承包方而言是比较理想的技术成果转化平台，从责任和权限范围来看，总承包方有一定的顶层设计的自由度，可以结合企业所掌握的技术成果进行具体的设计工作，将技术成果的应用优势通过项目进行展示和放大，通过初步的实体化应用更好地向潜在的市场展示应用成果，以扩大影响，为规模化应用打下基础。从技术能力来看，总承包方同时具备设计和实施的能力，既可以理论设计、理论计算，也可以将成果应用于实践之中，完成对技术的检验。

例如某采用工程总承包模式实施的雨水排水箱涵改造工程，总承包方考虑到排放河道的总体景观要求，将排放口位置抗冲刷措施从传统的混凝土、浆砌块石硬化护坡改为原位底泥固化。通过新技术的应用，在保证功能的同时节约了项目成本投入，总承包方结合工程实际案例完成了“中小河道底泥原位资源化成套处理技术研究及应用”的规范标准、专利、论文等系列科研成果，并将技术应用在类似项目中，形成了产、学、研结合的典范案例。

7.5 服务施工为主线的进度管理

由于施工是工程总承包项目实体生产的最终产品内容，在此方面所涉及的工、料、机等各类资源也是项目最大的成本投入，所以项目进度管理必须以服务施工为主线，以合同约定的工期为限制条件，尽可能将设计、采购、调试等工期内容合理搭配，为施工创造良好的条件。

7.5.1 全过程各环节的优化整合

1. 各环节衔接

总承包方项目经理应按照合同总工期要求组织制定详细的总进度计划和分阶段进度计划，同时要求各专业工种的施工进度计划必须纳入总进度计划控制之中，并需要重点考虑设计、采购、施工、调试各环节的优化整合，共包括以下六个方面的衔接工作，需要不同岗位的管理人员共同参与策划（图 7-3）。

（1）**设计与采购的进度衔接策划工作**　需要考虑设计完成相关技术文件的时间进度、采购周期及采购后供应商的设备提资周期、设计按照提资文件进行深化设计的工作时

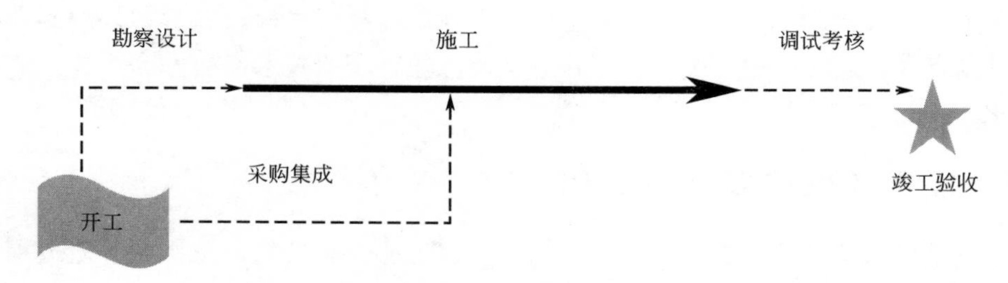

图 7-3　工程总承包总体进度计划包含的内容

间等。

(2) **设计与施工的进度衔接策划工作**　需要考虑全部设计工作完成的工作周期、部分需要提前施工分阶段分批出图的周期安排、施工过程中出现问题解决的设计反应时间等（图 7-4）。

图 7-4　设计进度对施工进度的影响

(3) **设计与调试进度衔接策划工作**　需要考虑为满足调试各项测试要求而设计深化周期、调试方案经过设计校核的周期。

(4) **采购与施工的进度衔接策划工作**　需要明确土建基础施工周期与设备生产制造周期的前后关系以搭配合理的资源投入，同时还应考虑设备到施工现场所需要配合的交通、吊装场地等条件，尽量做到车板交接后直接安装。

(5) **采购与调试的进度衔接策划工作**　需要考虑采购生产制造周期与调试工作安排顺序，采购工作中应提出调试计划和配合调试的各项要求。

(6) **施工与调试的进度衔接策划工作**　需要考虑调试周期的开始时间与施工的完成时间一致性问题，局部先行调试先行完工的流水搭接考虑。

2. 施工各分包方的协调

在施工过程中，总承包方应协调各分包方、供应商之间的施工进度，包括施工先后顺序、工作面或工序的矛盾、劳力和材料机械的使用、图纸细部深化交底、产品资料及保护移交程序等。

3. 进度管理总结

总承包方必须将分包工程进度计划纳入项目进度控制中。在项目收尾阶段，项目经理组织对项目进度管理进行总结。项目进度管理总结包括：合同工期及计划工期目标完成情况、项目进度管理经验、项目进度管理中存在的问题及分析、项目进度管理方法的应用情况、项目进度管理的改进意见。

7.5.2　最短时间的设计问题解决原则

市政基础设施项目是劳动力密集型工作，特别在施工阶段动辄上亿乃至几十亿元规模的建设投资和总体相对较短的实施周期，涉及数以百计、千计的劳动力投入，在实施过程中一旦出现需要设计解决的问题，可能会产生等工的问题，在此方面，各专业设计人员某一个岗位问题解决延迟造成的等工，在后续实施中可能需要百计、千计的劳动力及相应的机械设备进行弥补。所以在实施前必须将设计方面需要考虑和解决的问题彻底解决到位，在实施过程中遇到需要设计解决的问题，项目经理、设计经理必须督促专业设计人员在最短的时间内解决问题，施工经理、项目总工也应该做好“拉警报”的工作，实施前、实施过程中不断组织进行图纸审查，借助 BIM 技术等手段提前发现设计问题，促成问题解决（图 7-5）。

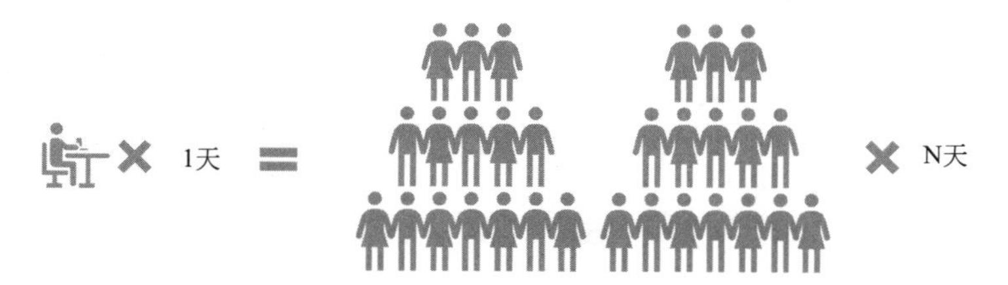

图 7-5　设计进度与施工进度的关系

7.5.3　技术性调整合理缩短工期

工程总承包模式最大的优势是设计、施工无缝衔接，通过设计的技术性调整，在满足规范、合同约定的前提下可以合理缩短工期，降低资源投入。设计经理应组织各专业设计团队共同进行工期优化分析的专题讨论，商务经理、施工经理、项目总工共同参与，通过系统工艺优化、基坑方式调整、结构方式调整、各种“永临结合”布置，综合考虑技术、工期、经济的平衡关系，实现技术型调整合理缩短工期。

市政基础设施项目常见的“永临结合”措施包括施工便道按照永久道路的全部或部分先行实施到位，厂站类项目施工临时围墙按照永久围墙一次性实施到位，施工临时给排水管道按照永久给排水管道设计一次性实施到位，在竣工前对已使用的“永临结合”的工程内容进行一次性的修缮以满足竣工要求。通过“永临结合”的措施，省去了临时工程建、拆的繁杂工作，节约了成本，也提高了进度。

例如某采用工程总承包模式实施的大学城建设配套市政总体项目，总承包方在园区道路设计阶段未参照传统的设计通用图采用水泥稳定碎石的道路基层，而是改用混凝土作为道路基层，并在混凝土浇筑完成后作为施工便道投入使用，将各类雨污水等管位设置在道路外侧，在项目主体施工完成后，对混凝土道路基层个别损坏位置采用凿除修复，在胀缝、缩缝位置铺贴玻璃纤维格栅，排砌侧平石，最后完成沥青面层的摊铺。

7.5.4 总体工期的动态管理

1. 各环节的动态管理

项目经理组织项目进度管理组织机构根据项目的总进度计划编制相应的年进度计划、季进度计划、月进度计划及周进度计划，并对进度计划进行交底，交底工作包括上一阶段进度计划完成情况及对当前阶段施工工作的进度要求和安排。在实施过程中应注意各个环节、各个层面的执行情况，并及时予以调整各方面资源投入和工作时长，以保证最终节点顺利完成。具体从以下方面着手：

（1）**作业面进度情况** 跟踪检查人员应对各分部分项工程的施工作业面完成情况进行检查，如发现实际作业面进度存在脱节，无法满足作业面的顺利提交而影响下一工序按时开展，应及时对相关情况予以记录。

（2）**周转材料、设备进场及安装情况** 跟踪检查人员应对各分部分项工程的周转材料及设备的进场、安装等情况进行检查，如发现施工活动所需周转材料及设备到位不及时，无法满足施工顺利进行，应及时对相关情况予以记录。

（3）**材料及加工构件进场情况** 跟踪检查人员应对各分部分项工程的周转材料及加工构件进场、检验情况进行检查，如发现施工活动所需材料及加工构件到位不及时，无法满足施工顺利进行，应及时对相关情况予以记录。

（4）**劳动力情况** 跟踪检查人员应对各分部分项工程的劳动力人数、工种、技能情况进行检查，如发现劳动力未按照计划配置，可能造成进度脱期，应及时对相关情况予以记录。

2. 偏差问题处理

（1）**动态检查** 在实施过程中需要不断核实实际施工生产进度，主要包括对当前检查时点已完工程情况的了解，如工程进展的不同阶段包括土方开挖量、混凝土浇筑量等内容；将当前时点已完成工程情况与施工进度计划进行比较分析。在分析过程中不应只着眼存在计划延误脱期的情况，对于超期完成的活动应加以分析，避免出现资源配置不合理的情况。

（2）**偏差分析处理** 针对项目实际进展与进度计划比较过程中发现的进度偏差，应进行细致详细的分析。

① 应判断该进度偏差是否可能对关键线路造成影响，影响程度如何。

② 应对造成进度偏差产生的原因进行分析。若该偏差验证影响关键线路，则应当汇总偏差数据；若并未对关键线路造成严重影响，则由项目经理根据造成偏差的原因，制定整改措施，纠正进度偏差。

③ 项目经理或施工经理在对汇总后的偏差数据加以确认分析之后，组织相关各方召开工程进度协调会，确认造成进度拖延的责任单位或责任人，并确定整改要求。根据造成进度拖延的原因及整改要求，总承包方与责任单位共同制定纠偏措施，并由责任单位落实执行。

④ 根据现场的实际情况，在不同施工阶段、不同施工工序中调整现场设施布置、机械设备调配使用、劳动力资源的合理调配、各专业单位物料的进出场和堆放安排、与周边环境及相关部门的良好沟通，以确保整个现场有序地、按计划地、高效地开展工作。

7.6 分包方的有序管理

工程总承包的顺利实施离不开分包方的参与，工程总承包的主要分包方包括施工专业分包、施工劳务分包、设计分包等。目前国内大部分地区均基于总承包方必须具备设计、施工双资质的基本条件，要求总承包方必须按照施工总承包的分包管理不可将主体工程全部分包，但是在某些地方政策允许的条件下，也可以就所有的施工任务选择有相应资质的单位进行再发包。如福建省有关规定《关于房屋建筑和市政基础设施项目工程总承包招标投标活动有关事项的通知》[1] 第四条第二款明确规定，“投标人应当具有与工程规模相适应的工程设计或者施工资质，原则上每个工程总承包项目由一家工程总承包单位承包。需要分包的投标人应在投标文件中明确主体工程施工分包单位或主体工程设计分包单位（统称‘分包单位’），且分包单位在同一招标项目中只能作为一家投标人的分包单位。招标文件应明确将上述分包规定作为实质性要求。”

7.6.1 分包选择与合同管理

1. 分包方的选择与评价

（1）**分包选择** 长期稳定、履约良好的分包方资源是总承包方承接项目并顺利实施的基础条件，分包选择、选定是总承包方顺利进行项目实施的根本环节。

① 总承包方应建立完善完整的分包选择体系和分包合同管理体系，提高分包方的准入门槛，对分包方的引进严格把关。

② 总承包方应对于分包工作内容按照规模分级进行询价、议标、内部招标投标甄选，优先选择资金充足、管理实力强、资质达标、履约信用良好的分包方，并制定分包合同示范文本的编制以及分包合同起草、评审、签署、备案的一系列流程。

（2）**分包评价** 总承包方应定期对分包方进行履约行为评价，并进行量化评分，形成合格分包方名录，对于存在问题或造成不良影响的分包方及时予以降级评价、警示合作，造成恶劣影响或者产生诉讼的分包方列入不合格清单，全面禁止合作。

2. 分包方资信审查

在分包方选择时，总承包方首先应对分包方进行资格审查，要求提供分包单位的营业

[1] 闽建办筑函〔2019〕42号

执照、安全生产许可证、资质证书、法定代表人身份证明等材料，必须查验原件的真实性。对于新进入的分包方还应组织进行分包资信、历史履约评价、案例业绩实地考察等工作，经过详细考察，完成调研报告并获得批准后再将其作为潜在分包方进入后续比选程序。

3. 分包合同编制

（1）**示范文本的采用** 分包合同可在住房和城乡建设部发布的《建设工程施工劳务分包合同（示范文本）》《建设工程施工专业分包合同（示范文本）》《建设工程设计合同示范文本（专业建设工程）》的基础上结合项目和企业特点对专用条款进行补充后采用。

（2）**务工人员工资监管** 总承包方应要求分包方提交委托总承包方代发务工人员工资的承诺书或设立务工人员工资监管专用账户，做到专款专用。

（3）**合同评审** 分包合同经总承包方技术、质量、安全、商务、财务各方面评审通过后签署，并按照政策规定要求进行备案。

① 承担施工任务的分包方在签订分包合同的同时必须签订安全生产管理协议，明确总承包方、分包方施工安全责任和义务。

② 在履约过程中，对于工作内容的变化超过一定规模，应签订补充协议，补充协议的评审流程应与分包合同评审流程一致。

③ 分包合同签署前总承包方应向监理单位、建设单位就分包方的资质证书及所承担的分包工作内容进行申报，批准后方可签署分包合同。

④ 分包合同签署后应按照工程所在地政府部门的要求及时完成分包合同备案。

⑤ 总承包方应建立分包合同的台账，包括分包方名称、分包合同编号、分包工作主要内容描述、分包合同金额等并做到定期更新。

⑥ 分包合同签署完成后，工程总承包项目经理同样应该牵头组织召开合同交底会，对分包方的情况、分包工作的范围、分包结算方式及分包工作的技术、进度、质量、安全各方面要求向施工经理等相关岗位进行交底。

7.6.2 分包实施的有效管控

1. 组织体系管控

总承包方对分包方的有效管控分为技术质量管理、安全文明施工管理、进度管理、商务管理四个主要方面。总承包方应要求分包方视分包工作内容的具体情况建立完整的项目管理组织机构，任命分包方项目经理及相关各岗位工作人员，明确岗位责任制，涉及施工任务的分包方必须安排安全生产专职管理人员。分包方进场后，正式开展工作前总承包方应组织进行分包管理要求总交底，对分包方各项工作提出具体要求，建立沟通机制。

2. 分专业管控主要内容

（1）**技术质量管理** 总承包方应结合项目总体技术质量目标明确分包方的技术质量目标。对于承担设计工作的分包方应提出限额设计、动态调整、超限处理的工作要求，强调工程总承包的设计工作应在传统设计“基本质量”要求的基础上进行提质增效，并通过设计工作考核评价制度结合奖励资金给予激励以调动分包方的积极性。

① 总承包方应要求承担施工任务的分包方提交详细的分包项目施工方案，涉及危险性较大的分部分项工程的还应提交专项施工方案，经过相关审批程序后方可进行施工。

② 分包方采购的原材料、成品、半成品厂家资质和相关质量证明材料应提前向总承包方进行申报，总承包方审核检验通过后及时报监理单位、建设单位批准后使用，对于钢筋、混凝土等主要材料应及时组织安排好第三方的检验工作。

③ 总承包方对分包方负责完成的检验批、分部、分项及单位工程应提前进行技术交底，在施工过程中做好旁站监督和质量验收工作。

④ 对于重难点工作内容，总承包方应组织分包方研究讨论施工方案，进行技术攻关。总承包方还应督促分包方做好成品保护和交接工作。

（2）**安全文明施工管理**　总承包方应坚持“以人为本”的工作思想，对分包单位进场的人员进行“实名制”管理，完成进场人员的进场登记核验、进场安全教育、安全技术交底、三级安全教育卡的汇总整理工作。

① 总承包方应会同分包方安全生产专职管理人员不间断地开展安全巡检和各类专项安全检查工作，对于排查出的隐患问题及时要求分包方进行整改处理，对于未能有效、彻底整改的隐患或性质严重存在较大风险的安全隐患必要时进行局部停工整改。

② 总承包方对分包方反复发生、性质恶劣的安全问题应采取违约处罚、代为处置的措施彻底消灭安全隐患。

③ 总承包方应尽量对文明施工工作实行“集约化文明施工模式”，安排专业的分包方负责文明施工工作。

④ 总承包方在总平面布置阶段应充分考虑各分包方交通、材料设施存放、加工区的划分，并在分包进场前予以明确，过程中做好动态管理，使整个施工现场始终保持整齐有序、干净整洁的良好状态。

（3）**进度管理**　总承包方应按照总体进度计划将分包方实施工作的开始、完成时间和关键节点予以明确，要求分包方在此基础上编制进度计划和工、料、机各项资源配置计划，按照施工内容和关键节点要求进行审核确认，在施工过程中对于分包方的资源配置计划执行情况进行检查。

① 总承包方应组织各分包方定期参加工程例会，对于滞后进度进行原因分析和补救措施制定，并在实施过程中不断监督落实。

② 总承包方应在施工过程中积极为分包方提供各方面工作条件，协调各分包方之间的界面衔接，及时了解和解决分包方存在的技术问题。

③ 总承包方应综合调度好现场垂直运输机械、场地施工通道、临时堆放加工场地、施工现场临时配电系统和给水系统，实现各分包方的共享使用，实现最高工作效率。

④ 对于多个分包方共同参与施工的工程总承包项目，总承包方可以开展工程竞赛活动，通过定期检查评比，结合奖惩机制，促进分包方开展良好的竞赛活动，激励分包方加大资源投入力度，合理安排各道工序衔接。

（4）**商务管理**　总承包方应按照分包合同约定要求对分包方合同内工作实施情况进行复核，对于分包方提交的验工月报进行检查、汇总，对分包方付款申请进行审批并及时安排进度款的支付。

① 总承包方应建立好分包支付台账，动态把控分包资金比例，避免随意调整支付比例造成超付。

② 分包合同外工作内容应慎重安排实施，涉及设计变更和变更设计的，应及时做好相关费用申报和测算，实施前应按照分包合同约定做好价格上报和确认工作，避免总承包方陷入工作完成后因价格无法达成一致而造成的被动局面。

7.6.3 有效的沟通机制

总承包方应建立与分包方之间有效的沟通机制，包括会议制度、来往书面文件、微信或邮件等通信工具，以及类似“工程协同系统”的管理系统中的信息功能，就项目执行的任务布置、信息反馈、问题解决进行信息传递。

1. 会议沟通机制

总承包方应定期组织工程例会及安全、质量、进度专题会议。总承包方应建立会议专项制度，工程例会应每周固定时间召开，分析总结一周各方面工作情况并对下周工作内容进行部署，对存在的问题讨论解决，在工期紧张等特殊时期，应该采用每日例会的形式对进度进行实时管控。安全、质量、进度专题会议视工程需要以例会形式或不定期召开，分别就前一阶段的工作内容进行专题回顾，对于上级下达的工作要求进行部署落实，对下一阶段的工作重点强调部署，对于各类隐患问题明确处理措施。总承包方应制定会议制度，明确会议时间、会议参与人、会议正常议程、会议需要提交的资料要求、会议纪要记录及确认方式，做到会前有准备，会中有章法，会后有总结。通过会议形成面对面的良好沟通，为解决问题和工作推进提供依据。有条件的总承包方可以通过远程会议系统解决异地项目管理的会议沟通问题，特别是在新冠肺炎疫情期间，远程会议系统被广泛应用，解决了出行困难问题，也降低了管理成本，提高了沟通效率。

2. 来往文件机制

总承包方应分别建立自身的书面沟通文件格式，同时对分包方的书面文件格式提出要求，工作联系单、函件等必须体现出发文单位、落款日期、编号并要求项目经理签发加盖项目公章。总承包方、分包方都不应该拒收、拒签双方的函件、整改通知、施工方案等文件，在分包合同中应对于此类行为约定处罚措施。如果存在异议应通过单独沟通、会议沟通或回函的方式解决，对于争议内容的回函应在分包合同规定的期限内完成。涉及商务、技术较为重要的材料，如分包方对于图纸疑问、进度计划、各类报验申请、索赔、变更设计申请结算文件都应该以书面的形式提交总承包方。总承包方、分包方均应指定专人负责文件收发工作，并形成文件收发记录台账。

3. 信息化手段机制

分包合同中可以约定电子邮件的沟通方式，明确双方收件电子邮箱，以邮件送达记录作为书面文件送达记录，以提高双方的沟通效率。对于非正式沟通还可以通过微信等即时通信工具进行及时有效的沟通联络（图 7-6）。

图 7-6 分包沟通机制

7.7 建设单位沟通要点

7.7.1 建设单位的工作范围

1. 建设单位总体工作思路

对于工程总承包模式的项目，建设单位工作范围和深度会发生一定的变化，完全套用施工总承包模式的事无巨细、深抓到底的思路，往往会与总承包方的工作安排发生矛盾和冲突，所以建设单位应调整思路，把握项目关键内容，以合同约定为准绳，给予总承包方合理的权限和自由度，便于通过设计意图的贯彻实现资源最优的投入产出比。

2. 建设单位关键内容把握

建设单位把握的关键内容包括以下方面：

(1) **系统能力及性能指标的实现** 包括建筑面积、道路桥梁的通车能力、水务项目的处理规模和出水标准等作为项目本身必须要保证的规模和能力的体现。

(2) **系统运行成本的受控** 包括系统正常稳定运行后的水、电、药剂等各类耗材和人工成本的受控，其中人工成本受控很大程度上通过自动化控制程度来反映。

(3) **系统稳定性要求** 包括系统采用的关键设备、材料的档次、品牌、主要参数、材质及售后服务承诺，以实现系统长期稳定运行的要求；系统外观的品质要求，包括建筑外立面、总体景观等此类展现给社会公众的直观效果的相关内容，是作为市政基础设施项目服务社会公众的第一印象。

(4) **项目竣工、投产日期** 以合同约定的完工、竣工验收、备案制竣工验收日期及各类调试、试运行直至全面投产或通车日期为控制目标，从设计、施工、采购、调试、试运行全方位对总承包方提出要求并监控，使得项目能早日应用发挥效益。

(5) **建设单位自身需要完成和配合的相关工作要求** 如合同约定以建设单位名义办理的各类前期手续和竣工手续的合法性、及时性，各类建设边界条件如“三通一平”等需要建设单位实施或配合的内容。

3. 其他要求

作为建设单位，应结合项目本身思考上述六个方面的具体要求，细化量化后列入总承包合同文件，同时在监理单位合同编制中同样提出对监理工作的相应要求，便于在项目实施过程中开展管理工作，建设单位本身也应该投入对应的人力资源，既要对总承包方进行管理，又要完成外部需要联络完成的各项工作。对于划分若干标段的项目而言，建设单位还应考虑标段之间的衔接配合要求，避免发生界面混淆不清的情况，特别是对于在建设区域上有重叠的标段划分内容，应慎重考虑、认真对待，必要时设定一定的暂列金额用于处理界面不清的风险情况。

7.7.2 创造共同愿景

成功的项目，必然是总承包方实现合理的经济效益和社会效益的项目，因此，建设单位、总承包方在工程总承包项目实施前应建立共同的目标愿景。

1. 商务价格的公平合理

（1）**避免最低价中标** 建设单位应该对整个项目的投资、定位及总承包方的效益需求有清晰明确的认识，并通过招标投标、合同洽谈的方式与总承包方达成一致。招标投标过程中应规避绝对最低价中标的模式，在合理范围内适当降低商务报价的竞标因素，鼓励总承包方提出合适的技术方案。在合同签署完成后，无论是盲目压缩项目成本，还是无限制提高项目标准，对总承包方而言，一旦发生了因为建设单位违反合同约定或因合同未明确约定而提出明显过高的要求而可能造成效益亏损的问题，都会不可避免地进行索赔或反索赔工作，进而对项目实施产生影响。

（2）**及时支付资金** 建设单位的另一重要工作是及时地核定总承包方的资金需求并按合同约定予以支付。对于固定总价模式的工程总承包合同而言，应在招标投标阶段要求投标人提交工程量报价清单或由招标人直接提供模拟清单供投标人报价，如果采用投标人提交工程量报价清单的模式，应约定清单编制的精细要求，包括以具体工程量报价和以项报价的区分，以解决招标投标阶段未达到施工图设计深度无法完成详细具体的工程量清单的问题，对于招标人编制的模拟清单也应尽量做到精准，避免不平衡报价情况的发生。在实施过程中以工程量报价清单作为进度款计量和支付的依据。设备采购款项通常应按照合同签订、技术协议签订、厂家监造完成情况、设备到场、开箱验收、安装完成、调试完成等若干节点制定付款方案。

（3）**公平审核** 对于采用投标报下浮率，总承包人中标后将施工图预算报建设单位或者政府财政审查后作合同结算价的模式，建设单位应尽快完成或促成尽快完成施工图预算的审核，如果审核期较长的应约定在审核期阶段对实施工作内容支付进度款的方案。对于此种模式的项目，一般建筑安装类工作内容施工图预算有明确的工程量算量及计价规则、权威部门发布的材料信息价，产生争议矛盾比较少，然而由于设备采购缺乏第三方权威价格准则，总承包方极易在此价格审核方面与建设单位发生矛盾。建设单位应针对设备采购等非建筑安装类工作内容有较为明确的报价、确认方案以及审价原则，避免发生争议。

2. 对总承包方的信任与授权

对于建设单位而言，采用工程总承包项目模式实施的市政基础设施项目在完成前述控制要求之外，对于总承包方应该有足够的授权和信任，体现在以下方面：

（1）**允许非原则性变更设计** 在符合规范要求、合同要求、初设及规划等政府正式批文要求的前提下，允许总承包方对于结构具体尺寸或标高位置、管线管路具体布置、基坑（槽）等临时工程围护方式进行调整。

（2）**鼓励降本和创新技术** 允许甚至鼓励总承包方采用“永临结合”的方式对施工便道、围墙等进行降本增效的考虑，鼓励总承包方引入“四新”技术并进行应用。通过共同愿景的建立，实现项目高质量、快速地实施推进。

7.8 争议矛盾的化解

7.8.1 建设单位与总承包方的矛盾解决

建设单位与总承包方发生争议矛盾时，在彼此非恶意的前提下应做到换位思考，互相尊重对方的合理诉求，对企业层面的管理要求予以理解，在不影响关键线路的局部问题上可以探讨问题原因，商议解决方式。总承包方也应注意不应因局部问题而造成对其他非相关合同工作内容的实施影响，以免造成违约产生不必要的建设单位索赔。基于目前的国情，由于市政基础设施项目建设单位多数代政府进行项目建设开发，某些地区甚至政府部门直接作为建设单位，总承包方在面对争议和矛盾时应尽量考虑全局和长远效益，考虑上述项目所特有的社会责任问题，除非出现不可调和的原则性问题，一般情况下仍以正常的工作沟通为解决方式。

在出现无法解决的根本性、原则性问题的情况询价，建设单位、总承包方可以求助第三方机构对问题进行鉴定，在部分地区建设行政管理部门已经建立了类似仲裁的第三方评价见证部门对矛盾争议问题提出政策性解决意见以供参考，在尝试各种方式均无法解决问题的情况下，则按照合同约定的争议处理方式进行仲裁和诉讼。

7.8.2 总承包方与分包方的矛盾解决

1. 矛盾原因分析

工程总承包模式实施的市政基础设施项目总承包方与分包方常见的矛盾包括经济索赔和反索赔、分包下属务工人员或材料供应商的费用纠纷上延。经济索赔与反索赔方面，尽管总承包方与分包方的分包合同通常会做具体详细的约定，但是由于总承包合同结算原则与分包合同结算原则难以照搬对应，特别是承担设计任务的总承包方对于实施成本具有决定权，其选择的方案一旦造成超出分包合同范围而又无法向建设单位获得索赔，在此情况下，总承包方不接受分包方的索赔要求，则矛盾势必发生。总承包方应做好事先预控工作，尽量通过技术方案的优化在满足规范、功能要求的前提下选择采用低成本方案实施，在出现索赔情况后，应及时与分包方做好沟通交流，按照合同约定的费用计取原则、已确认的工程量进行费用结算确认，并及时支付相关费用。在分包下属务工人员或材料供应商的费用纠纷上延至总承包方后，总承包方不应盲目回避，以免造成矛盾扩大并产生不良影响，此种情况下不积极妥善处理，可能会引发诉讼将总承包方作为第二被告。总承包方应组织纠纷各方进行情况调查了解并予以调解。

2. 工资问题处理

拖欠工资问题在近年来政府高度关注状态下已经得到了根本性的改善，但是务工人员劳资纠纷仍然屡见不鲜，尤其是新学期开学前、农历春节前，由于务工人员劳资发放的传统惯例，积蓄的矛盾在此时间段易爆发，产生各种对总承包方不利的局面。务工人员的高流动性是我国建设领域客观存在的事实，基于这种情况可能会存在两方面问题：

（1）**工资未发放到位及处理** 分包方对务工人员的工资确实未及时发放到位，总承包方在了解客观事实后应督促分包方及时足额进行发放，必要时可在公安机关、劳资部门见证下直接进行工资发放。

（2）**分包方索赔目的未能实现恶意讹诈及处理** 通过所谓的“无钱为务工人员发工资”的说辞和措施逼迫总承包方在索赔方面妥协或者务工人员团队单方面恶意讹诈。总承包方应对务工人员工资的实际情况调查了解，如果存在虚假追索工资、恶意讹诈的情况应及时报公安机关进行处理。对于涉及分包索赔问题造成的劳资纠纷，总承包方应将索赔事件本身与劳资纠纷进行剥离处理，在局面维稳与索赔处理之间寻找到平衡点，在合同资金范围内尽量解决劳资纠纷，既要避免群体性事件的发生，也要妥善、快速解决索赔问题。

7.8.3 证据的收集与整理

1. 有效的证据种类

总承包方主要管理人员应时刻保持法律维权意识，在争议长期无法解决的情况下，做好诉讼和反诉讼的准备，此时工程证据的搜集和整理至关重要。民事证据根据《民事诉讼法》[1] 第六十三条规定：“证据包括：（一）当事人的陈述；（二）书证；（三）物证；（四）视听资料；（五）电子数据；（六）证人证言；（七）鉴定意见；（八）勘验笔录。证据必须查证属实，才能作为认定事实的根据。”总承包方在日常工作中应做好相关证据资料的基础管理工作。

2. 证据的有效收集

（1）**书证** 书证是贯穿整个总承包项目管理过程中的证据，包括勘察资料、设计成果、施工日记、总承包合同、函件性质的来往工作联系单、停工令、不可抗力的各类正式通知。书证应具有接收方的签收记录或邮政的寄送凭证方有效，总承包方应做好递送和凭证获取工作。

（2）**物证** 物证往往是设计、施工的实际成果，可以通过第三方测绘、试验等书证材

[1] 中华人民共和国主席令第七十一号

料对物证进行鉴证，提高可信度。

（3）**视听资料** 视听资料包括对实施过程和成果的影像记录文件，总承包方应从开工前原地貌情况开始，直至施工完成保持不间断的视听影像记录工作，特别是针对隐蔽工程的各项施工及验收过程的记录应及时有效、妥善保管。

（4）**电子数据** 电子数据主要是指微信或短信记录、电子邮件等来往电子数据，也包括了物联网、大数据及云计算产生的各类数据，如务工人员实名制管理自动生成的考勤记录等数据常常应用在务工人员劳资纠纷处理中。证人证言的效力相对偏弱，往往无法被司法部门有效采信，即便采信，也往往建立在书证、物证、视听资料等客观的不可更改的证据基础上，但是总承包方相关人员一旦形成陈述笔录，其如果不够严密或存在逻辑问题也往往会对总承包方产生不利的司法结果。鉴定意见是权威鉴定部门受司法部门委托，以法律为准绳，对事实进行鉴定后出具的判断意见。

（5）**鉴定意见** 建设工程的鉴定意见包括造价鉴定、工期鉴定、质量鉴定、安全隐患鉴定等。

（6）**勘验笔录** 勘验笔录是指人民法院指派的勘验人员对案件的诉讼标的物和有关证据，经过现场勘验、调查所作的记录。勘验笔录、鉴定意见需要建立在前述各项证据的基础上通过调查分析而得出结论，所以证据的有效保存和提交是形成鉴定意见的基础。

无论是否进入仲裁或诉讼阶段，任何一方的“空口无凭”都是在具体洽商中不得不面临的被动局面，总承包方能够提交的有效证据则有利于形成主动的沟通局面。所以总承包方要尽量形成书证等客观不可更改的证据材料。

例如某采用工程总承包模式实施的城市轨道交通建设项目，建设单位在实施过程中提出了对车站建筑总体外立面造型变更的要求，总承包方积极响应，完成了相应的设计工作并进行了实施，但是总体变更程序出现问题，原本应该执行的变更设计程序却执行了设计变更程序，缺乏相关变更理由和依据，后续总承包方提交签证索赔时申请补办相关手续，但是建设单位由于人事更迭，新任的项目负责人不认为曾经提出过变更要求，因此而产生了较大争议。总承包方最后在某次监理单位主持的项目例会会议纪要中找到了要求变更的文字描述，最终以此为据补全了变更设计手续并实现了经济索赔目的。由此可见，总承包方在日常证据的整理特别是涉及索赔方面应有高度的敏感意识，对于各方提出的意见应促成书面落地形成证据后再行实施。

7.9 工程总承包项目验收管理

7.9.1 阶段性验收、竣工验收与备案

工程验收程序如图7-7所示。

1. 竣工验收与备案

我国法律法规仅对市政基础设施项目竣工验收与备案提出要求，包括竣工验收的相关条件，在2013年12月2日住房城乡建设部印发《房屋建筑和市政基础设施工程竣工验收

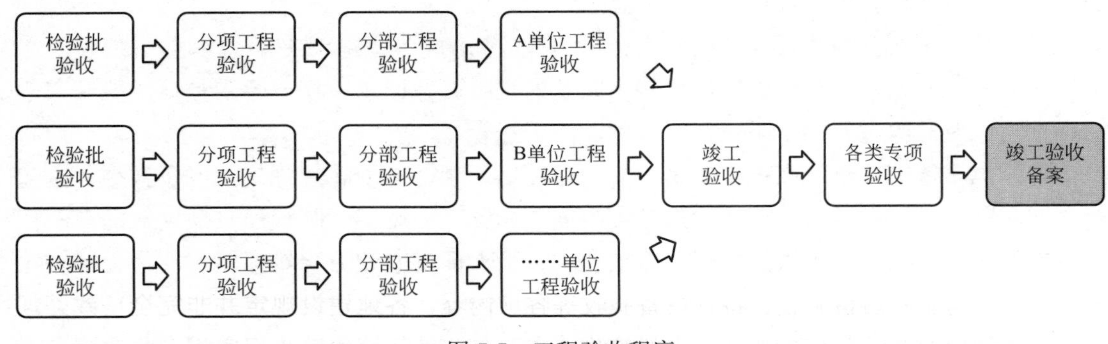

图 7-7　工程验收程序

规定》[1] 中明确了竣工验收的具体要求包括："（一）完成工程设计和合同约定的各项内容。（二）施工单位在工程完工后对工程质量进行了检查，确认工程质量符合有关法律、法规和工程建设强制性标准，符合设计文件及合同要求，并提出工程竣工报告。工程竣工报告应经项目经理和施工单位有关负责人审核签字。（三）对于委托监理的工程项目，监理单位对工程进行了质量评估，具有完整的监理资料，并提出工程质量评估报告。工程质量评估报告应经总监理工程师和监理单位有关负责人审核签字。（四）勘察、设计单位对勘察、设计文件及施工过程中由设计单位签署的设计变更通知书进行了检查，并提出质量检查报告。质量检查报告应经该项目勘察、设计负责人和勘察、设计单位有关负责人审核签字。（五）有完整的技术档案和施工管理资料。（六）有工程使用的主要建筑材料、建筑构配件和设备的进场试验报告，以及工程质量检测和功能性试验资料。（七）建设单位已按合同约定支付工程款。（八）有施工单位签署的工程质量保修书。（九）对于住宅工程，进行分户验收并验收合格，建设单位按户出具《住宅工程质量分户验收表》。（十）建设主管部门及工程质量监督机构责令整改的问题全部整改完毕。（十一）法律、法规规定的其他条件。"《建设工程质量管理条例》[2] 规定："建设单位应当自建设工程竣工验收合格之日起15 日内，将建设工程竣工验收报告和规划、公安消防、环保等部门出具的认可文件或者准许使用文件报建设行政主管部门或者其他有关部门备案。"

2. 阶段性验收

由于市政基础设施项目的规划、消防、环保等工作程序涉及内容较多，程序较为复杂，有些又涉及设备调试的部分内容与竣工验收要求相矛盾，经常会出现工程没有竣工验收但是部分设备设施需要提前投入调试或使用的情况，为了满足不同阶段的项目建设要求和合同要求，特别是涉及调试、试运行等工作内容的工程总承包合同，建设单位或总承包方往往会按照竣工验收的程序要求对阶段性完成的工作组织非正式的阶段性验收。

市政基础设施项目的阶段性验收主要包括为了满足不同类型工程的特殊要求开展的通水验收、完工验收等非最终竣工验收的各类阶段性完成实施内容的检查认可工作。如在市政基础设施项目常见的排水构筑物施工中，往往需要通水后才能进行后续的调试工作，但

[1] 建质〔2013〕171 号

[2] 中华人民共和国国务院令第 279 号

是一旦通水后水下相关设备设施在竣工验收阶段无法再进行检验检测，在通水前组织通水验收，对相关设备设施进行检查验收，相当于将此部分竣工验收工作前移，既达到了参建各方提前进行完成工程量和质量检查的目的，也验证了工程是否具备通水条件。在后续的竣工验收工作中，仅需要对通水验收的相关资料和验收结论进行复核即可。

7.9.2　各类专项验收

市政基础设施项目各类专项验收包括档案验收、环保验收、规划验收、消防验收、职业健康安全验收、防雷验收、特种设备验收等各项内容，各地建设规定并非完全一致，如安徽省增加白蚁防治等具备地区特点的验收内容，某些地区简化验收程序将验收改为备案告知，或将防雷验收等内容纳入工程建设验收程序中，不再设立单独专项验收，但是仍然要求第三方评价机构出具完整检测报告作为验收资料。

各类专项验收涉及的政府部门较多，环节较复杂，需要建设单位会同工程总承包方做好以下方面的工作，方可节约办理时间，尽早完成项目投产或通车，发挥效益。

1. 开工阶段工作

在项目开工前各类手续办理阶段应了解阶段性验收要求和最终验收要求，如规划手续过程中涉及的规划验线、管线跟踪测量等要求，此类工作遗漏不仅会影响最终的专项验收，还会因为违反法律法规要求造成行政处罚。

2. 实施过程工作

在项目实施过程中，设计、施工、采购、调试等各项工作均应紧扣专项验收要求，如环保、安全的“三同时”要求，做到专用设施同时设计、同时施工、同时投入使用，并分阶段做好评估评价工作，确保所有工作内容满足相关法律法规和规范要求，这也是工程总承包模式在验收阶段的优势之一。

3. 完工后工作

在项目验收阶段，应对完成的相关工作内容做好自检和缺陷消除，资料同步整理完成，保持与审批部门的良好沟通，对反馈的问题及时解决。

7.9.3　缺陷责任期与质保期

1. 缺陷责任期与保修期的定义

工程总承包合同中通常会约定缺陷责任期。缺陷责任期是指在保修期内由总承包方无偿负责的缺陷问题处理和修复的期限，这个期限属于总承包方与建设单位合同约定的内容。保修期则在《建筑工程质量管理条例》第四十条有明确的规定：“在正常使用条件下，建设工程的最低保修期限为：（一）基础设施工程、房屋建筑的地基基础工程和主体结构工程，为设计文件规定的该工程的合理使用年限；（二）屋面防水工程、有防水要求的卫生间、房间和外墙面的防渗漏，为5年；（三）供热与供冷系统，为2个采暖期、供冷期；（四）电气管线、给排水管道、设备安装和装修工程，为2年。其他项目的保修期限由发包方与承包方约定。建设工程的保修期，自竣工验收合格之日起计算。”

2. 争议及解决

在采用工程总承包模式建设的市政基础设施项目中，经常遇到的问题焦点在于缺陷责任期、保修期的开始时间以及缺陷责任处理的范围。

（1）**起止时点** 对于土建部分的工程而言，以竣工验收合格之日起计算保修期一般不会有争议，但是对于含有设备系统的工程总承包项目而言，竣工验收合格与设备调试完成、性能考核完成、移交、全面投产的节点往往并不一致，必须要在总承包合同中明确设备系统方面的缺陷责任期和保修期和起始时间，避免在后续实施中产生争议。一般可以将设备性能考核完成作为设备系统的缺陷责任期的起始时间，与建筑安装工程以竣工验收合格为起始时间相区分。

（2）**修复范围** 在缺陷责任期范围内进行设备故障处理、修复的工作责任往往与接管运行单位的误操作产生的故障和缺陷，以及日常维保工作混淆难以界定，所以在总承包合同、运行接管文件、技术培训资料中应明确约定日常维保的工作要求、合同内由总承包方提供的备品备件和维保服务的范围和报价（不一定包含在总承包合同范围内，作为独立的承诺）。接管运行单位如果非建设单位，则总承包方应配合建设单位共同对接管运行单位完善移交手续，明确日常维保、正常操作的各项要求，将接管运行单位承担的运行成本和总承包方承担的缺陷责任成本区分清楚，避免日后发生争议。

7.10 如何进行事故善后处理

由于市政基础设施项目立体交叉、过程变化多、涉及环境复杂的特点，加之国内务工人员流动性大，无法形成稳定的产业工人队伍，尽管国家、行业、企业对安全管理方面的要求不断提高、投入不断加大，但是各类事故的发生仍然屡见不鲜。工程总承包项目实施前总承包方都会制定应急预案，明确各类突发事件和事故的处理程序，在应急预案编制和具体实施过程中，总承包方应坚持及时上报、采取措施避免次生灾害、以有序分工的原则进行事故善后处理。

7.10.1 应急预案的编制及总体处理原则

1. 分析预判

应急预案首先应对工程可能发生的事故类型进行分析判断，明确险情可能性。

例如某采用工程总承包模式实施的雨水泵站工程，分析可能产生的事故类型包括火灾事故、坍塌倒塌、触电、高处坠落、防汛防台、防突然停电、车辆伤害、淹溺、水上交通事故。高处坠落的分析原因为：沉井结构施工需要进行高处作业，因临边、洞口等防护措施不到位，人员防护措施未按要求佩带，可能会造成高处坠落。

2. 总体原则

应急预案应明确总体原则，如：坚持“以人为本”“预防为主”的原则，在建设单位、施工单位、监理单位三方面的协调配合下，由项目组织机构分级管理，落实项目经理负责制，一旦发生重大事故，需启动应急预案时，能够做到通信联络及时畅通，指挥调动灵活，运转高效，救援有力。应急预案还应明确处理事故的层次，事故等级和范围超过应急预案范围后，应启动企业层面或更高层面的应急预案，以免交叉重叠。

3. 应急管理机构

总承包方应成立以项目经理为负责人的项目应急管理机构，负责项目突发事故应急救援的指挥、布置、实施和监督；贯彻执行国家、省和市政府的指示精神，及时向建设单位、监理单位及总承包方层面汇报事故情况；指挥、协调应急救援工作及善后处理；按照国家有关规定参与对事故的调查处理。应急管理机构下应分组负责安全保卫、事故救援、新闻报道、医疗救护、后勤保障、事故调查、善后处理七个方面的工作。

（1）**安全保卫组** 主要负责配合公安部门对事故现场及周边地区和道路进行警戒、控制，组织人员有序疏散。

（2）**事故救援组** 主要负责根据事故现场情况制定救援方案，按照方案迅速组织抢险力量进行抢险救援。

（3）**新闻报道组** 主要负责收集相关信息，配合新闻媒体及时客观地报道事故应急处置和抢险救援工作。

（4）**医疗救护组** 主要负责配合有关医疗单位迅速展开对受伤人员的现场急救、医院治疗和死亡人员遗体的临时安置。

（5）**后勤保障组** 主要负责落实抢险队伍、抢险工程车辆、抢险器材，确保抢险队伍、器材到位，抢险工作有效运转；负责抢险队伍和疏散人员的运输工作；联系建设单位、相关政府部门、管线权属单位负责提供事故现场周边的地下管线情况，必要时配合其切断相关管道；负责抢险车辆的交通疏导，确保抢险队伍、车辆、器材及时赶赴事故现场。

（6）**事故调查组** 主要负责对事故现场的勘察、取证，查清事故原因和事故责任，总结事故教训，制定防范措施，提出对事故责任单位和责任人的处理意见，同时积极配合上级事故调查组的调查工作。

（7）**善后处理组** 主要负责商定事故伤亡人员的赔付标准，确保伤亡人员得到及时赔付；具体负责督促事故的发生单位及时通知伤亡人员家属，并联系保险公司及时支付事故赔偿款；负责伤亡人员家属的安置和死亡人员的火化事宜。

4. 事故应急处理

发生事故后，事故发生区域在场人员应立即向项目经理报告，报告事故发生的时间、地点和简要情况，并随时报告事故的后续情况；同时根据实际情况需要立即与“110”“120”“119”等部门联系。项目经理接报后，应立即赶赴事故现场勘察事故情况，通知相关部门，调动抢险队伍实施抢险救援，同时向建设单位、监理以及总承包方汇报。事故报告的内容应包括：事故发生的时间、地点、事故类别、人员伤亡情况；事故发生的简要经过，险情的基本情况；原因的初步分析；已采取的救援措施；事故报告单位或个人及报告时间。

5. 主要负责人职责

项目经理等项目应急管理机构主要负责人应迅速了解、掌握事故发生的时间、地点、原因、人员伤亡和财产损失情况，涉及或影响范围，已采取的措施和事故发展趋势等；迅速制定事故现场处置方案并指挥实施。各组负责人应根据事故现场情况及应急管理机构的职责，按应急预案各专业处置的职责要求，迅速组织力量，展开工作。

7.10.2 伤亡事故的善后处理

1. 总体调度安排

市政基础设施项目出现人员受伤，事故现场人员应在项目经理的指挥下有序开展各项抢救伤亡和险情排除工作，避免事故持续扩大造成次生灾害。针对事故调查分析的需要，应保护好事故现场，做好现场影像记录。现场需要搬动和挪动的任何物品在做好影像记录的同时，还应进行现场标记，为后续调查提供可靠的事故现场。

2. 人员抢救

现场人员应立即将受伤人员抢救安置在安全区域，联系医院并送医处理。在等待医院急救的同时，应由经过培训的人员积极开展抢救，如心脏复苏、外伤包扎处理等，避免伤情扩大。在伤员搬动过程中，应注意避免对受伤部位的牵动或拉扯，避免因应急处理不当而造成痛苦或其他不可挽救的后果。

3. 善后安抚

事故发生后，总承包方在抢救伤员的同时，应做好伤亡人员家属的安抚工作，安排好异地赶来的伤亡人员家属食宿，由专人负责对接相关事宜，保险理赔应及时报案启动。总承包方应要求分包方、班组负责人共同参与赔偿商谈，商谈前应明确双方洽商代表，避免无法达成统一意见，受伤人员应在治疗完成后予以商谈。商谈赔偿金应考虑同时期类似事故赔偿标准、《劳动法》等相关法律法规要求、死亡人员家属或受伤人员今后的生活费用和护理费用、保险赔付额度、医疗及护理费用等因素综合洽谈，最终达成一致意见。如不能达成一致意见，可由分包方、班组负责人或其他第三人共同配合斡旋、商议，总承包方应考虑自身责任、社会影响和伤亡人员的实际困难，对于伤亡人员家属的合理要求应尽量予以满足，总体应本着人道主义的精神避免将事态恶化扩大造成群体性或其他负面事件，扩大安全事故的不利影响。

赔偿金达成一致意见后，总承包方和伤亡人员方应签署书面协议，明确事故造成伤亡情况和治疗情况，目前达成的赔偿金情况及支付情况，尽量明确一次性补偿后续不再追加。

7.10.3 群体性事件的善后处理

在务工人员权益保障方面，近年来务工人员地位不断提高，政府在务工人员工资发放和权益保障方面不断制定政策、不断督促落实，欠薪事件已少见踪迹，但是因为总承包方与分包方之间的商务纠纷，被分包负责人或相关班组长通过讨薪的群体性事件予以反映或暴露的情况屡见不鲜。总承包方出于企业品牌、信用的考虑无法承受因群体性事件造成的不良影响，特别是国资背景的总承包方在封堵企业大门、张拉横幅等群体性事件发生后往往倾向于妥协解决。

处理群体性事件应做好以下方面的工作：总承包方应要求群体代表出面沟通，了解具体原因和相关诉求。针对其诉求分析合理性，合理要求应明确内部负责人或相关分包方负责人予以承诺落实解决，明显不合理存在敲诈嫌疑的应调取施工现场实名制管理台账查找薪资诉求人员的出勤记录予以核实，针对分包方相关人员的讨薪或权益维护的要求、分包方无理拒绝协调或无法联系的情况。总承包方可根据分包合同约定代为支付，代为支付应在公安部门、劳动保障部门的见证下进行，一方面可以防止恶意敲诈事件发生，另一方面做好代付记录的见证，为今后向分包方追偿或扣除违约金提供可信的基础资料。

第 8 章　工程总承包的调试管理

市政基础设施项目的调试工作通常发生在包括供水、排水、燃气、热力、环卫、污水污泥处理、垃圾处理等需要介质处理并有明确的处理或生产规模等类型项目中。总承包方必须按照合同要求在设备系统供货、安装完成后对于设备系统进行单机调试、联动调试、负荷调试及性能考核，直到设备系统能够实现合同约定的稳定运行状态，处理或生产能力、环境影响、各项能耗实现合同约定。工程总承包项目中的调试工作是项目从建成到发挥效益必需的环节，也是工程总承包模式推广应用的重要意义之一，通过总承包方围绕调试目标开展的设计、施工、采购等各项前置工作，有着简单高效、人性化、全面周到等诸多优势。

调试工作包括单机调试、联动调试等主要环节。单机调试指单台设备安装完成后，接通电路，对各类驱动单元进行一段时间的空转或低负荷运转测试，确保水、电、介质线路安装正确，设备电动机等驱动单元转速、转向正常稳定。联动调试包括空载联动调试（包括“冷态调试”和污泥、固废焚烧类型项目所特有的“热态调试”）、负荷联动调试（包括“清水”联动调试）等（图 8-1）。

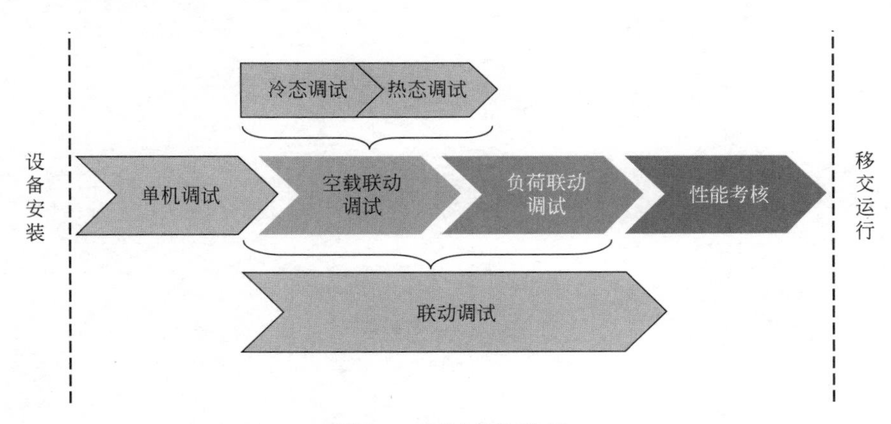

图 8-1　调试总体流程

空载联动调试是指一个系统内所有设备安装完成、管路线路连接完成、自控仪表安装完成后所进行的线路检测和信号测试，旨在系统物理检测通过的基础上，通过模拟运行状态，信号传输检查系统管路、线路、监测位置连接情况，俗称“打点校线”。对于可能存在污泥、固废等锅炉类型项目的烘炉、煮炉等均属于空载联动调试，指不投加污泥、固废等运行介质，通过天然气等燃料实现炉膛烘干和蒸汽吹扫功能，同时检测在高温状态下，仪表信号的传输情况及温度监控等设备的运行情况。

清水联动调试特指泵站、污水处理厂、自来水厂等水处理项目，通过所有设备系统的开启实现进出水，检查泵类、搅拌器类设备在负荷状态下的运行情况、管路的连接通畅情况，同时也对线路和信号进行进一步的负荷检测，但是整个过程不投加药剂，不对进出水指标进行检测，主要是检测各类设备的物理性能和系统的水力提升、输送能力并对出现的问题故障加以排除，可以在行政主管部门的允许下采用河道水或自来水代替介质进行调试。

负荷联动调试是指在完成前述各项调试工作后，按运行状态开启全部设备系统，投加药剂，按照既定方案逐步投加介质提升系统负荷，同时对于进出介质指标进行检验检测，对环境污染物排放进行监测，对能耗进行记录，直至达到设计满负荷稳定运行状态，启动性能测试并通过的全部过程。

8.1 调试的总体策划

8.1.1 调试总体策划的载体

对于工程总承包的不同环节而言，调试工作与建造工作存在较大的差异，在组织模式、工作流程、问题处理、技术参与方面迥然不同，但是调试工作绝不是孤立的环节，它与建造过程实施密不可分，特别在工程总承包模式下的调试工作更应与设计、施工等环节紧密结合，体现工程总承包的优势。调试的总体策划应由项目经理组织，调试经理具体负责，设计经理、采购经理、施工经理、商务经理参与，最终形成一套可操作性强的全面指导调试工作的调试方案。

8.1.2 调试总体策划的主要内容

调试工作的总体策划不应在建造完成或接近完成时开始，而应该在项目承接阶段即予以考虑，在实施过程中不断深化完善，在调试工作开始前已完成全面深入的策划安排并已落实各项准备工作和应急预案。

1. 目标研究

总承包方应深入研究整个项目的建设目标特别是调试目标，对工艺、电仪专业设计图纸进行研究分析，了解设备制造商情况或按照调试要求对尚未开展设备采购集成工作提出相应要求，掌握各设备的主要参数，分析调试工、料、机状态，考虑外部对环境、职业健康安全、消防安全等方面的监管要求及调试人员良好作业环境需求并制定方案。

2. 体系建立

总承包方应合理设定调试工艺方案步骤、衔接安排、各环节工作目标及检测指标，并按照不同的环节考虑调试指挥、调试操作、运行巡检、应急保障等各专业团队的人力安排和指令顺序，建立调试管理体系。总承包方应预判可能发生的故障问题，并制定有效的解决方案，形成全套应急预案。

3. 资源配置

需要对调试的各项保障工作提出相应的供给或处理处置计划，如水、电、蒸汽、燃气等能源供应，各类药剂、润滑脂等易耗品易损品采购供应，产生的污废水、飞灰等废弃物的排放、处置。

8.1.3 调试总体策划的完善

调试的策划工作应随着建设过程的不断推进而做各项完善和深化，不断对设备采购集成、土建设计施工等内容提出相应的工作要求，必须将问题解决在调试工作开始前。

例如某采用工程总承包模式实施的自来水厂调试方案综合考虑工期等各方面因素，在实施过程中将原先 A、B 两条平行工艺生产线路依次调试方案改为两条线路两个团队同时调试，要求原先的 B 线机电设备安装工程施工计划在原定的节点目标基础上提前 25 天，按照此调试要求，项目经理会同施工经理就机电设备安装的工作内容分析了通过增加人力、物力提前实现完工目标的可行性，并进行了资源调试增加的落实实施，顺利完成了施工任务，满足了两条线路同时调试的要求，最终确保了工程节点。

8.2 调试团队的构建与职能

市政基础设施项目的调试团队与建设团队的人员构成有较大的差异，必须以调试经理为中心，工艺、机械、电气、自控、安全等各专业人才共同组建，从指令角度分调试总指挥、监控调度中心、就地操作团队三个层级，同时还有具有平行独立的 HSE 管理团队。下面就三个层次的功能分别进行阐述（图 8-2）。

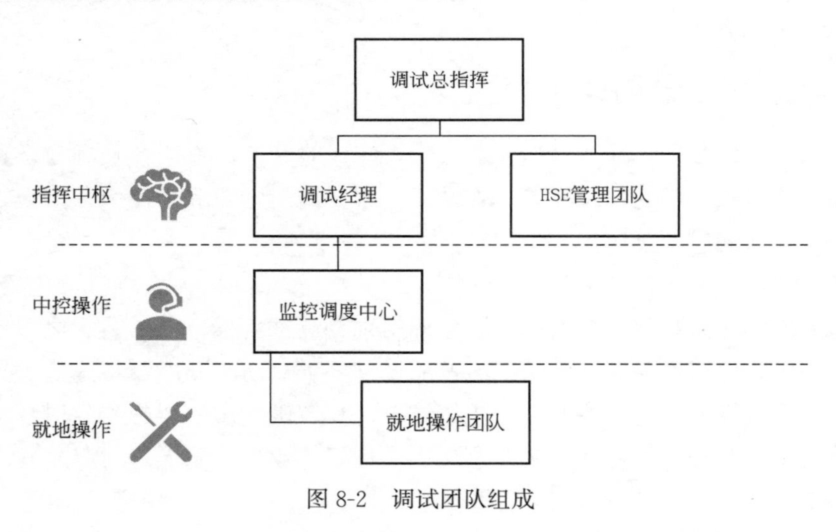

图 8-2 调试团队组成

8.2.1 调试总指挥

项目调试总指挥是整个调试工作的指挥中枢，负责所有调试工作的分工，并在调试工作中围绕调试目标发布各项工作指令，监督各层级有效落实，在出现故障后指挥抢修排障工作，直至系统运行稳定正常，通过性能考核。

1. 简单项目调试总指挥

调试总指挥应分层设定，对于系统调试难度较低的道路交通智慧化改造、合杆、夜景灯光等由一家供应商供应安装的较单一的项目，可不设调试总指挥，由设备供应商自行调试；对于系统调试周期较短、功能单一、系统集成度较低的泵站、自来水厂等中小型项目，可由专职或兼职的调试经理作为调试总指挥负责整个调试工作。

2. 复杂项目调试总指挥

对于系统有一定的集成度、功能指标复杂、涉及系统较多的自来水厂、污水处理厂、固废焚烧、污泥处理等项目，应由具有专业经验和指挥调度能力的调试经理作为调试总指挥全面负责调试工作。

3. 一定规模的复杂项目调试总指挥

对于系统复杂程度达到一定规模的各类市政基础设施项目，应由项目负责人甚至由总承包方层面分管领导作为调试总指挥对调试工作进行安排，对于调试方面需要解决的问题从较高层面调度各方资源进行快速处理，此种情况下调试经理在调试总指挥的安排下具体落实各项工作，向调试总指挥反馈调试相关问题、提供各项专业性的建议供决策参考。

8.2.2 监控调度中心

1. 监控调度中心人员组成

监控调度中心直接按照调试总指挥的安排部署开展各项工作，包括运行状态监控、中控室各项操作、控制程序测试优化等工作职能，由各子系统调试负责人、工艺、自控等各专业负责人组成。监控调度中心应按照系统调试计划合理配置人力资源，在24小时连续调试运行状态下应采用“四班三运转”或“三班二运转”的轮班制度，同一岗位至少安排三人进行轮值负责，以保证工作的连续性。在人员组织方面，监控调度中心团队应由总承包方调试经理组织，由总承包方专业技术人员、设备供应商技术人员、第三方调试团队共同参与。

2. 运行状态监控

运行状态监控是指监控管理人员（俗称“看盘”）通过系统运行监测或实时摄像头界面对各种介质的进出状态、流量、流速、环境温度和各类设备系统的运行状态包括电压、转速、温度、液位、能源消耗等状态参数进行监控和掌握，对于各类参数指标的状态超出设定正常工况时，应及时分析原因进行处理。

3. 中控室操作

中控室各项操作主要是在运行操作界面上通过启动、关闭各类设备、阀门等装置或子系统开关，实现系统的部分运行、停止或全部运行、停止。由于各项操作与运行状态监控实施相关，某些无法通过计算机进行状态判断和自动执行的操作需要由人工完成，即同一岗位既负责运行状态监控，又要同时按照设备状态及时做出判断并进行对应的中控室各项操作，这些岗位的工作是实施操作的核心内容。对于某些存在运行风险的系统装置，中控室操作应布置紧急停机按钮，按照紧急状态下的分步骤关机顺序设定好自控程序，实现紧急状态下的“一键关机”。

4. 控制程序测试优化

控制程序测试优化工作主要由自控工程师负责完成，在调试前需要完成全套自控程序的模拟测试，在调试过程中应根据调试反映出的各项问题处理方案和工艺运行的要求对自控程序及时进行优化和调整，根据调试情况不断进行修改，直至自控程序能够满足系统高效运行的要求，其最终目的是在安全可控的前提下将人工干预系统运行工作最大化降低，通过计算机的高速计算和逻辑运行实现高可靠性和高响应性的运行保障。

8.2.3 就地操作团队

1. 就地操作的主要工作内容

就地操作主要包含两方面的工作：一方面是定时进行现场的巡检，对设备、管路的状态、系统的环境状态进行目测检查和仪器检查并进行记录，对于存在问题及时通报监控调度中心，同时按照监控调度中心的指令对各类设备开关、管路阀门、仪表、电气开关进行就地启停操作；另一方面按照调试方案相关工作流程的要求及时对系统各类设备、中控室设备、电机控制中心（MCC）设备、分散控制系统间（DCS）设备及管线管路进行定期养护和维修保障。

2. 就地操作团队

就地操作团队应由总承包方或分包方的专业技术人员、设备供应商的相关技术人员、第三方调试团队共同组成，既包括了常规巡检操作人员，也包括了司炉工、电工等特殊工种操作人员。

8.2.4 总承包方的调试团队优势

总承包方调试团队应包括设计经理及各专业设计人员共同参加，这是总承包方调试团队的最大优势。由项目设计人员亲身参与调试，在策划阶段有利于从工艺原理上指导调试方案编制、审核和调试方案主要步骤方法和细节内容；在实施阶段能够基于设计方案快速正确地进行系统检查，发现问题并查找原因，对于存在问题从设计角度进行处理和优化；在调试阶段性完成阶段，可以从系统运行状态及水、电等能源消耗和药剂消耗进行理论比对，分析超限数据偏差原因。同时，通过调试工作的参与，便于设计人员深层次地掌握、熟悉工艺系统内容，更深刻地面对设计工作中存在的问题并进行解决，从中获取的经验可应用在今后的设计工作中。

8.3 调试大纲的编写

调试大纲是调试工作的总体纲领和指导性文件，应包含项目概况及调试范围、调试组织机构、调试前准备工作、调试方案、故障及应急处置、考核及移交、HSE 管理等内容，重点反映组织分工、人员安排、物资调动、调试项目、调试方法、调试顺序、调试计划安排等各方面策划计划。调试大纲的编写应由调试经理牵头负责，调试团队共同参与，应包括以下主要内容：

8.3.1　项目概况及调试范围

项目概况与调试范围需要对项目概况及本次调试的范围内容进行说明，包括项目的地理位置、占地、服务范围、处理规模、物料情况、能源动力、主要工艺和设备参数介绍、工程总平面布局。特别是分阶段、分单元进行调试的，大纲编写应着重说明调试工作界面内容及水、电、能源、物料的供应界面。调试目标应基于总承包合同的约定，所有的调试工作全面围绕目标进行开展，对于可能存在的问题和风险应予以说明并制定相关对策。

总承包方应对总承包合同约定的边界条件进行符合性评估，对于存在偏差的应分析对调试的影响、采取的对策及可能造成的费用索赔情况。

例如某采用工程总承包模式实施的污水处理厂项目，调试开始前总承包方经过调查监测，确认实际进入污水处理厂的水质、水量严重超出总承包合同约定的工艺参数范畴的±5%，调试经理根据现场实际情况分析对后续生物调试过程的影响程度，提出相应的解决措施，提报建设单位协助处理，对 pH 值过高或过低即大于 9 或小于 6，COD_{cr}、BOD_5、SS 浓度异常过高等问题逐一提出了加酸加碱中和使满足进水水质要求、减小进水量加大二沉池回流比等具体措施，并对增加的成本和可能造成的出水水质达标风险进行了分析，在获得了建设单位的认可后方进行了调试工作。

8.3.2　调试组织机构

调试大纲中应明确调试总指挥、监控调度中心、就地操作团队三个层面构建调试组织机构，并明确具体人员姓名、岗位、工作职责分工、操作权限，对调试工作指令流程进行说明。对于存在一定风险的调试工作还应考虑配置外部专家咨询团队，负责方案审核、疑难问题分析解决。监控调度中心应配备工艺、设备、自控、仪表、化验等相关专业技术人员及设备保障人员，就地操作团队应配备接受过岗前教育并持有相应资格证书的现场操作及抢修人员。

复杂系统、重大项目的调试，参建各方高层领导可共同成立调试领导小组，起到调试总指挥的职能作用，对调试工作计划、调试方案进行审核，共同对调试进度进行检查，并决策调试工作中遇到的各类重大问题，调度各方资源进行解决。监控调度中心、就地操作团队共同形成调试工作小组，按照对应不同的子系统进行详细拆分，明确每个系统对应的责任人，调试工作小组的主要职责界定为负责调试工作的具体实施；解决调试现场出现的问题，准确记录、反映调试过程中设备运行状况与相关技术数据、及时反馈调试工作的各类信息；检查、落实已进行的调试工作进行情况，遇技术问题和紧急状况及时提交技术组并向领导小组汇报；定期召开工作例会，讨论、解决调试过程中的相关问题。

8.3.3　调试前准备工作

调试前准备工作包括土建及设备安装工程的施工完成及验收情况、各类功能性试验情况、监测仪表情况、器材和工具配置情况、人员到位情况、本次调试需要考虑的水电等能源供应情况、消耗品及物料供应情况、废弃物处理处置方案的说明。对安装工程及配套内容进行全面检查、自检和第三方检测的相关设备、装置及安排、调试用品和用具的准备等要求和计划需要明确。复杂系统还应考虑内部逻辑和连锁测试情况和计划，确保在负荷联动调试前完成安全保护相关逻辑联锁测试，连续 24 小时调试还应考虑人员的排班、倒班落实情况。调试前的准备工作还包括各项制度的建立，包括交接班制度、工作会议制度、安全通报制度、特殊情况下的调度或处理制度、调试人员岗位职责等。

例如某采用工程总承包模式实施的自来水厂建设工程总承包方调试准备工作从以下方面开展：建设基本条件包括所有的土建及设备安装工程全部完成，并通过了建设单位组织的完工验收；工艺管线通过了闭水试验、压力试验等各项功能性试验，管线畅通，各类闸阀启闭灵活、关闭严密、配合良好；流量计等监测仪表经过了校准；器材配置要求条件包括厂内消防、安防、通信、化验、测量等各方面器材配备完善齐全，并对可靠性进行了检验；人员准备及培训方面总承包方已选派了有经验的调试人员，并对全体调试人员进行了理论知识培训、实际运行培训两阶段的培训工作，另外对调试人员技术等级培训、上岗证培训进行了复核，同时开展了结合本项目情况的专业技术讲座，对消毒设施操作、电气控制设备操作、水泵及搅拌器等进行了专题培训；物料供应要求条件方面对原水供给、电力供给、药剂供给进行了核查，确定满足调试要求；调试产生的污泥出路已落实。

8.3.4 调试进度计划

调试进度计划包含调试的主要步骤及每个步骤的工作内容和完成时间，通过调试进度计划的编制分析，有助于梳理整个调试流程，分析调试可能存在的风险和困难，预估正常达产运行时间。

例如某采用工程总承包模式实施的污水处理厂的调试进度计划表如表 8-1 所示。

某污水处理厂调试进度计划表 **表 8-1**

序号	调试阶段	时间(d)	工作内容	计划完成时间
1	调试前	7	设备调试、构筑物清理	2 月 15 日—4 月 1 日
2	污泥接种	25	从污水厂一期接收浓缩污泥	
3	系统启动初期(1.5 万 t/d)	15	少量投加污水，连续曝气	
4	污泥培养、驯化及负荷提升(1.5 万～3 万 t/d)	15	进污水，逐步提负荷	4 月 2 日—4 月 17 日
5	系统试运行(3 万 t/d)	15	确定系统运行参数，确保出水达标及污泥消化系统运行正常	4 月 18 日—5 月 3 日
6	验收	7	确认试运行结束即可申请第三方出水验收、工程移交	5 月 4 日—5 月 11 日

8.3.5 调试方案

1. 调试思路

调试方案应说明总体调试思路，结合实际工况和总承包合同约定，发挥总承包方的技术优势和调试经验，明确总体调试顺序，理清单机调试、空载联动调试、负荷联动调试，直至考核的顺序和关系以及每个调试阶段开始的充分必要条件。

2. 调试步骤

调试方案还应在总体调试思路基础上对调试正式开始后所有的步骤安排进行详细描述，包括每个调试阶段开始前的针对性检查内容、调试物料的投加顺序、视设备参数执行情况进行各项操作的顺序以及各工艺段的衔接顺序、负荷逐步提升的顺序。单机调试应按照各类机械设备功能、形式进行分类说明。

例如某采用工程总承包模式实施的污水处理厂项目将机械设备分为阀门类、闸门类、刮泥机、潜水搅拌器、微孔曝气管、潜水轴流泵、离心鼓风机、旋转式撇渣管、污泥处理设备、起重机、电气设备、仪表及自控设备，在调试方案中逐一说明单机调试步骤和验收要求。调试方案中应绘制总体流程图，以清晰说明从系统启动、各设备系统开启、负荷增加直至自动稳定运行的主要操作步骤，便于更直观地按图索骥进行联动调试。复杂设备系统应在总体调试流程图的基础上再进行分系统流程图的绘制。调试方案中还应描述各类设备在不同阶段、不同负荷情况下转速、功率、压力、温度等运行状态下的允许参数范围、预期运行数据以及各工艺段的设计运行能力，便于在调试过程中进行分析比对。消耗品、药剂的投加顺序、单次投加量、针对不同工况的投加调整变化也应计算设定，并在调试方案中列明。为了满足调试的各项消耗品、药剂的准备总量应准确计算，分批次供货的应说明供货时间和储存要求、现场储存位置，涉及危险品采购、储存、运输的应做专项说明，在确保安全的前提下进行供货。

8.3.6 故障及应急处置

1. 故障应急内容分类

故障应急包括设备故障应急、能源断供应急、意外事故应急三方面的内容，其中设备故障应急应考虑各类机械装置故障问题发生、静置容器类设备泄漏、温度等运行参数报警的处置程序，根据危险的不同程度考虑边运行边排障、部分停运排障、全面停运排障三种应急处置类型；能源断供应急考虑水、电、蒸汽、天然气等供给压力突降或中断情况下，应急能源启动的顺序或者停机顺序，对于存在危险情况的应考虑安全处置方案；意外事故应急处置是指在调试工作中发生意外事故造成财产损失和人身伤亡后的紧急处理工作安排。

2. 应急预案演练

针对故障及应急处置，总承包方项目经理、调试经理应组织相关人员进行学习，对于易发问题、后果较严重问题应组织桌面或实际演练。市政基础设施项目调试过程中经常出现的有毒有害气体泄露、全厂失电或停水、台风暴雨等不可抗力、设备系统突发故障、物料供给或物料性质突发变化均会对总承包方造成比较严重的损失后果。

例如某采用工程总承包模式实施的污水泵站大修项目在调试工作中，针对硫化氢气体超标制定了应急预案，主要内容为调试现场一旦出现硫化氢气体泄漏、监测报警或调试人员闻到类似臭鸡蛋的气味甚至出现中毒情况立即启动应急预案，现场工作人员第一时间应向项目经理、调试经理进行报告。项目经理应及时向总承包方企业层面进行报告，同时分联络、救援、后勤、善后四个方面开展应急处置，由联络组第一时间向公安、消防、医疗部门报告人员中毒、受困情况并申请专业救援；救援组组织安排紧急采取通风措施将硫化氢浓度降低，施救人员应佩戴独立的氧气补给装置后再进行救援，避免发生二次伤害；后勤组做好物资供给和保障工作；善后组做好外部媒体对接、伤亡人员家属对接等工作。通过预案的制定和实际演练，提升了针对硫化氢气体泄漏的专项应急处置能力，也提高了调试人员的安全防范意识，有利于调试工作中风险的规避。

8.3.7 考核与移交

调试大纲中应按照总承包合同的具体约定说明考核方法、考核时间计划、考核的全部指标、移交接管单位的沟通情况及移交要求。

1. 考核方法

考核方法应明确各类物料进出测定方法和测定频率，不能直接测量数据的应说明换算方法。

2. 考核时间计划

考核时间计划应结合调试计划说明考核的相对时间周期及预计开始、结束时间。

3. 考核指标

考核的全部指标包括总承包合同约定额各项指标，并应列明各项指标的测定方式，分清均值、瞬时值、最大最小范围的概念，同时还应对各类数据的记录确认方式、确认人员予以清晰约定。

4. 移交接管

移交接管单位可能是建设单位，也可能是非建设单位的运行单位，对于后者提出可移交接管要求很可能是超出总承包合同约定范围的，总承包方应理清各方工作关系，做好沟通解释工作。如果涉及超出总承包合同约定又确需执行否则无法移交的，总承包方应与建设单位共同向运行单位争取降低或取消超出合同约定的要求以降低考核、移交的难度，或者按照总承包合同约定，争取从建设单位处获得对应的索赔。

例如某采用工程总承包模式实施的污泥干化焚烧处理工程总承包合同考核要求为：在进泥含水率不大于98.8%的前提下，单套离心脱水机的处理量达到0.7tDs/h；每条生产线168h日均处理量≥57tDS；焚烧系统在所有工况下烟气排放应达到《生活垃圾焚烧大气污染物排放标准》（DB31/768—2013）；噪声、臭气、运行成本等其他指标按照招标文件1.5.1节“处理能力保证”规定执行。移交要求为：以单线为单位，单线168小时性能考核通过为标准分别进行移交。以整体项目为单位，所有设备调试完成，满足性能考核指标，缺陷整改完成，竣工验收完成。

8.3.8 HSE管理

1. 基本概念

HSE是Health（健康）、Safety（安全）、Environment（环境）的英文缩略语，最早

由石油化工行业提出。市政基础设施项目的调试工作与施工工作的职业健康、安全、环境管理工作内容有较大区别，在固定的工作场所、固定的岗位进行各项操作，更类似于生产制造业运行生产的 HSE 管理，在调试大纲的编制中，应对相关的风险因素进行分析并制定对策。

例如某采用工程总承包模式实施的滨江灯光改造工程调试大纲中针对调试风险采用 LEC 风险评价法[1]进行分析，分析结果将触电、电路火灾、高空坠落等作为重大危险源，并制定了相关的防范措施和应急预案。

2. 人员要求

调试大纲中应明确 HSE 管理方面对人员的基本要求。对参与调试的所有相关人员进行体检、HSE 教育和培训，确保人员身体条件满足调试要求；确保所有相关人员了解调试内容、调试相关危险源和环境因素及管理措施、调试应急预案处置、安全管理制度要求；确保所有人员持有效证件上岗，并不定期对人员的 HSE 意识和能力进行检查评估；调试期间全体人员应掌握安全用电基本知识和所操作设备的性能，还应掌握消防基本知识，并具备正确应用灭火器等消防设施的能力；调试期间全体人员应配备充足有效的通信器材，随时保持通信畅通。

3. 管理要求和技术措施

调试大纲中还应明确 HSE 管理的各项管理要求和技术措施，针对日常作业的基本 HSE 管理要求，包括每日晨会、晚会的 HSE 交底制度，用电、消防方面通用的防范措施，针对性的 HSE 管理要求，如新冠肺炎期间的防疫安全管理内容。

例如某采用工程总承包模式实施的固废焚烧处理工程其调试大纲中针对日常作业的基本 HSE 管理要求如下：每日 7：00 召开调试晨会，明确当日调试工作内容及范围，布置全天工作任务同时强调当日的 HSE 管理重点要求，对于存在隐患和环境风险的工作内容做好事故隐患预警，明确对应防范措施。每日 19：00 召开调试晚会，对当日调试工作进行小结，对发现的问题讨论处理方案和类似问题发生的防范措施，对于 HSE 工作进行重点回顾，对于违章行为进行处理。设备调试过程中现场安排旁站 HSE 专职管理人员，对于违章作业行为进行制止并及时落实各类整改措施。调试期间确保和加强 HSE 方面的监控监测，并对环境温度、粉尘等设置自动报警，确保第一时间发现异常。对于调试中的设备按照状态悬挂各类警示标志，对于重点部位设置分隔围挡，将非调试人员进行物理隔离。加强对各类设备、工具的安全管理，调试各类设备、工具应达到国家防护标准要求，维修保养由专人负责。调试人员应保护好设备的各类接线，禁止随意触碰，严禁非专业电工对各类配电装置和线路进行维修和改动。夜间进行调试工作应做好照明工作，确保光线充足（图 8-3）。

[1] LEC 评价法（美国安全专家 K. J. 格雷厄姆和 K. F. 金尼提出）是对具有潜在危险性作业环境中的危险源进行半定量的安全评价方法。

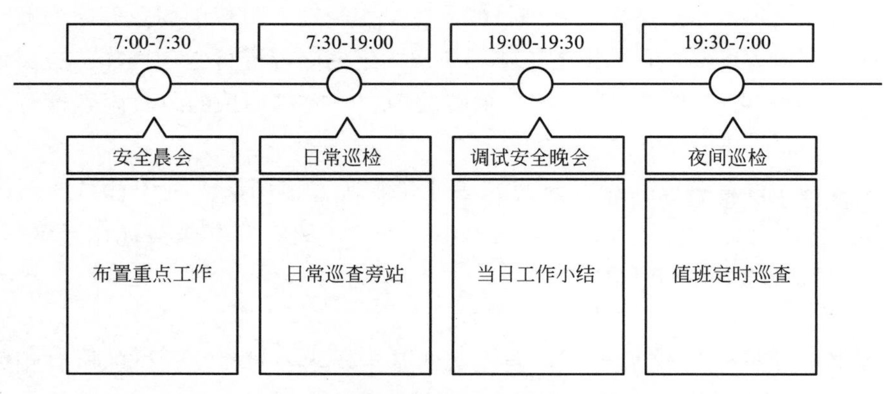

图 8-3　某项目 HSE 日常管理工作

8.4　调试阶段的 HSE 管理

市政基础设施项目 HSE 管理涉及职业健康、安全、环境管理的各个方面，要保证操作人员的健康、安全，也保证调试工作对内部和周边环境不造成负面影响，在调试阶段的 HSE 管理应从几个方面入手。

8.4.1　基本条件检查

1. “三同时”原则

环保措施、安全措施应与工程实施按照“三同时”的原则，在调试工作开始时同步具备应用条件，消防系统等需要调试的相关内容应先于主体工程调试前完成并具备使用条件。在调试正式开始前应对相关环境、安全设施进行全面检查，确保满足设计和规范要求，有第三方评价和验收需要的还应该组织专项验收。

2. 独立工作原则

在调试阶段组织机构中，HSE 管理人员应作为相对独立的岗位进行工作安排和布置，在职责上不受生产进度要求、费用成本等各方面的约束，独立对调试阶段的各个环节、各个场所的环境、安全进行全方位的检查。

8.4.2　工作票及巡检制度

1. 工作票制度

针对调试过程中存在的风险作业内容或高风险场所的任何工作，应建立工作票制度，工作票应填报的内容包括作业人员、作业时段、作业内容、环境和安全保障措施落实情况、监督人员等必要信息，经过分级审批并通过后再进行作业。同时需要保护、封闭的区域应在审批过程中做好通报和工作布置，专人配合完成区域保护、封闭工作，做好作业安全监管。

2. 巡检制度

由于调试工作涉及的场所、系统内容比较固定，在任何一次调试前应由专职管理人员进行全面的作业状态检查，确保具备安全作业的条件再开始调试工作。在调试期间应进行定时巡检，巡检包括对各项安全保障设施的正常状态、设备系统的运行状态、周边环境等各方面采用目测或工具检验的方法进行核查，确保整个调试工作始终处于安全受控的环境中。

8.4.3 隐患排查及处理

市政基础设施项目调试工作常见的危险源包括触电、高处坠落、中毒、高温高压爆炸、机械伤害等，在调试大纲中进行具体分析后明确重大危险源，在巡检工作应围绕相关危险源的防控进行。如针对触电这一危险源，应由持证电工对整个设备系统电路布置进行检查，对总体配电接线进行校核，并定期测试设备系统的接地电阻、绝缘电阻，检查漏电保护开关是否安全可靠，对发现的问题隐患应及时整改排除。在整改工作不能立即进行的情况下应进行设备停用、场所封闭、有效警示和专人监管的现场保护工作，防止在此期间发生误入、误碰等情况。

在任何情况下发现的问题和隐患都应及时进行排除，对于重大风险隐患必要时应停止调试作业甚至撤离全部人员，在确保安全的情况下制定隐患处理方案，必要时可向消防、公安等专业单位求援，排除隐患后对作业环境进行检查确认安全后再恢复调试工作。

8.4.4 特种设备管理

市政基础设施项目常见的起重机、锅炉、电梯等特种设备，在使用前应通过专项验收，取得使用登记证书、定期检验合格后再投入调试中。由于总承包方并非最终的使用方，所以在办理时应与建设单位沟通一致，按照今后运行单位的名义进行特种设备的使用登记。如果调试期长于检验合格有效期，还应在到期前申请定期检验。特种设备使用不善易造成安全事故，甚至是群死群伤的恶性事故。特种设备使用应严格按照《中华人民共和国特种设备安全法》的相关要求执行，此外在使用过程中还应做好以下相关工作：

1. 档案建立

特种设备使用应建立专用的特种设备技术档案，确保档案的完整准确，档案内容应包括含特种设备的设计、制造单位、产品质量检验合格报告或证明、使用维保说明、安装过程中的验收资料、定期自检和第三方检验的资料、运行故障及排除情况记录、日常使用情况记录、安全设备保护联锁装置及关键部位功能的维护保养记录等。

2. 警示标志

特种设备操作区域醒目位置应张贴操作规程和要求，并张贴、张挂安全检验合格标志、特种设备维保信息及维保单位、人员联系方式；特种设备操作人员必须经过有效的培训经考核合格后持证上岗。

3. 定期检验

特种设备必须进行定期检验。因为特种设备在运行中往往会产生一些缺陷故障或隐性的损伤，通过定期检验可以及时排除隐患，消除隐性损伤，负责使用的总承包方必须按照法律法规、技术规范和生产厂家的要求，在安全检验合格有效期满前1个月向特种设备安全检测机构申请定期检验，并及时更换安全检验合格标志。使用人员在每次使用前应认真核对安全检验合格标志，确保在有效期内方可对特种设备进行操作。

4. 报废处理

特种设备达到寿命期限，或者发生故障、严重损坏后无修复价值的，按照相关要求进行报废处理后，负责使用的总承包方应到负责特种设备注册登记的特种设备安全监察管理部门办理注销手续。

8.4.5 特种作业人员管理

市政基础设施项目调试工作涉及的特种作业通常包括电工作业、金属焊接切割作业、起重机械作业、厂内机动车辆驾驶、登高作业、锅炉作业、压力容器作业、水上作业、危险化学品作业、有限空间作业等工种。在实施前相关人员必须按照国家有关规定经过专门的安全作业培训，取得特种作业操作证后方可上岗。HSE 管理人员应对特种作业资格证的真伪、有效期、签发单位、工种匹配进行检查，合格后方可安排上岗。

1. 对特种作业人员的要求

（1）**技能掌握** 特种作业人员应掌握本岗位及工种的安全技术操作规程，严格按照相关规程进行操作。

（2）**隐患报告** 特种作业人员在作业过程中发现任何不安全情况或隐患后，应及时、就近报告总承包方有关负责人，危及人身安全时，应立即撤离现场。

2. 总承包方应做的工作

（1）**环境管理** 总承包方应组织特种作业人员作业前对设备、周边环境进行检查，总承包方必须提供安全环境、安全作业条件给特种作业人员。

（2）**劳防用品** 总承包方还应配发从正规渠道采购的安全、符合规范要求的个人防护用品、用具，不得提供有缺陷或已损坏的防护用品、用具。

（3）**健康管理** 总承包方应关注关心特种作业人员的身体状况，对视力、血压等主要指标组织定期体检，出现健康问题的特种作业人员在恢复健康前不应上岗。

（4）**工具维护** 总承包方应组织特种作业人员按照操作规程开展设备日常维保和检查工作，填写相关运行、检查和交接班记录。

（5）**培训讲座** 总承包方还应加强特种人员的安全技术培训，定期组织专题讲座、考核，离开特种作业岗位 6 个月以上的特种作业人员，必须经过实操考核后方可重新上岗。

8.5 调试过程的执行

8.5.1 调试前状态检查

调试前应对调试人员、资料、现场条件、培训情况、物料、能源供给、检测、废弃物处理等方面进行状态检查。调试经理按照组织机构名单对调试人员到位情况和排班表进行检查。在资料方面针对调试大纲审批情况、设备操作、维修、说明书、调试记录报表、工作票进行检查。对调试人员应知应会培训记录、技能情况进行检查和考核。对调试期间所有物料如自来水厂原水供给、污水厂污水供应量情况进行检查。对水、电、蒸汽、天然气等能源供给情况进行检查。对环境监测、进出物料监测等自有监测设备和人员、自动化仪表监测及上传情况、第三方监测落实情况进行检查。检查完毕，全部符合计划目标则开展调试工作，否则应针对性进行落实和整改，直至达到预定状态。

8.5.2 系统受电

系统正式受电是联动调试工作开始的重要前置工作。正式受电前须由专业电工对受电条件是否具备进行专项检查，包括受电范围内的土建和电气安装工程已经全部完成并验收合格。受电范围内所有电气设备（包括二次回路）已经按照交接试验标准和有关检验规程进行试验并验收合格。继电保护装置已经按照电气专业设计人员给出的整定值进行整定，并完成了继电保护试验。受电范围内照明、通信、消防均验收合格具备投用条件。相关警示标志和警示漆均已完成，配电柜前绝缘毯等设施配置到位。条件具备后由专业供电单位对系统进行总体受电。市政基础设施一般以变压器受电为界面，按规范要求做好冲击合闸和带负荷试验后完成受电工作。

8.5.3 空载联动调试

空载联动调试更多地通过信号模拟结合单机空载运行等方式对整个系统运行情况进行测试，检查各个子系统、设备单元之间的逻辑链路是否畅通，动力输出是否连贯稳定一致，对发现的问题进行解决。空载联动调试以设备运行平稳、流程启停逻辑正确、保护开关连锁可靠、上位机画面流畅准备为合格原则，以此制定具体调试合格参数要求。

调试总指挥、监控调度中心分层级按照既定步骤发出指令，通过模拟信号进行系统控制连锁测试。对于污泥、固废焚烧等类型的项目，需要焚烧炉燃烧升温后进行测试，并在空载联动调试过程中陆续完成烘炉、煮炉、蒸汽吹扫等工作。空载联动调试合格后，方可准备增加负荷进入负荷联动调试。

8.5.4 联动调试

1. 指令调度

一个复杂市政基础设施项目调试需要按照工艺段分为若干分系统或子系统进行调试，分系统调试合格后再开展全系统联动调试。调试工作由调试总指挥按照步骤发布工作要求，监控调度中心在自动界面启动各项装置，需要就地操作的由就地操作团队负责进行就地操作，在监测界面由专人对核心工作内容进行取样检测。调试总指挥、监控调度中心根据各方面数据反馈情况及时对设备运行情况、物料、药剂、能源供应情况进行调整，直至达到系统最佳运行状态。

2. 负荷联动

负荷联动调试直至稳定是性能考核前最后的环节。经过单机调试、分系统调试、空载联动调试之后进入负荷联动调试，负荷联动调试的目标是达到稳定运行状态，所有的设备设施都能按照项目预定目标安全、稳定地运行。

3. 自控管理

国内大多数市政基础设施项目自动化控制系统日趋完善，这意味着大多数时候设备的正常操作是自动模式的，通过 PLC 开始调试各项工作，各项功能单元依次有序进行逻辑联动，所有的运行数据都将在监控画面上体现，操作人员可按照运行数据情况进行调整和修正。

8.6 最终性能考核与移交

市政基础设施项目涉及设备采购集成的往往除建设程序中的竣工验收之外，对于设备系统会通过若干时长的高负荷或满负荷运行对系统的运行主要指标、能源消耗、稳定性等多方面进行检验，通过检验后作为项目总体移交的重要依据。

8.6.1 性能考核的准备

1. 方案准备

围绕性能考核工作，总承包方应编制专项性能考核方案或作为调试方案中的重要章节内容。编制工作应根据国家、地方和行业相关法律法规，以及本工程 EPC 合同文件、相关设计文件和政府批复文件，结合项目实际情况编制，必须包括考核的组织与准备、基本设计指标、性能试验、考核的程序和要求、取样和检测方法和相关记录表示等内容，相关内容应是总承包合同中对于性能考核要求的深化和细化。相关方案应报送建设单位审批通过后执行。

2. 考核申请

当项目联动调试进入稳定状态，总承包方自检达到考核要求条件，可向建设单位提出性能考核要求。建设单位和运行单位非同一单位的，涉及移交需要，应由建设单位组织运行单位共同参与考核评价，以便于后续移交。相关主要指标一般应委托第三方监测或检测单位进行监测检测并最终出具报告作为考核情况的客观评价依据。

3. 各方职责

性能考核并非总承包方单方面的工作，建设单位、总承包方、监理单位及设备供应商均应按照合同约定的义务参与其中，共同促成性能考核早日通过。

（1）**建设单位职责** 建设单位应确保合同中约定的需要提供的外围、物料条件等具备正常供应条件。

（2）**总承包方职责** 总承包方应做好总体调度指挥、安排和协调工作，对比合同边界条件是否满足。

（3）**设备供应商职责** 设备供应商应提供相关的维保、培训等服务工作，提供所供设备的操作手册等全套资料。

（4）**运行单位职责** 运行单位应深度参与，便于后续性能考核通过后及时接管、尽早进入正常投产运行状态。

（5）**监测检测单位职责** 第三方监测、检测单位应确保监测、检测设备通过标定并在有效期内，工器具安装到位，人员到岗。

8.6.2 性能考核主要内容

总承包合同约定的性能考核指标不等于项目所有的性能指标，设备系统还应满足国家相关法规、标准，并最终通过环保、消防等相关验收。总承包合同中对于性能考核首先约定的是系统生产处理能力保证，指在合同约定的边界条件下，系统能达到日均生产处理能力，其次在噪声、光线、废气、废渣、废水等方面排放指标均需要达到合同约定的要求或规范要求，最后需要对总承包方在合同中承诺的运行成本分析中的消耗乃至成本进行校验。

8.6.3 计量、取样、监测及检测

1. 计量取样装置

物料的计量应视固态、液态、气态的不同情况采用称重装置、流量计、浓度计等进行计量，无法直接计量的如污泥等物料可采用约定的换算规则进行计算。

例如某采用工程总承包模式实施的市政污泥干化焚烧项目，其进脱水机前稀污泥计量根据进泥管路流量计及浓度计检测值进行污泥量的记录；脱水污泥计量为体积流量计量，根据螺杆泵性能曲线或者柱塞泵冲程次数进行计量，并用湿污泥密度进行换算；最后用料仓初始和最终料位进行校正。干化污泥计量基于螺旋给料器的性能曲线、转速进行，并用污泥堆密度进行换算，最后用料仓初始和最终料位进行校正。外来半干污泥在接收仓下部装有称重装置，根据减少的污泥量来计算单位时间的污泥量。

所有消耗品以安装的流量或者重量表计进行计量（如自来水、电、天然气等），没有表计的（如 NaOH、活性炭等）的计量可以按 DCS 测量中测量和记录的输送设备运行数据（比如螺旋转速），在根据校准的性能曲线进行计量，并根据外购补充记录进行复核。

2. 人员见证

取样应由总承包方安排专人负责，监理单位、建设单位、运行单位可安排专人一并见证，取样位置、频次应提前约定清楚，确保取样的真实性、代表性。监测、检测分两部分进行，一部分由设备系统内本身包含的各类在线仪表自动读数记录，另一部分由考核专用监测仪表进行记录，或取样后送试验室进行化验测定，此部分重要数据为了体现独立公正，一般委托第三方进行。涉及环保验收的，如在时点上具备条件可直接采用环保验收第三方监测、检测数据。

8.6.4 基于性能考核通过后的移交

1. 移交前置条件

包括土建安装工程在内的工程总承包项目，基于《建筑法》要求的竣工验收属于针对所有施工内容的质量进行检查验收，工程总承包项目中的设备系统性能必须按照合同约定

的考核办法进行考核，通过性能考核后方可移交。理想状态下工程总承包项目应先组织进行竣工验收。《建筑法》第六十一条规定“建筑工程竣工经验收合格后，方可交付使用；未经验收或者验收不合格的，不得交付使用。”可见，竣工验收通过是性能考核开始的前置条件，当竣工验收通过后，附着于建构筑物的设备系统方可进行性能考核，考核通过后由总承包方提出申请，由建设单位组织完整项目移交。

2. 记录和问题处理

在整个性能考核过程中，应对各类数据及时进行真实有效地记录，在性能考核通过后，所有监测、检测数据整理统计清楚，与总承包合同约定进行对照，符合条件后可申请建设单位签发性能考核证书。对于部分指标未达到合同约定情况的，应进行分析，属于边界条件变化导致数据偏差的，应在分析换算后重新核对指标。对于性能考核过程中由于设备系统的原因造成中止，或性能考核结束后部分指标确实未达到合同约定的情况，总承包方应及时总结分析原因，进行消缺整改，在所有措施落实验证后重新开始性能考核。如未达标部分属于独立运行的分系统的，可与建设单位、运行单位洽商，争取仅对此分系统进行性能考核。

3. 运行费用的承担界面

由于系统性能是工程总承包项目的关键要求，所以最终的性能考核证书是系统移交的重要依据，往往也作为运行费用承担的分界面，即通过性能考核后，由运行单位进行接管并开始后续运行，所有的能源消耗、废弃物处置等费用不再需要总承包方承担，这也是采用工程总承包模式的市政基础设施项目对于总承包方而言最大的风险点。

4. 分期考核及移交

原有建筑改扩建、污水处理厂提标改造等基于原有在运行设施进行不停产停用或部分停产停用的复杂市政基础设施项目，总承包方可与建设单位约定分单体、分系统进行性能考核和移交，以实现尽早达标复产的目的（图 8-4）。

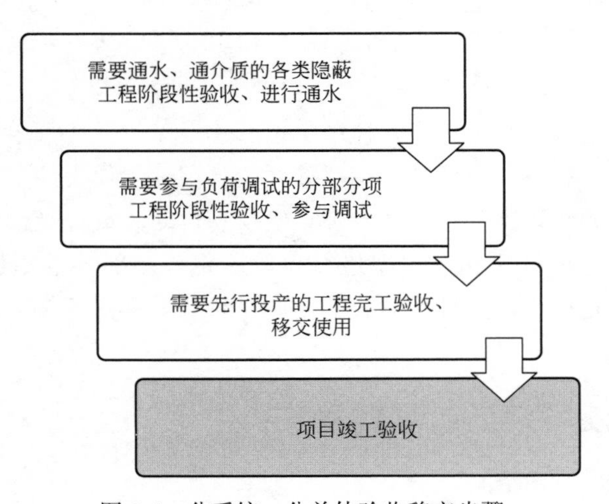

图 8-4　分系统、分单体验收移交步骤

8.7　合同原则下的整改与消缺

1. 常见的争议问题

采用工程总承包模式建设的市政基础设施项目往往在合同不能明确约定边界的情况下，在建设过程中直至完成性能考核移交前，建设单位或运行单位常会提出很多消缺和整改内容。一种属于设计、施工或设备本身确实存在的缺陷内容，需要总承包方必须进行整改，此部分一般不会发生争议；而另一种则属于从运行单位便利、提升项目品质角度提出的整改内容，往往因为合同约定不清而产生争议，特别是针对固定总价模式的工程总承包项目而言，多做的工作不会有相应的报酬，总承包方很难落实建设单位要求（图 8-5）。

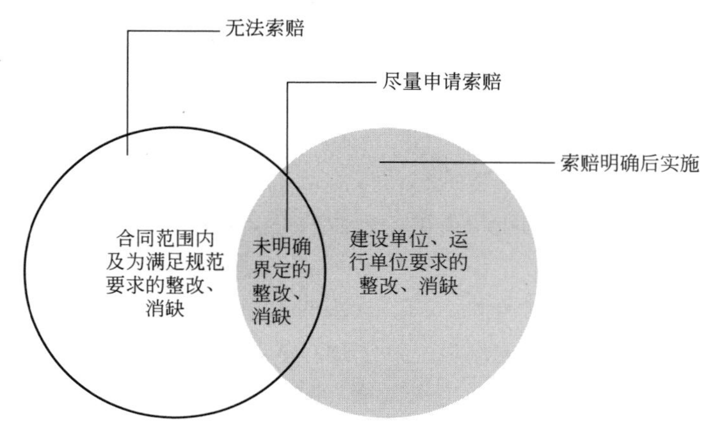

图 8-5　基于合同原则的整改消缺

2. 争议处理方案

（1）**提前沟通**　解决上述问题，总承包方在设计阶段应及时就设计方案、图纸与建设单位、运行单位进行充分的交流。

① 总承包方应了解建设单位、运行单位的诉求并通过书面形式锁定设计方案、图纸内容，形成合同模糊部分的补充澄清文件，为今后执行明确边界。

② 总承包方也应发挥技术优势，尽可能地考虑建设单位、运行单位的要求，在成本受控的前提下考虑各项优化措施，避免将来可能的返工。

③ 总承包方也可通过 BIM 漫游、VR 技术等方式提前将设计成品进行展示，在更直观的情况下请建设单位、运行单位共同明确细节要求，以达到一次性设计、施工的目的。

（2）**积极洽商**　对于无法承担的要求总承包方应以合同约定、规范要求为准绳，对相关费用与建设单位进行洽商，力争尽可能地在降低成本情况下完成移交，或者争取提升标准的整改内容以获得相应的索赔。

（3）**换位思考**　建设单位、运行单位也应换位思考，各项要求在设计阶段予以充分明确，通过纸面修改的方式避免实体工作的非质量因素整改或返工，部分确实属于运行维保方面的工作应从正式稳定运行后的运行成本中考虑，不应以移交手续为手段，强迫总承包方无偿或抵偿完成合同约定外的额外工作。

(4) **一次性处理**　总承包方在面对以超出合同约定的整改和消缺工作为项目验收或移交条件的情况下，应综合权衡成本、滞留损失等各方面主要因素，必要时可做出妥协和让步，但是应要求建设单位、运行单位一次性罗列整改、消缺清单，对其中的所有项目逐个商谈。

(5) **归类处理**　总承包方应着力推进部分问题可尽量归入缺陷责任期的整改、消缺，或尽量归入运行阶段的维保工作中再由运行单位负责实施。总承包方的相关工作应在各方达成一致后再予以逐项实施，并要求建设单位、运行单位逐条验收，避免一轮整改、消缺完成后，新的一批问题接踵而至导致整改、消缺永无止境的不利局面。

(6) **评估预警**　总承包方应充分对整改、消缺发生的成本予以评估，发现产生项目整体亏损风险应开诚布公地与建设单位、运行单位沟通，尽最大可能争取理解和支持。

8.8　运行单位人员培训

部分复杂系统的总承包合同会将运行单位人员培训、一定期限的运行指导作为合同履约内容的一部分。工程总承包的运行人员培训由两部分组成，一部分是针对自身参加调试工作或负责运行指导的总承包方工作人员，另一部分是针对运行单位进行的人员培训，后者的培训效果决定了运行单位接管能力，一旦培训未能取得成效，可能会影响运行单位对项目总体运行接管的进度。良好的培训有利于项目的快速移交，不拖尾巴，所以总承包方应重点关注针对运行单位的人员培训工作安排（图 8-6）。

图 8-6　培训总体流程

8.8.1　培训对象及要求

1. 培训方案

市政基础设施项目运行单位培训对象和具体要求如果在总承包合同中反映不够具体，在总承包项目中标后，总承包方应积极与建设单位、运行单位共同商定，对培训层级、培训对象、培训内容、培训时间、培训地点、考核方法编制具体培训计划，报建设单位、运行单位同意后执行。

2. 人员要求

(1) **稳定状态**　为了保证培训效果，总承包方应要求参加运行单位受训人员从开始接受培训到后续运行始终保持岗位、人数的稳定状态，受训人员应保证出勤到岗，明确受训人员的工作分工和具体职责。

（2）**岗位对应** 正式调试阶段运行单位受训人员应全程、全员分岗位跟班学习、见习操作；所有受训人员应持有相应的岗位证书，特种作业人员应持证上岗。

3. 培训目标

培训的主要目标通常包括：

（1）**原理掌握** 熟悉系统工艺原理和总体工艺流程，对涉及的操作界面与现场设备系统能够对应了解。

（2）**构造参数** 熟悉设备本体的品牌、性能主要参数、材质、构造原理及维护保养要求。

（3）**操作规程** 掌握本岗位对应的操作规程及启动、停机的具体步骤、顺序。

（4）**HSE要求** 掌握本岗位的HSE管理要求，了解危险源、环境因素及对应的应急措施。

8.8.2 理论知识培训

第一阶段理论知识培训主要组织受训人员在固定教室面授理论学习，包括总体工艺、主要设备、电气、仪表自控等运行理论知识，总承包方自身或组织设备供应商集中对系统的功能、运行操作规定进行介绍分析，并结合受训人员岗位对应设备系统分专业、分批次进行专业培训。

1. 现场学习

培训期间可组织受训人员到设备制造加工现场深入了解设备制造过程，便于加深对设备运行机理的认识。

2. 具体内容

培训内容同时包括总承包方的总体系统设计思路和设备供应商的设备运行、控制及维护保养，掌握岗位对应设备的结构、性能特点、启动、停机、运行调整、日常维护及一般问题处理的能力。

3. 模拟操作

总承包方也可安排现场设备在未调试生产状态下的模拟就地操作和中控操作练习，为下一步的实际运行培训做好基础知识储备。

8.8.3 实际运行培训

1. 培训目的

第二阶段实际运行培训需要总承包方、设备供应商联系已建成运行的类似项目，安排受训人员到此类项目进行观摩培训，有条件的应对应受训人员岗位和类似项目运行岗位一对一进行“影子式”的跟班学习培训。

实际运行培训有助于受训人员进一步熟悉设备系统的操作方法、实际运行状况研判调整，培养基本操作技能及各岗位之间的相互协调联动，通过完成各项操作练习熟练操作设备。

2. 能力培养

通过实际项目的运行带教和实际操演加深对第一阶段理论知识培训的巩固，掌握项目的运行管理要求，初步具备对应岗位的工作能力。

3. HSE 要求

受训人员应做好分组跟班，在培训前接受类似项目的 HSE 管理交底和教育培训，总承包方应有专人负责分班和过程跟踪、协调。

8.8.4 见习实操培训

1. 培训目的

第三阶段见习实操与考核从项目开始调试即正式启动，在调试阶段受训人员应跟班深度参与，对调试总指挥、监控调度中心、就地操作团队分层级对应跟随参与，学习调试的全部环节和过程，除了正常的学习设备就地操作步骤、中控室操作流程之外，重点是掌握调试过程中对出现问题的处理方法。

2. 能力培养

受训人员应通过此阶段的培训提前熟悉设备性能，初步具备正常工况下运行能力，对于一般故障和问题能够及时针对性处理。

3. 沟通建立

受训人员和总承包方、设备供应商在此阶段建立良好的沟通渠道，在今后的缺陷责任期便于调度各方资源共同配合解决问题。

4. HSE 要求

见习实操前受训人员必须经过 HSE 知识教育，学习各项安全管理规定，并安排分班分组，由小组负责人带队并进行管理。

8.8.5 培训考核

培训考核工作是总承包方在每阶段培训完成后对受训人员培训成果的检验。通过书面考试、实际操作考核、口头问答的方式对受训人员的技能掌握程序进行检查。考核成果的全面分析有助于发现培训过程中存在的问题，掌握培训的薄弱环节或者受训人员的基本态度，对于未达到培训成果的受训人员或受训内容进行补训，或在下一阶段加强对受训人员或受训内容的培训。对于受训人员学习态度和能力造成培训效果不佳的情况，总承包方应及时向建设单位、运行单位进行反馈并采取措施进行补救，避免在后续阶段对培训考核效果产生争议。

8.8.6 运行指导

1. 运行指导目的

（1）工作定义　运行指导是指在项目性能考核和移交完成后，在一定的运行单位正式运行期间由总承包方负责总体运行指导，引领运行单位全体人员进行上岗操作和正常维护，并对异常和事故现场进行正确分析、判断处理，推进运行单位具备全面掌握各种工况的日常运行操作及问题处理能力，为运行指导期结束后项目长久的安全、稳定运行奠定良好的基础。

（2）**总体要求**　总承包方应做好运行指导人员的岗位分工、指导内容和指导周期计划，有目的地开展各项运行指导工作，并在运行指导工作中以稳定运行和问题处理为工作重点，加强理论知识带教培训，提高运行单位全体人员的运行操作、异常判断和问题处理能力，促使运行单位尽早具备独立运行的能力。

2. 具体工作

（1）**制度标准建立**　运行指导期间总承包方应指导、配合运行单位整理相关设计成果、设备安装及调试、缺陷处理等全套资料，编制备品备件清单、运行、维护保养台账，编制交接班、试验检测监测、工作票及巡检、节能管理、缺陷问题及处理、运行岗位管理责任及安全责任、应急管理等总体管理制度，编制各设备、各子系统、系统的启动、运行、停机全套运行标准。

（2）**持续带教**　总承包方应将理论学习和实际相结合，通过在运行生产中学习运行生产的模式对一线运行人员的正确操作能力、习惯进行持续带教，以满足运行需要。

① 总承包方应指导一线运行人员对运行设备进行巡检，提高一线运行人员对设备的异常运行状态和对应问题、解决措施的逻辑能力，根据现场问题的HSE影响情况、备品备件情况采取不同的措施进行上报、补救和解决。

② 总承包方应指导运行管理人员接到问题信息后能够迅速判断问题的原因和后果，尽早做出处理方案。

（3）**节约措施**　总承包方还应在节能降耗方面对运行单位进行全面指导，以稳定运行、达标排放为前提，提出并落实能源节约、药剂节约、废弃物处理等方面的经济措施，对措施实施前后的成本情况进行数据统计、收集和改进。

第9章　工程总承包的成本管理

9.1　基于设计深度的成本动态测控

采用施工总承包模式的市政基础设施项目总承包方往往把成本测控的主要工作放在竣工结算阶段，在工程任务完成后通过总包结算申请、索赔的达成、分包方结算的核减来实现项目的预期收益。工程总承包项目必须将工作重点转移至设计工作阶段，从根本上实现成本受控、扩大收益的目标，起到事半功倍的效果。

在市政基础设施项目投标前、实施中、完成后，特别是在可行性研究报告、初步设计、施工图设计、竣工图设计等不同的阶段，作为潜在投标人或中标人的角色，总承包方应做好不同阶段的动态成本测算，随着设计深度的不断完善，依据经验水平估算的部分项目成本误差逐步缩小，也为不同阶段的风险应对决策形成依据。每个阶段的成本测算完成后形成的分析结论都将成为下阶段设计方向的指导方向，每个阶段的设计工作完成后应及时做好成本测算并采取及时风险控制措施，出现偏差的应及时调整或优化设计以实现成本受控。设计阶段的成本动态测算和风险控制措施制定落实是总承包方管控成本，契合工程总承包合同商务要求，实现总承包项目经营预期收益的需要（图 9-1）。

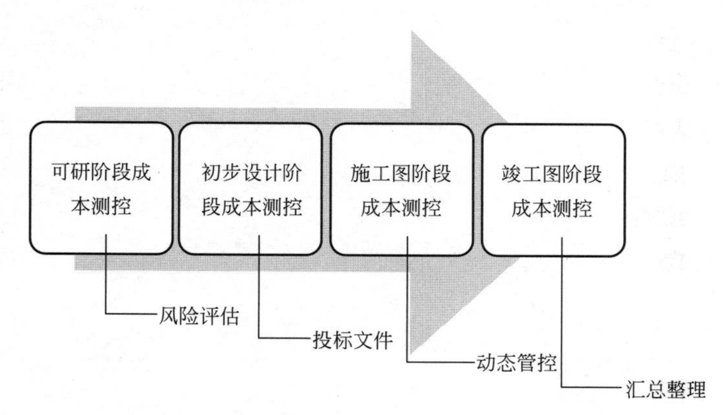

图 9-1　不同阶段的成本管控

9.1.1　可行性研究阶段的风险评估

可行性研究报告属于供政府计划决策层面的研究型文件，以项目建议书及相关批复为依据，编制相应的设计任务书，明确总体资金需求的依据。

1. 可行性研究报告内容

作为市政基础设施项目而言，可行性研究报告通常包括以下内容：

(1) **项目概况** 包括项目的各项基本资料、以及项目建议书的批复结论、编制依据规范等各项基本资料。

(2) **项目背景** 包括项目所在地的自然条件、地质条件、其他建设条件及规划方面的资料文件。

(3) **项目建设的必然性** 包括项目建设的必要、解决的问题说明；工程规模，包括工程建设的产能、交通流量等基本数据。

(4) **工程方案论证** 提供不同工程方案的比选及推荐意见。

(5) **工程设计方案** 工程各专业的设计原则及主要设计思路。

(6) **工程风险分析** 包括地震、外部环境变化等极端因素或不可抗力的影响。

(7) **劳动保护、安全生产和消防、节能等** 按照“三同时”的要求同步进行方案考虑。

(8) **工程项目实施计划** 明确项目组织机构和实施原则、进度计划等；投资估算，按照设计规模、估算指标进行总体投资估算；结论和建议，对于工程可行性提出总体结论并进行风险对策的建议。

2. 关注重点

作为项目潜在投标人的角色，往往会直接参与可行性研究报告的编制或密切关注可行性研究报告的编制，以期获得第一手资料。在对照可行性研究报告过程中，应重点关注项目背景、工程设计方案、投资估算三方面的内容。

(1) **项目背景** 在项目背景方面应充分考虑到项目所在地的地质条件可能会对地基与基础工程造成的成本风险影响，有条件的应参考同一地区类似项目情况进行评估。

(2) **工程设计方案** 在工程设计方案方面对已明确的设计内容结合估算指标、企业定额、类似项目经验、市场询价进行总体估算。

(3) **投资估算** 总体估算完成后，应与投资估算中的工程费用进行对比，找出差异内容分析原因，进行修正或提醒相关单位进行投资估算的修正。

3. 对应策略

(1) **研究分析** 在工程方案论证方面，非可行性研究报告编制单位的潜在投标人应关注不同方案的比选和最终的推荐结论，对其结论的可行性、有效性结合自身的特点进行综合分析，提前布局并做好针对性的策略。

(2) **方案选择** 作为编制单位的潜在投标人应尽可能考虑到今后作为总承包方负责项目实施的可能性并选择相应方案作为后续推进基础。

① 潜在投标人尽可能采取非常熟悉了解且自身具备实施能力或具备资源整合能力的工程方案，从承接总承包项目的角度有利于项目的实施推进，也便于更深入地为政府部门提供决策参考的依据，解答解决项目实施中可能存在的各种具体问题。

② 在可行性研究报告中的工程设计方案的研究过程中，作为潜在投标人应重点针对设计未提及或方案不明确的工程内容进行了解和评估，非编制单位的潜在投标人应积极创

造条件与编制单位进行进一步沟通了解，在估算过程中按照经验、沟通结果进行对应的列项计算避免漏项。

③ 可行性研究阶段的成本测算除了成本测算人员之外，今后拟任的设计、施工、设备采购集成方面的专业人员也应共同参与、共同研究，对于项目风险进行充分的评估。

④ 完成成本估算和投资估算的对比，潜在投标人可明确下一步的工作方向，是否继续跟踪项目，还是鉴于投资偏低、风险过大而放弃，有条件的情况下积极与建设单位沟通，争取调整方案消除风险后再进一步考虑后续安排。

9.1.2 初步设计阶段的成本测控

1. 总体考虑

采用工程总承包方式的政府投资项目，原则上应当在初步设计审批完成后进行工程总承包项目发包。可见，初步设计阶段的成本测算，不仅基于初步设计，更要考虑工程总承包招标文件中的各项商务条款。此阶段的总承包方已经明确要参与项目竞标，在标书编制过程中应完成精度相对较高的成本测控并采取及时风险控制措施。

2. 初步设计内容

市政基础设施项目初步设计应当基于可行性研究报告及批复、规划等各项行政许可进行，完成整体设计思路及各专业设计的框架设计，通常包括以下内容：

（1）**设计说明书** 包括设计依据、概况分析及主要设计指标、工艺设计思路、各专业方案描述、施工方法和要求、“四新”技术的应用等。

（2）**工程概算** 按照概算指标进行总体投资测算；主要工程数量、材料和设备表，包括按照初步设计文件计算得出的主要工程量指标数据。

（3）**设计图纸** 包括各专业框架性图纸设计资料、总平面布置图。

3. 成本测算

（1）**成本测算的特点** 对于初步设计而言，其已经完成了总体工艺思路或造型方案、总体空间布局及各专业的布局工作。在土建方面，一般已完成了模板布置图，对于结构尺寸有了明确的数据可供测算。在设备方面，一般已能对工艺设备、电气仪表设备开列清单，可供具体询价。

① 在此阶段的成本测算应按照初步设计文件及批复所提供的各类数据进行计算。

② 此阶段成本测算还应充分预估设计深度不足部分的成本，如常见的结构施工的钢筋工程量，可与设计人员沟通，按照相对保险的每立方米混凝土用钢量进行计算，类似管线工程量、安装工程费可以按照经验指标进行计算。

③ 成本测算人员对于设计不明确内容，应积极与设计人员进行沟通确认，通过明确各项具体指标的方式快速进行计算，以代替传统意义上的按图算量。

（2）**成本测算的目的** 初步设计阶段的成本测算其精准度应高于初设概算，其测算主要目的是为了较准确地进行项目直接成本的核算，对项目利润、风险有较为清晰的判断和认识，并为部分设计、施工方案的确定甚至是否决投标提供决策依据。

例如某采用工程总承包模式实施的东南沿海地区地下式污水处理厂项目工程总承包投

标限价7亿元，某竞标单位经过成本测算后，发现其实施成本已大幅度超过投标限价，主要原因是通过技术复核和深化设计发现初步设计中顶板构造不满足地下式污水厂顶板填土厚度荷载要求，需要对顶板构造进行加强处理，造成成本增加约2000万元，并且由于设备采购推荐名录中涉及的设备品牌范围较小，缺乏充分竞争，造成了设备询价结果比预期偏高达30%，加之招标文件所附的合同条款中对于地质变化、管线保护、动拆迁、为满足地下式污水厂上部地块开发所增加的工程量调整等风险全部归于中标人承担。竞标单位经过研究后最终决定放弃投标。后续该项目实际中标人也的确因上述问题预判不足而陷入困境，最终与建设单位进行长期的索赔与反索赔的“拉锯战”，对项目实施造成了极其不利的结果。

① 初步设计阶段的成本测算主要为投标服务，投标人在此基础上确定风险可控后再进一步研究招标文件的相关要求，明确投标策略，进行投标商务报价文件的编制。

② 与施工总承包模式不同的是，在总体组价方面总承包方往往需要按照招标文件要求考虑概算中的二类费用，并作为实施成本考虑到总体成本测算中。如建筑工程一切险等各类保险费用、建设手续办理费用、工程各类监测检测及验收费用，尤其是涉及不同地区的规定费用或附加税费往往在费率上会有较大差异，不应错漏（表9-1）。

某项目按招标文件要求的二类费用成本测算　　表9-1

序号	项目内容	成本测算（万元）	测算依据
1	基坑监测费	516	根据《工程勘察设计收费管理规定》(计价格〔2002〕10号)规定计取
2	施工图审查费	190	根据《工程勘察设计收费管理规定》(计价格〔2002〕10号)规定计取
3	设备采购标书编制费	295	根据《关于市政工程设计服务成本要素信息统计分析情况的通报》(中设协字〔2019〕7号)规定计取
4	施工图预算编制费	246	根据《工程勘察设计收费管理规定》(计价格〔2002〕10号)规定，竣工图编制费按设计费的10%计取
5	竣工图编制费	196	根据《工程勘察设计收费管理规定》(计价格〔2002〕10号)规定，竣工图编制费按设计费的8%计取
6	指导试运行服务费	81	根据投资估算中联合试运转费的40%计取
7	创奖评优协调费	103	包括各类创奖评优组织、协调沟通、文字影像申报资料的记录、整理、编制等费用，不含为创奖评优需要进行实体整修、整改发生费用，按工程费的0.1%计取
8	现场施工视频监控系统	76	现场视频监控，包括摄像机、中控大屏、硬盘录像机、服务器等，对施工现场全程记录，可实现手机、电脑等终端远程实时监控现场实施进展，按实际询价
9	工程保险费	309	根据工可报告中投资估算计费标准工程建安费的0.3%计取
10	防汛影响论证	35	根据《上海市地下公共工程防汛影响专项论证管理办法》(沪水务〔2015〕921号)计取

续表

序号	项目内容	成本测算（万元）	测算依据
11	水土保持方案编制及评估	198	根据水利部水土保持司《关于开发建设项目水土保持咨询服务费用计列的指导意见》(保监〔2005〕22号)计取
12	环境影响咨询费	44	根据国家计委国家环境保护总局《关于规范环境影响咨询收费有关问题的通知》(计价格〔2002〕125号)计取
13	劳动安全卫生评审费	104	根据工可报告中投资估算暂列数据
14	社会稳定风险报告编制及评价费	43	根据《上海市重点建设项目社会稳定风险评估咨询服务收费暂行标准》(沪发改投〔2012〕130号)计取
15	小计	2436	

9.1.3 施工图设计阶段的成本测控

1. 测算目的

市政基础设施项目进入施工图设计阶段，项目总包招标投标已完成，总承包合同已签署，总承包方身份角色已明确。施工图设计完成后的成本测算，非常准确地对工程量进行计算，并结合市场价、企业定额进行评估、分析和计算，完成施工图阶段的成本测算。通过与初步设计阶段的成本测算进行对比，对偏差报警部分及时考虑设计优化或合同索赔策略，以规避风险。

2. 成本测算与施工图预算的区别对比

施工图设计阶段的成本测算不等于施工图预算。

（1）**动态变化** 施工图设计阶段的成本测算，其单价部分随着分包、采购合同的不断签署固化而不断进行调整，市场价、企业定额被分包、采购合同价所替代。

（2）**报警机制** 在调整过程中同样应对偏差报警部分采取措施，此阶段的变化主要基于分包竞争状态、总承包方的采购能力、市场动态变化所造成的价格变化。

（3）**变更影响** 工程量部分在实施过程中会因为各种变更情况而发生变化，从而形成分包、采购合同价款的变更，特别是由于工程量增加而形成分包价款索赔，从而造成总承包方成本扩大。总承包方应发挥技术优势，在基于问题可靠解决的前提下尽量以低成本原则进行设计变更，选择最优方案以减少损失。

9.1.4 竣工图阶段的成本测控

1. 测算目的

项目竣工验收后，所有工作内容已全部完成，由于竣工图记录了所有的工作内容，此阶段的成本测算基于施工图阶段的成本测算基础上进一步复核并完善，与预期利润、最终上报总包结算文件共同形成结算阶段洽商的依据。

2. 汇总补缺

（1）**统计汇总** 在施工图设计阶段的成本测算动态调整工作到位及时的情况下，竣工图阶段的成本测算主要对过程中的动态变化全面梳理并复核汇总，竣工图阶段的成本测算除了竣工图本身所反映的工程成本之外，还应对无法反映在竣工图却又实际发生的临时工程、合同外工作量索赔等内容进行统计汇总。

（2）**审价结合** 结合总承包合同和结算审价审计情况对缺漏部分进行及时增补测算。

（3）**利润分析** 竣工图阶段的成本测算成果相对固化，项目实施已完成，除了某些商务纠纷和政策性风险之外，并不受最终总包结算结果的影响，两者差值即为项目利润。

9.2 项目管理成本的管控

1. 管理成本定义

项目管理成本是指项目的人力成本、差旅、食宿、办公、会务、保险、财务成本等一系列非项目工程实施直接成本却为了项目执行而必须发生的成本费用。

（1）**核算单位** 项目管理成本必须以项目为单位独立进行核算，定期进行分析，方能发现管理中存在的问题和漏洞并及时制定补救措施。

（2）**科学管理** 项目管理成本是总承包方可控性较强、弹性较大的项目成本，但是总承包方不应盲目压缩控制，以免影响项目正常实施的需要，应做到科学管理，有计划支出，严控超计划各项费用。

（3）**管理目的** 有效的项目管理成本管控，不仅可以降低总体成本扩大利润，节约资源的投入，也充分体现了总承包方的精细化管理能力。特别是在初步设计阶段成本测算结果不理想的项目，更要加强项目管理成本的管控，通过有效的管理提高总体效益。

2. 设计或施工到工程总承包的管理成本变化

对于初始承接工程总承包项目的设计企业而言，总承包项目的项目管理成本与设计项目的项目管理成本有较大的不同，包括施工现场管理所发生的各类费用，以项目为单位的人力成本投入等，需要制定相关的企业制度以适应调整。

（1）**设计到工程总承包项目管理成本调整案例** 例如传统设计企业初次承接的某采用工程总承包模式实施的新建城市道路工程项目，总承包方对在施工现场发生的保安、保洁、食堂管理等临时设施相关管理费用成本测算严重不足，并对施工过程中发生的工程保险、保函财务成本缺乏预判，造成了利润的盲目高估。在发现问题后，总承包方又盲目压缩正常的办公成本，制定额度过低的计划，造成管理工作无法有效开展，最终在总承包项目管理中陷入窘境。

（2）**施工到工程总承包的项目管理成本** 对于传统施工企业而言，管理成本主要增加在设计人力成本、工程一切险等基于施工管理成本的延伸方面。此方面的成本管理难度低于施工现场成本管理难度，但是总承包方仍应该及时建立设计人员的绩效考核制度，评估相应的人力成本，并且在获得收益的限额设计、优化设计方面给予鼓励政策，通过有限的绩效奖励实现项目总体的成本控制。

3. 项目管理成本管理原则

项目管理成本应由项目经理总体负责，商务经理具体管控，应视项目具体情况做好项目管理成本总预算、年度预算计划，并按照总承包方批准的额度按照岗位权限分级进行开支，定期汇总报销或支付，对于计划外支出部分应做好说明工作，属于管理不善而造成的计划外开支应承担相应的经济责任。

9.2.1　项目管理成本预算计划编制与考核

1. 分类管理

项目管理成本预算计划编制应考虑日常费用和一次性费用支出两部分（图 9-2）。

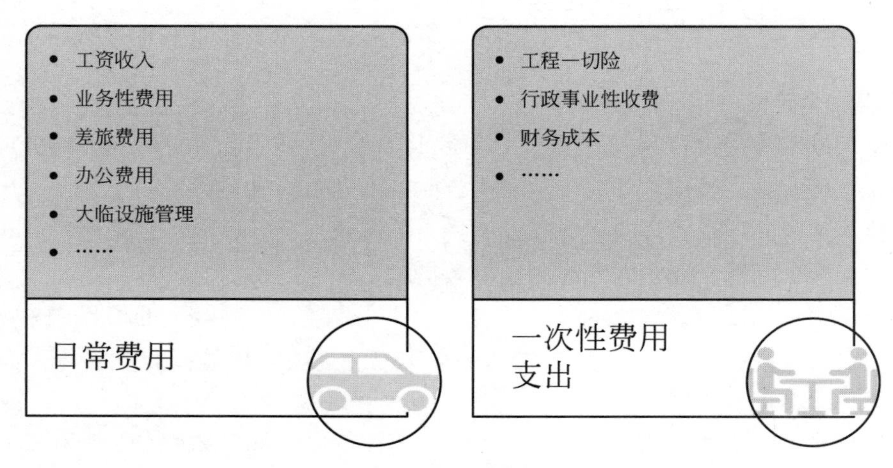

图 9-2　项目管理成本的分类

（1）**日常费用**　包括项目人力配置及工资收入水平、业务性费用、差旅费用、办公费用、误餐费用、大临设施日常开支。

（2）**一次性费用支出**　包括工程一切险、各类行政事业性收费、保函所发生的财务成本等内容。日常费用应按月排定预算计划，按照工期、收尾销项周期考虑预算成本开销，一次性费用支出应通过政策依据、经验数据、类似项目历史成本、总承包方管理制度进行评估并单独列项计入。

2. 分阶段测算及汇总

（1）**分阶段结合特点**　项目管理成本预算计划不应该从始至终保持统一的标准额度，而应该视项目实施的不同阶段、项目实施所在地的交通条件等特点，结合项目成本支出的具体需求予以预测估算。

例如某采用工程总承包模式实施的垃圾填埋场项目地处非常偏僻，无公共交通工具可以抵达，在成本预算计划中应充分考虑交通费用需求，相较于其他交通便利条件的工程总承包项目而言应给予相对较高的费用额度；同时此项目由于处于尚未封场完成的垃圾填埋区域中建设，周边环境较为恶劣，总承包方还应考虑卫生防疫、人员劳防保障方面的管理费用，这些都是基于项目特点而必须考虑的管理成本。

（2）**汇总分析**　项目经理应每月对汇总后的管理成本数据进行审核，并报总承包方相关部门进行审核或备案，对超出预算计划的费用应具体分析原因并予以说明。在审核或备案后再按月进行统一报销，这样有利于管理成本的分类、分阶段的分析，为今后类似项目的管理成本测算提供依据。

9.2.2 业务性费用管控

业务性费用包括业务招待、食品、门票等在内的招待费，包括礼品、纪念品等在内的礼品费用，因参会或组织会议产生的会场费用、租赁费用、资料费用和食宿费用产生的会务费等一切业务联系费用。业务性费用应符合国家法律法规、企业管理制度和总承包方与建设单位签署的廉政协议的要求，合理合法进行支出，规避铺张浪费的现象。原则上应该先进行申请手续再实施、报销或支付，做到有计划支出、按计划支出。

9.2.3 差旅费用管控

交通工具应坚持经济便捷原则，结合工作需要、企业品牌特点进行交通工具、出差住宿的选择。总承包方异地承接的项目，应做好人员长期出差驻守的工作安排及探亲返回的间隔要求，在企业的人文关怀和成本管控之间寻找平衡点。对于准备长期经营的总承包市场，总承包方应逐步建立属地化的管理机构，从市场所在地进行人才招聘和培养，以提高人才队伍的稳定性，降低差旅费用支出。

9.2.4 人力成本的管控

1. 人力配置

项目应根据项目规模、特点、不同阶段的要求进行充足合理的人力配置，对于包含土建、设备安装等多专业内容的市政基础设施项目，应在不同的阶段安排不同的设计人员、项目管理人员进驻现场，发挥对口能力专长，对项目进行管理。

例如某采用工程总承包模式实施的道路景观综合整治项目，在前期地基基础、结构施工阶段，除了项目经理、施工经理、安全员等基本骨干角色外，主要补充结构专业设计、土建施工员等岗位人员，在结构施工进入尾声，绿化景观施工开始时，绿化景观设计、绿化施工员等岗位人员进场开展工作。总体的人员调配应是基于工程进展情况进行动态调整，但是在开工后直至竣工验收前的无论任何阶段，基本骨干角色配置不可减少。对于阶段性抢工、夜间施工等特殊时段，必须加强安全管理力量。毕竟确保项目平安是成本有效管控的前提。

2. 基于实际的测算

（1）**人力成本计算界限** 项目人力成本的计算应基于项目人员的实际投入情况，不应简单将所有参与项目人员从项目承接开始直至项目完成期间所有的人力成本全部计入该项目，此外对于总承包方层面的管理人员所产生的人力成本不应计入该项目。

（2）**设计人力成本计取** 单列作为固定成本的，除了因设计优化产生收益而进行激励或参与施工管理、调试的额外工作情况外，其正常的人力成本应从设计费中支出，而不应在项目人力成本中重复计算。

9.2.5 大临设施费用管控

1. 费用原则

作为市政基础设施项目的大临设施，主要承担总承包方、分包方、建设单位、监理单位等各参建单位的现场工作、生活需要。一般可划分为办公区、生活区两个部分。大临设施的建设和运行应秉承以下原则：合理规划布置，按需建设，精准建设。

2. 降本措施

（1）**周转利用** 无论是内部设备设施还是整体建筑材料应该尽量采用预制化、拼装化的材料进行搭建，在总承包方层面尽量实现不同项目之间的多次周转利用。

（2）**专业化管理** 总承包方可委托社会化专业单位对保安、保洁、食堂、日常维保等方面的工作实现专业化管理，并规避用工风险。

（3）**租用为先** 基于市政基础设施项目的特点，在城镇区域实施周边有现有的办公用房可租用的，应尽量采用租用的方式以降低成本。

3. 食堂费用

大临设施内开设食堂的，应事先考虑好建设单位、监理单位、总承包方、分包方各方就餐标准设定、费用支付结算、分摊承担方式，过程中做好监督和记录，避免发生无谓的浪费。

9.2.6 保险费用管控

1. 工程保险采购必要性

（1）**保险种类与时限** 采用工程总承包模式的市政基础设施项目通常会约定“建筑安装工程一切险”“第三者责任险”“团体意外伤害险”或“工伤保险”由总承包方采购，由于保险行业的特殊性，在不同险种、免赔额度、保险时效、取费费率等方面会存在较大的差异，从而造成成本的变化。总承包方商务经理应了解具备相关的专业知识，有条件的可以委托专业的保险经纪公司代为委托洽谈、比价，选择适合的险种参保。对于工程总承包项目而言，保险期限不能仅考虑建设施工，也要囊括后续的调试、试运行直至移交。如果保险到期，项目因为各种原因尚未完成，则应进行保险续期。

（2）**常见的索赔** 对于总承包方而言，保险并非仅仅是成本的支出，也为整个项目的风险控制提供了终极手段，在意外和险情发生后，通过保险公司理赔，往往能够挽回大部分甚至全部的损失。东南沿海每年夏季的台风影响，对于现场的大临设施、电气设备、场地围栏、脚手架密目网、各类宣传图牌甚至是塔式起重机等大型机械设备、钢结构建筑都会造成不同程度的损坏，此种情况下通过保险公司的及时理赔可以大幅度降低修复成本。

例如某采用工程总承包模式实施的污泥处理工程钢结构厂房位于海边，由于台风来临时，钢结构框架尚未完工，受力体系尚未形成，临时拉结固定措施未能完全到位，最终造成了已基本建成钢结构框架整体垮塌，造成巨额的修复成本。后按照建筑安装工程一切险的合同约定进行理赔，挽回了大部分的成本损失。

2. 保险合同洽谈与理赔要点

（1）**洽谈要点**　保险合同洽谈过程中应重点关注以下内容：

① 保险索赔强调非主观行为，意外造成的损失都在理赔范围内，但是需要关注保险合同中的特别约定，是否有不计免赔、是否包含盗窃等第三方违法行为造成的损失。

② 保险单项对应物质损失的最高赔偿责任不能超过保单明细表中列明的总保险金额，且地震、海啸赔偿限额一般不超过总保险金额的80%，需要总承包方对总保险金额进行充分的评估定价。

③ 被保险人可能包括工程所有人、总承包方、分包方、技术顾问、贷款方等其他关系人，理赔金额是否全部偿付给总承包方，或按总承包方要求付给相应的单位需要明确。

④ 在工程发生延期后，应及时进行保险续保，续保与保险保证期并不矛盾，保证期责任主要针对质量问题造成损失进行理赔，而续保对工程延长实施期间的各类实施内容仍然承担保险责任，其具有更广的范围，更稳妥的保障。

⑤ 保险费率往往是总承包方作为投保人与保险公司的谈判关键，费率通常与保险责任范围大小、工程本身危险程度、总承包方的管理水平和经验、总承包方以往损失记录、免赔额和赔偿限额有关。总承包方应考虑相关情况与费率之间的平衡关系，不应盲目压低费率而缺失保障，在免赔额和赔偿限额方面应争取最大权益，工程相关信息应如实反映给保险公司，在实施过程中如发生重大变更，也应及时通报保险公司，避免因信息不实造成理赔纠纷。

（2）**出险索赔要点**　保险出险后总承包方应做好以下工作：

① 总承包方在险情稳定后应及时进行损失清点、测量，做好影像记录，保护好出险现场，并立即通知保险公司查勘现场，相关报警记录、火警记录应留存作为索赔依据。

② 保险公司查勘人员到达现场后，应主动介绍出险原因，强调非主观行为造成和损失大概金额。

③ 总承包方应整理出险标的清单，包括抢险费用、材料损失、工程损失，抢险费用以影像记录、现场实测发生量为索赔依据，材料损失应提供进场量单、实际损失清单、现状清单情况以明确损失数量，并提供购销合同以反映采购单价。

④ 工程损失清单应与投保时清单一一对应，未完成工序的人工、材料、机械费用均应定损计入。机械设备损失通常不作为建筑安装工程一切险的索赔内容，应由机械设备权属人按购买的工程机械保险进行理赔。

⑤ 索赔确定后填写保险公司的索赔申请书等资料，同时收集提供相关的气象、水文等权威部门的资料，并整理附件一并提交。

⑥ 工程一切险定损特别是大额定损的周期较长，保险公司对于定损争议往往采取“拖”的手段进行，但是受保险政策法规的约束和保险市场的经营，保险公司也不会无底线进行拖延，需要总承包方明确底线后与保险定损员、评估师进行充分的沟通。

⑦ 与专业的保险经纪公司合作的总承包方，可以委托保险经纪公司代为洽谈相关理赔事宜，发挥专业特长更利于沟通和定损。

9.2.7 保函等财务费用管控

1. 常见的财务成本

投标保函、履约保函、预付款保函、进口采购信用证、竣工验收后质量保函是比较常见的工程总承包项目需要产生财务成本的各类保函。保函办理往往会产生两部分成本，包括保函办理本身所发生手续费用，与保函额度、保函期限相关，也包括了银行对企业授信额度不足的情况下开具保函需要存入部分或全部金额造成资金占用的时间成本。保函手续费降低成本方面，总承包方要力争与建设单位达成一致，尽可能地降低保函额度、缩短保函期限，并与银行等金融机构建立长期的合作关系以降低手续费率，不断提高授信额度以减少资金占用。在保函开具的格式方面尽量采用银行规定的格式，免除不必要的风险，杜绝开具无固定期限的银行保函。

2. 支付风险应对

在合同洽商过程中，应尽量争取采用实时转账、现金支票等方式进行资金支付，规避银行承兑汇票方式，尽早收入资金避免需要贴息套现的成本，应明确拒绝商业承兑汇票方式，避免因相关承兑单位的信用而产生资金风险。

9.3 更高维度的总包索赔

无论是固定总价模式还是最高限价的按实结算的模式，工程总承包项目都可能会因变更而产生索赔。市政基础设施项目工程总承包合同索赔与施工总承包合同索赔存在很大的差异，其差异主要体现在：工程总承包合同索赔往往因政策性、决策性意见而产生，以提升建设标准、功能及建设单位合同外任务布置为索赔原则，施工总承包合同索赔既可能因为政策性、决策性意见而产生，也可能因为现场的各种工况变化而产生，以单纯造成工程量增加为索赔原则。工程总承包合同索赔更强调“因”，一切索赔基于“因”的建立和确认，而施工总承包合同索赔单纯以“果”作为索赔依据，因此工程总承包合同的索赔难度要大于施工总承包合同，其工作维度应更加前置、提高。

9.3.1 政策性意见造成的总包索赔

1. 政策性意见的形成

（1）**政策性意见的形成**　对于市政基础设施项目而言，政策性意见包括了政府各级层面在审批项目过程、项目实施过程中对项目选址、占地、规模、功能定位、等级、规划方案、初步设计、施工图纸、环保指标等各方面因素提出的明确的书面审批意见或宏观的针对行业的政策文件、法律法规。

（2）**索赔的关键**　因政策性意见造成的总包索赔主要针对总承包合同签署完成后，因为政策性意见造成了总承包合同的变更而产生的费用。

① 总承包方应重点关注政策性意见提出并明确的时间、原因、与原先政策性意见的区别、为了符合政策性意见的要求而对投标方案进行调整的主要内容。

② 在总承包投标阶段，有经验的总承包方应基于招标文件的理解和后续可能发生的政策性意见进行分析、预测，从而制定有利于后续实施、索赔的投标方案。

例如某采用工程总承包模式实施的海绵城市示范区项目，项目中标后相关设计规范进行了修订发布，对暴雨强度公式进行修订，雨水重现期调整为最小2年，总承包方按规范要求扩大了雨水排水管道的管径，并提出了索赔意见，以规范要求为依据最终获批。此项索赔的关键对比因素在于政策性意见的提出时间晚于项目中标、合同签订的时间，从而使得索赔成立。

2. 政策性意见的沟通

招标文件明确提出应归于总承包方承担的政策性意见带来的风险，总承包方应建立和保持相关政策性意见沟通汇报机制，争取能够按己方有利的原则实现政策性意见的最终落地，特别是某些具有一定弹性、选择性的非强制性政策性意见，总承包方应基于己方的理解努力获得与建设单位、政府部门沟通达成一致的结果。总承包方应避免无证据条件下盲目实施，在成本发生后造成索赔争议，从而陷入被动局面。

9.3.2 决策性意见造成的总包索赔

1. 决策性意见的起因

决策性意见主要为建设单位对项目的功能、标准提出的意见，其前提是不能违反政策性意见。

(1) **决策性意见的时点** 建设单位的决策性意见应尽量在工程总承包招标前明确，并尽量在工程总承包招标文件中完整表达。

(2) **形成索赔** 因决策性意见造成的索赔主要针对总承包合同签署后，因建设单位提出的超出合同约定或规范要求的各种标准要求，如明确要求更换投标方案中约定的某种建筑材料以提高耐久性，或总体景观绿化方案重新调整设计，或增加超出合同约定的设备设施以提升总承包合同约定的主要功能指标，还有较为常见的是因移交接管单位出于今后接管运行的考虑通过建设单位提出的种种消缺要求。

2. 决策性意见的界定

(1) **决策性意见的合同表现** 通常在固定总价模式工程总承包合同中常见的条款："合同价格的约定：本项目采用总价合同的方式，中标价作为签约合同价。签约合同价包括设计费、建筑安装工程费等总价包干，结算时不再调整。总价合同包含的风险范围：除发包人原因引起的设计内容及设计标准变更引起的调整、法律变化引起调整及主材市场价格波动超过合同约定范围的情形外，其他均不做调整。"可见，决策性意见的主体往往是建设单位的原因造成的设计内容和设计标准变更。

(2) **索赔的关键** 设计内容和标准既包括了宏观的功能、规模调整，也包括了微观具体的某种材料变更、某个细节优化。

① 在工程总承包投标阶段，总承包方要注意在投标文件中应避免自我提出超出招标文件响应的标准和要求，甚至在相应招标文件且不影响评分的前提下尽量降低相关标准，即便有经验的总承包方预测到标准不提升，则无法完成最终的性能保证，仍然不应该在投

标文件中提出。

② 所有可能预见到在中标后必须提升的标准和要求内容应作为风险在内部成本测算中予以考虑。

③ 在项目中标后，经过与建设单位的沟通、洽商，如果能够成为索赔内容，则按照最有利于总承包方的经济、技术原则确定方案实施，如果作为无法索赔的风险内容，则应充分发挥总承包方的技术优势，在符合规范、功能保证的前提下选择成本最小化方案。

相对于政策性意见而言，决策性意见的索赔难度较大，往往因为固定总价模式的理解差异、总承包方的弱势地位而难以成立，所以总承包方应尽可能在相关内容实施前与建设单位达成索赔意见，积极获得建设单位的理解和支持。

9.3.3 索赔材料的整理与提交

1. 索赔材料整理

(1) 索赔文件 总承包方一旦认为达到索赔成立的条件，应积极获取索赔所需要的书面支撑材料。包括索赔定性所需要的政府批文、会议纪要、建设单位指令、工作联系单等资料，也包括索赔定量所需要的图纸、方案、现场工程量计量成果、影像资料记录，最终通过分析计算形成完整的索赔文件。

(2) 索赔资料的深度和内容 总承包方应严格按照建设单位提出的要求，在索赔资料的编制说明和实际整理中应充分完成招标投标文件、合同条款、政策性或决策性意见的书面依据、实施情况的说明、工程量计算等方面的信息和内容，要做到无需过多的言语解释，任何人均可通过完整详细的资料了解索赔的全部情况，并得出理由正当、材料翔实、数据正确的结论。

① 在材料正式报送前，总承包方应就相关事宜与监理单位、建设单位甚或今后的审价、审计单位予以充足的沟通，必要时可召开相关会议或请求建设单位召开会议对材料进行评审。

② 在材料审批过程中，总承包方应积极主动与相关单位、部门和个人进行询问、跟踪，对审批人提出的问题及时增补、调整资料。所有的索赔资料的接收、发放、存档应由专人负责，相关资料的原件应妥善保存。

③ 在索赔资料批复完成后，作为今后编制项目结算文件的一部分系统归类整理。

2. 索赔受限于批复概算额度

作为政府投资的市政基础设施项目，无论索赔的理由多么正当合理，总承包方必须充分认识到工程总承包项目最终的结算金额应控制在初步设计批复概算范围内，盲目通过索赔扩大结算金额，即便获得了建设单位的许可，在最后的结算审价和审计过程中也可能会面临大幅度的核减。确实因为政策性意见或决策性意见造成大额索赔后结算金额可能会超过初步设计批复概算金额的，总承包方有义务提醒建设单位及时申报概算调整程序，在获得批准后方可实施，否则总承包方除了正常的合同商务风险之外，可能面临超出概算的政策风险（图 9-3）。

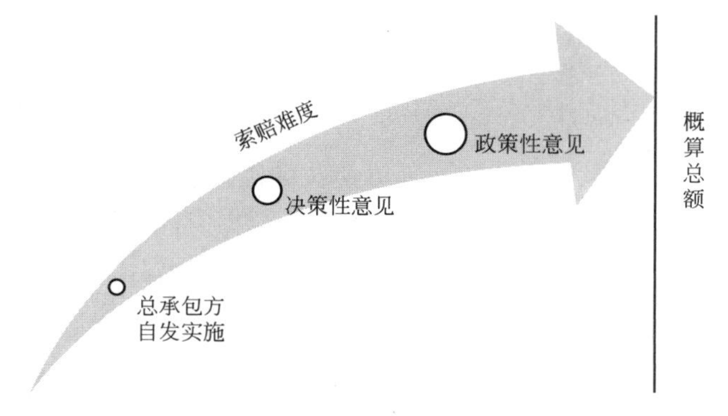

图 9-3　索赔签证难度分析

9.4　如何面对分包方索赔

分包方索赔是市政基础设施项目工程总承包管理中经常发生的情况，也是总承包方的成本管理最大的风险和挑战。分包方的索赔基于分包合同的约定，由于分包合同的相对独立性，所有的索赔事宜均基于总承包方的决策性意见。分包反索赔和总包索赔工作一样，都需要总承包方项目经理及各主要岗位通力协作，在分包招标阶段开始充分评估各方面风险，通过合同约定降低己方风险。规避分包方索赔事宜的发生、降低分包方索赔金额是分包反索赔工作的核心内容。

需要强调的是，和建设单位面对总包索赔一样，作为总承包方单纯无理否定分包方索赔不利于项目的实施，不利于企业长远战略层面的合作和企业品牌的塑造。作为总承包方，既要通过管理进行分包反索赔工作，也应对于实际发生的分包索赔给予确认、计量和支付，这一切都应基于分包招标投标文件、分包合同约定执行。对于约定模糊造成争议的工作内容，总承包方、分包方应充分达成理解，基于彼此完整项目成本情况而进行决策，而不因单纯计较“一城一地”的得失而影响全方位的合作关系。针对单纯收取管理费、按实结算两种常见的分包合同模式，总承包方应在合同文件和执行中有不同的模式。

分包定价及结算策略如图 9-4 所示。

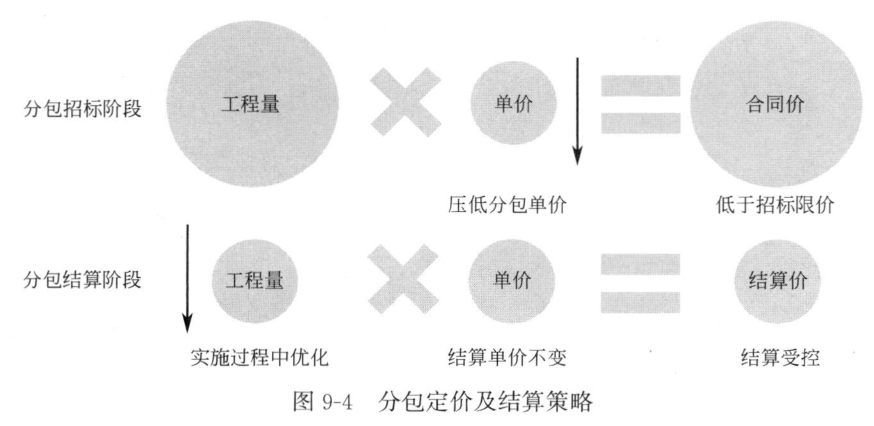

图 9-4　分包定价及结算策略

9.4.1 “背靠背”模式

1. “背靠背”模式定义

（1）**基本定义** “背靠背”模式常见于单纯收取管理费模式的分包合同，即总承包方将建设单位对其要求的大部分甚至所有权利和义务对应于分包工作内容进行相应转移，总承包方仅从中收取固定比例的管理成本。

（2）**索赔的转移** 总承包方应在分包合同中对于分包索赔是否成立约定清晰的前提是相应的总包索赔为建设单位所确认，即将分包索赔等同于总包索赔，将总包索赔产生的收益扣除管理成本后全额转移给分包，同理如总包索赔不成立，同样失去分包索赔的基础。

2. “背靠背”模式优点

“背靠背”模式的优点在于总承包方不再承担大部分甚至全部索赔风险，成本测算简单、固定，但是也存在不能通过索赔和反索赔扩大收益的弊端，而且在项目索赔过程中遇到总包索赔无法成立而确需实施的工作推进难度较大，对于分包方资源投入方面缺乏有效的管控和激励手段。此模式适用于陌生市场情况下，总承包方对市场熟悉度高的分包方诚信和履约能力进行充分考证后实施。

3. “背靠背”模式弊端

“背靠背”模式的弊端主要体现在由于在分包选择、商务谈判时，设计工程极可能尚未全部完成，对于分包成本、分包合同价款测算存在较大的不确定性，分包方很难接受设计超量等风险，即便前期签署了“背靠背”的合同，由于过于粗放的定价模式，在实施过程中一旦局部甚至个别发生超量情况，分包方可能会向总承包方提出索赔，也可能会造成现场消极怠工的情况，对超量设计内容拖延甚至拒不实施，同时设计优化产生的收益又难以起到激励作用，会使项目陷入两难境界。

9.4.2 “量高价低”模式

1. “量高价低”模式定义

区别于“背靠背”分包合同模式，总承包方可采用“清单计价、按实计量”模式签订分包合同。即要求分包方对分包合同工作内容及工程量清单进行报价，最终按照实际发生的工程量、综合单价为依据进行分包结算。

2. 具体落实

（1）**招标体现** 总承包方在进行工程量清单编制过程汇总应秉承总价控制、工程量预抛的方式进行洽谈和招标，目的在于降低分包合同的综合单价，从而在分包索赔内容发生和认可后，对于分包索赔金额进行有效的控制。

（2）**有限抛高** 工程量预抛应基于可能存在风险、设计深化优化水平控制相应的比例，不应盲目大幅度抛高后造成分包无法进行有效报价，这项工作应由商务经理与设计经理进行较充分的沟通后确定预抛系数。

9.4.3　分包索赔工作内容的监控

1. 及时、真实记录

无论分包索赔是否得到总承包方的认可，在分包提出索赔或总承包方认为可能会发生分包索赔的情况下就应该充分介入，在工程量计量、现场测算方面建立原始数据记录，特别是隐蔽工程应做好记录、检验工作，避免因后续无法勘验而造成争议。

2. 全过程的监控

（1）**明确责任**　总承包方应在分包合同中明确约定分包索赔的工作流程和未按流程申报产生的责任。总承包方在下达可能造成分包索赔情况的工作指令前，应对可能造成索赔工作成本按照分包合同约定进行测算，根据测算结果决定是否调整指令，下达指令后或接到分包方索赔要求后应尽快要求分包方尽快提交测算报告，收到报告后按工作流程进行审核。

（2）**先谈后做**　工作进度尚有空间的情况下，总承包方和分包方应对索赔事宜定性、分包工程量价洽谈完成达成一致后实施。

（3）**应急实施**　对于工作进度确实紧张的，在实施的同时，总承包方和分包方应同步完成工程量的确认，后续再进行事宜定性和价格的审核确认。

（4）**计量依据**　工程量的最终计算应以竣工图为依据，对于无法在图纸上表达的临时性工作内容或工程范围外的内容应以现场实测实量的数据为依据，总承包方应配备经过校准的工具进行测绘，对与分包方上报数据存在差异的，应分析原因，必要时进行共同复测以达成一致意见。

9.5　如何面对政府审计

政府审计是否作为建设项目竣工结算的依据，在业内争执已久，作为政府投资的市政基础设施项目，部分地方政府直接在地方性审计条例和监督条例中明确审计结果作为工程竣工结算依据，并要求将此要求纳入合同内容。2017年6月5日全国人大常委会法工委在回复中国建筑业协会作出的《关于对地方性法规中以审计结果作为政府投资建设项目竣工结算依据有关规定提出的审查建议的复函》[1]中明确："地方性法规中直接以审计结果作为竣工结算依据和应当在招标文件中载明或者在合同中约定以审计结果作为竣工结算依据的规定，限制了民事权利，超越了地方立法权限，应当予以纠正。"2020年2月26日住房和城乡建设部办公厅下发《关于加强新冠肺炎疫情防控有序推动企业开复工工作的通知》[2]，明确要求："规范工程价款结算，政府和国有投资工程不得以审计机关的审计结论作为工程结算依据，建设单位不得以未完成决算审计为由，拒绝或拖延办理工程结算和工程款支付。"从上述文件来看，建设工程合同的工程价款结算应属于双方民事行为，按照合同约

[1] 法工备函〔2017〕22号

[2] 建办市〔2020〕5号

定进行，审计部门对建设资金的审计不应影响建设合同的效力和执行。尽管如此，在实际项目操作和执行中，建设单位为了规避自身责任，依然普遍将审计结果作为结算依据的要求纳入合同中。如此，在市政基础设施项目竣工结算的最终阶段，总承包方在办理审计相关事宜时应做到坚持原则，有理有据。

9.5.1 坚持以合同约定为准绳

1. 合同结算模式的约定

建设资金的审计内容更注重于资金使用的合理性及合规性，在总承包合同约定方面可能会存在个别差异。

（1）**固定总价的争议** 比较常见的对于结算总价造成较大影响的是对于固定总价模式的理解差异，一种是认为固定总价是绝对总价，不应该出现和接受任何费用索赔和工期索赔，另一种认为固定总价应基于工程报价清单内容，增加的不予补偿，优化的应予扣减。

（2）**合同清晰界定** 总承包方在总承包合同洽商谈判时应特别注意合同结算方式等关键内容的清晰约定，不能单纯认为与建设单位已达成口头共识就不在合同中明确强调。

（3）**对审计的解释** 对审计单位应着重解释固定总价模式的合同边界以及最终的考核标准，坚持以合同约定为准绳，审计也不应否定已签署的总承包合同中清晰约定的内容而进行。

2. 索赔程序的完善

（1）**投标策略** 在项目招标投标阶段，总承包方应对可能会发生的设计变更予以评估预测，并制定相应的投标策略。

（2）**按程序变更** 在项目实施过程中，总承包方应重视造成实物工作量减少的设计变更，评估变更后的经济影响，确定执行后严格按照相关变更程序执行，留下手续齐全合规的书面资料。

（3）**过硬的索赔材料** 对于决策性意见造成的总包索赔，即便是建设单位明确发出的指令，也应进一步对指令的必要性、可行性与合同边界的差异进行分析说明，有条件的情况下应要求建设单位组织第三方评审或原可行性研究报告、初步设计评审单位再次进行评审，相关评审报告可作为独立中立的评价依据，给索赔的成立提供更合理更可信的解释。

9.5.2 注重原始资料整理

1. 资料缺漏的负面效应

除了部分采用“跟踪审计”的项目，政府审计部门往往到建设项目的最终阶段才参与了解整个项目情况，审计内容又包括了项目立项直至项目结算完成的全部情况。所以无论是建设单位还是总承包方都不应以“想当然”的态度提交资料，一旦提交不完整的受审资料，可能会影响政府审计部门的正确判断，通过质询再进行补充和说明，易造成审计部门的不信任感甚至发生不再采信相关证据直接核减的情况。

2. 审计关注点

（1）**效益发挥** 与总承包方密切相关的是工程结算文件的审核结果及项目建成后的实

际效益，总承包方由于承担了更多的项目建成后的效益发挥责任，所以审计内容还会按照总承包合同约定的各项主要建设指标与实际情况进行对照，以核查项目预期效益是否实现，这一点与施工总承包模式的总承包方审计关注点有所区别。总承包方应关注项目运行状态，对于政府部门的各项批复意见和工程总承包要求的主要指标予以核对，对于不一致之处，在能够完善变更的情况下及时办理变更手续，在无法变更的情况下应做好说明材料的收集整理，做好澄清准备。

（2）**逻辑成立** 审计部门通常会要求提交审计资料从前到后完整的追溯性和逻辑性的成立。

① 对于建设期较长的项目而言，过程中很多变更、执行内容的资料易出现遗失情况。审计部门在审计中往往会就资料的不完整性提出补充说明的要求，这种情况下原始资料的有序归档整理就尤为重要。

② 总承包方应特别注意各类会议纪要、评审报告、经过见证的现场测量数据记录、监理单位及建设单位参与签署的相关文件原件的保存。这些资料应分类清晰、妥善保存，以备用于审计过程中的解释和验证。

9.5.3 审计周期较长的应对

1. 周期拖长的困局

有些地区的政府审计不会有一个约定清晰的周期，排期、反复洽谈、确认等漫长流程导致审计周期长达一年、二年的项目屡见不鲜，但是拖延时间过长往往又导致总承包方的资金时间成本不断累加，为了早日完成审计收入尾款，处于弱势地位的总承包方不得不对争议内容妥协（图9-5）。

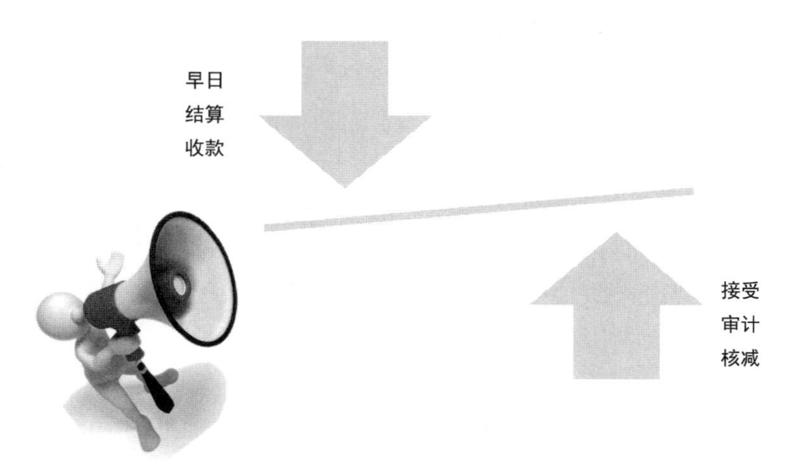

图9-5 面对审计拖延的困局

2. 应对策略

（1）**期限沟通** 总承包方应在建设过程中直接或通过建设单位尽早明确审计部门和审计原则，就审计期限进行了解或确认。

（2）**尾款提前** 对于过长的审计周期影响到尾款收付，总承包方在总承包合同中应争取尽量压缩审计尾款比例，并且尽量通过保函或审计核减最终退款返还承诺的方式争取提前收取尾款，以降低资金成本的压力。

（3）**投诉**　对于确实无法接受的审计意见在长期沟通无果后可按照依法合规的程序向上一级政府部门投诉直至仲裁或诉讼。

9.6　工程总承包模式的税金成本管控

2016年5月1日，国内开始施行“营改增”政策，经过两次降低税率后，目前增值税率包括13%、9%、6%三种。根据《营业税改征增值税试点实施办法》第四十条：“一项销售行为如果既涉及服务又涉及货物，为混合销售。从事货物的生产、批发或者零售的单位和个体工商户的混合销售行为，按照销售货物缴纳增值税；其他单位和个体工商户的混合销售行为，按照销售服务缴纳增值税。”[1]

因为工程总承包涉及设计、施工、采购等多个环节，包括多项不同实施内容在内，所以其税金也因为内容差异需要执行“混合销售、混合开票”模式。设计等咨询服务类工作属于现代服务中的研发和技术类服务，按照现行的税率应开具6%的增值税专用发票。土建、安装类施工内容应开具9%的增值税专用发票。涉及设备销售的增值税发票属于涉及销售或者进口货物，提供加工修理修配劳务，有形动产租赁服务，应开具13%税率的增值税专用发票。除了增值税外，需要总承包方承担的税金成本还包括收益税（企业所得税和个人所得税）、除增值税之外的流转税（进口关税）、杂项税（各类附加费）、其他税类（印花税、土地使用税等），一般占到总承包合同总金额的0.3%～0.5%（图9-6）。

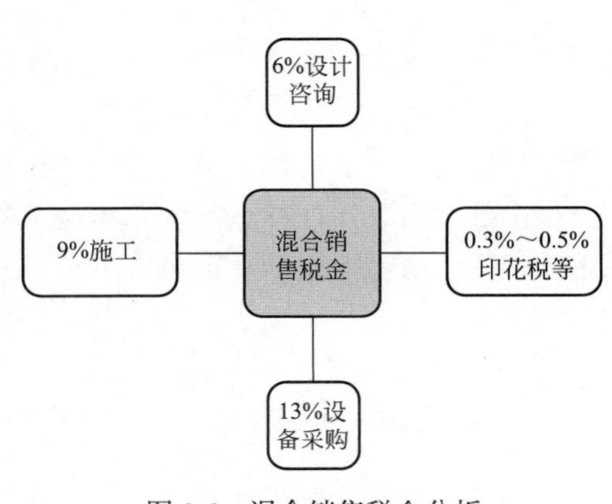

图9-6　混合销售税金分析

由于混合销售的对象尚未有政策明确界定，各地方税务部门对混合销售征收增值税的规定理解各不相同，从而导致执行的政策各不相同，所以工程总承包项目节税筹划有一定的空间。总承包方应充分调查了解工程总承包项目所在地的税收政策，可从以下方面着手规范纳税、合法降低税金成本。

9.6.1　明确合同金额组成

在总承包项目投标、合同洽商签订过程中，应对其中的设计费、设备采购费、施工费用拆分列明，达成混合销售的分别核算条件。对于无法明确拆分或列出的费用如项目管理费、工程保险费等内容应尽量归入税率较低的分类金额，减少应税额。在设备采购、安装

[1] 财税〔2016〕36号

工作中，对于设备安装辅材如各类管道电缆桥架、设备钢平台等也应尽量归入安装工程内容，避免作为设备采购费承担较高税额。

9.6.2 对分包方的要求

1. 分包开票税率明确

在分包甄选比价阶段，应明确分包方的开票税率，避免不平等比较。部分分包方只能开具3%税率的专用发票或小规模纳税人无法提供增值税专用发票的，会造成总承包方抵扣金额偏低甚至无法抵扣进项税，应综合权衡不同分包方的成本后选取。

2. 总分包开票顺序

由于增值税税金按月申报的特点，总承包方如果在申报前未取得分包方开具的发票而先行开票，则会产生阶段性无法抵扣进项税的情况而造成税金垫付。总承包方在每次开具发票收取工程款前，应尽量明确对分包方的支付金额并要求分包方先行开票，以避免上述情况的发生。

9.6.3 依照当地政策调节税率

为了推广和适应工程总承包模式，部分地方政府部门提出了相应的税收政策。如深圳市国税局在《深圳市全面推开“营改增”试点工作指引（之一）》中明确：“建筑企业受建设单位委托，按照合同约定承包工程建设项目的设计、采购、施工、试运行等全过程或若干阶段的EPC工程项目，应按建筑服务的税率缴纳增值税。”即工程总承包项目可以总体按照9%的税率申报缴纳增值税。由于市政基础设施项目中设计类费用占比较低，而设备采购金额相比较高，可抵扣税额较大，给总承包方形成了较优惠的低税额条件。在陌生区域首次承接工程总承包项目时，总承包方应充分了解当地的税收政策，按要求进行缴税，对当地税收政策与总承包方所在地税收政策存在差异的，总承包方应积极沟通、了解，以免造成税务风险。

第 10 章　工程总承包的联合体管理

两家或两家以上的独立法人组成联合体作为总承包方共同承接市政基础设施项目是当前工程总承包模式普遍情形。由于施工企业、设计企业的长期以来的分类界限，资质和能力的延伸短期内较难完成，从政府的角度允许联合体模式有利于工程总承包模式的推广，有利于形成充分的市场竞争，但是不可忽视的是在采用联合体承接项目的同时，经常会出现责任主体不清、内部推诿扯皮等诸多不利于项目推进的因素，特别是对于因为联合体本身而产生的问题往往映射成工程总承包模式的问题造成行业内的误会，对工程总承包模式造成非常不利的影响，也对部分设计企业承接工程总承包项目造成了种种困境。

10.1　联合体的组合方式与分工原则

常见的市政基础设施项目工程总承包的联合体模式通常有以下几种组合形式，其中成员方可能为一家，也可能为若干家，具体如表 10-1 所示。

联合体常见的组合模式汇总表　　　　**表 10-1**

分类	联合体牵头人	成员方	备注
类型 1	负责设计	负责施工	联合体牵头人仅需具备设计资质
类型 2	负责设计、采购	负责施工	
类型 3	负责设计、部分施工	负责部分施工	联合体牵头人必须同时具备设计、施工资质
类型 4	负责设计、部分采购、部分施工	负责部分采购、部分施工	
类型 5	负责设计、全部采购、部分施工	负责部分施工	
类型 6	负责设计、全部施工、部分采购	负责部分采购	
类型 7	负责施工	负责设计	联合体牵头人仅需具备施工资质
类型 8	负责部分施工	负责设计、部分施工	

联合体成员方工作分工除了设计、施工必须具备相应的资质之外，其余工作内容的划分相对灵活，可由联合体成员方具体商定，施工内容也可由具备相应的资质的成员方在明确施工界面衔接后划分实施，联合体分工应做到优势互补、责任明确、界面清晰（图 10-1）。

10.1.1　资质及专业特长划分

1. 资质划分

总承包方在承接工程总承包项目，通常为了解决资质、业绩不满足的问题而进行联合体的组队，目前最普遍的情况是具有设计资质企业与具有施工资质企业组成联合体，分别负责中标后的设计、施工实施工作，以满足招标文件的投标人资格要求。设计、施工单一资质企业在组成联合体时应严格按照资质范围进行分工，不应超越资质而违法进行项目实施，如只具有设计资质的企业自行承担部分施工任务或对施工任务进行分包。

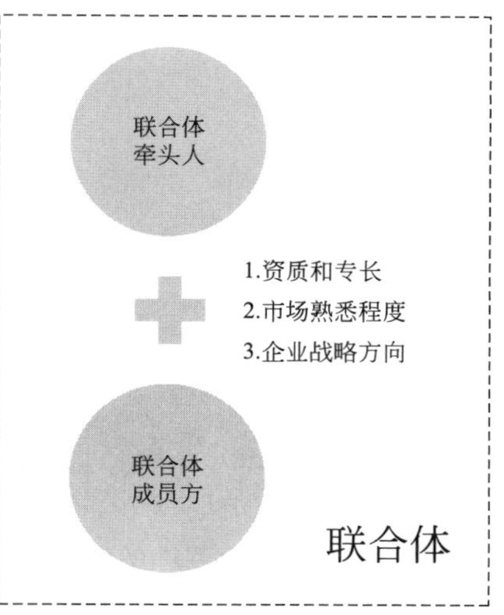

图 10-1　联合体的组合

2. 专业特长划分

（1）设备采购集成划分　在涉及设备采购集成等分工方面可考虑由具备专业特长或管理集成优势的成员方实施，复杂工艺项目常见的由负责设计工作的单位负责总体设备采购集成工作，便于性能保证的连贯性，在性能出现问题时可做到责任清晰明确，也利于从根源保证总体性能。

（2）施工能力划分　当联合体成员方均具有施工资质并在项目承接过程中有效响应招标文件要求的情况下，联合体成员方对项目施工任务进行分解，分解中应考虑不同企业的专业特长，市政基础设施项目常见的地基基础加固、土建、非开挖、机电设备安装、装饰装修、钢结构等尽可能安排具有专业特长的联合体成员方进行承接，以发挥其资源和技术优势，达到互补的目的。项目施工任务分解的同时，还应对施工界面进行清晰界定，避免产生实施争议。

10.1.2　市场熟悉程度划分

1. 当地施工企业的合作

（1）合作原因　传统设计企业在全国乃至全球布局并尝试工程总承包模式承接项目时，往往涉及项目所在地的工、料、机各种资源调度和掌控问题，而且所在地的各类复杂社会关系处理也通常是项目推进实施的难题，于是和当地施工企业联合承接项目并由当地施工企业负责施工成了较为常见的分工模式。

（2）合作优势　这种模式解决了“水土不服”的问题，有利于发挥当地施工企业的资源协调和社会关系处理优势，设计企业可以集中精力完成设计及分工范围内的其他工作，也为突破某些客观存在的“地方保护主义”的市场经营壁垒创造了条件。

2. 施工企业的跟随合作

（1）跟随合作　由于设计企业的业务承接和投入轻量，设计企业的市场开拓难度相较于施工企业小，因此具有一定合作关系的施工企业跟随全国化实施能力的设计企业开拓外地市场的情况也屡见不鲜。

（2）优势互补　此种情况下，设计企业应选择资信良好、合作默契、实力雄厚的施工企业共同组建联合体承接异地工程总承包项目，发挥理解充分、合作机制成熟的优势，共同承担项目实施风险。

10.1.3 企业战略方向划分

1. 学习拓展

（1）**尝试与学习** 不同企业综合自身的战略发展方向在联合体分工中不断尝试、突破新的业务，逐渐完成业务能力的延伸和拓展，在联合体合作过程中“贴近”学习其他成员方的管理、技术特长。

（2）**稳步推进** 联合体分工应切合企业自身的战略发展方向，在具备相应的资源和实施能力后逐渐推进，不宜贪大求全，过度扩张冒进往往会因技术、管理能力的不足而产生不良后果。

2. 战略延伸

（1）**设计企业** 设计企业可以在具备资质和资源能力的情况下由易至难逐步承担部分施工任务实施，通过联合体的模式培养独立承接项目能力。

（2）**施工企业** 施工企业可以培养采购、安装、调试等综合集成能力，也可参与项目设计辅助专业工作内容，培养全产业链的综合能力。

10.2 如何签订联合体补充协议

市政基础设施项目工程总承包招标文件对联合体协议有固定的格式要求，其中约定了联合体成员单位名称，明确了联合体牵头人及联合体牵头人的部分工作职能、联合体各成员单位内部的职责分工。

由于篇幅有限且商业信息无法对外全部公开的原因，联合体内部合作的大部分信息无法直接反映在由投标文件组成的联合体协议中。在此基础上联合体成员方还应签署联合体补充协议以作为联合体成员方的内部约定，进一步明确分工范围、资金及利润划分、组织架构、各方职责、共同工作、联合体界面、联合体内部工作流程、合作原则、争议解决、其他约定等内容。联合体执行项目的成败，主要取决于联合体补充协议的约定与执行。

10.2.1 分工范围

1. 总体原则

联合体分工范围应由联合体成员方商议而定，除了遵守前述原则进行划分外，应在分工范围中详细描述联合体成员方所承担的工作，明确联合体牵头人地位，强调联合体成员方须服从联合体牵头人对项目的总体协调，配合联合体牵头人完成各项工作，共同实现项目的总体目标。

例如某采用工程总承包模式实施的自来水厂新建项目，某竞标方为三家单位组成联合体进行投标，在投标联合体协议中约定分工为：甲方负责勘察设计及牵头协调，乙方负责土建施工，丙方负责设备采购、安装及调试。在联合体补充协议中总体分工补充约定如下：甲乙丙三方共同组建项目部，进行联合管理。联合体牵头人为某市政工程设计研究集团有限公司，负责本项目工程详细勘察、初步设计及概算，施工图设计和预算、报审报批工作及总体协调等。乙方某市政工程有限公司为联合体成员单位，负责本项目土建施工，包括但不限于原有建构筑物的拆除、改造、加固补强，建构筑物的新建、扩建、保护，配套建设外水外电工程、消防工程、整体验收、管线保护及所实施内容缺陷责任期内的缺陷修复、保修工程、售后服务等。丙方某环保科技股份有限公司为联合体成员单位，负责本项目设备采购安装，包括但不限于原有设备的拆除及改造、工程的设备采购、设备采购集成（含二次设计）、设备安装、外线工艺管道、相关技术协议的编制及上报评审、对土建和安装施工图的确认、设备保管、单机及整体调试、试运行期间派驻技术支持和协调人员、人员培训及所实施内容缺陷责任期内的缺陷修复、保修工程、售后服务等。项目经理、设计经理由甲方派出，施工经理、安全总监及相关施工管理人员等由乙方派出，采购经理、安装施工经理等由丙方派出。在联合体补充协议后续篇幅中，联合体三方再根据上述分工详细进行具体工作界面、实施内容的划分约定。

2. 共同负责设计的分工

（1）**主次约定** 由两家或两家以上联合体成员方共同承担设计任务的联合体模式，其联合体补充协议中还应对设计工作进行具体约定，如两家成员方均非联合体牵头人的还应在设计工作中约定主次，设计经理应由承担主设计任务的联合体成员方进行委派。如总承包合同中包含初步设计，应尽量由承担主设计任务的联合体成员方负责完成。

（2）**文件编制** 项目设计文件的编制应采用统一的工程号、子项号、子项名称、专业号、专业代码、图纸编号形式，图纸规格应采用统一格式。

（3）**过程协同** 在施工图设计的各个阶段，联合体成员方都应做好协同工作。

① 施工图设计前，应根据工作内容由联合体成员方共同讨论确定相关的技术方案，以此作为设计前提条件。

② 施工图设计中联合体成员方应根据工作内容，按照排定的计划分别向其他联合体成员方提交设计条件，并完成需要的图纸会签工作。

③ 除了某些独立的设计任务之外，应采用联合图签的方式，由相应设计人员进行会签。

④ 施工图设计完成后，应由设计经理负责汇总提交设计文件，接受施工图审图，联合体成员方根据各自承担的内容做必要的修改和调整。

⑤ 工程开工前，项目经理、设计经理应组织各专业设计人员共同进行设计交底，联合体成员方按照设计分工内容分别承担施工图预算编制和提交，并分别负责设计范围内的竣工图编制工作，最终由联合体牵头人负责汇总。

⑥ 负责设计的联合体成员方任一方发出设计变更或签署确认变更设计文件，均应通过内部设计、校对、审核、会签后，由专业负责人和设计经理、项目经理审核签字，最终由联合体牵头人统一对外发送。

10.2.2 资金及利润划分

1. 模式区分

联合体模式的资金及利润划分主要有两种模式。

（1）**分割模式** 按照总承包合同价和具体的工程量报价清单进行分割，联合体成员方对各自分工的范围、内容和各项费用及总体费用包干，所有的权利、义务和如出现索赔、反索赔对应的收益由相应的联合体成员方独自承担，如出现无力承担的情况，再追溯其他成员方连带责任。

（2）**共担模式** 共同组成商务临时机构，共同对所有分包方、设备供应商进行采购和过程成本控制监管，最终完成全部总分包结算后对利润按照约定比例进行分拆。

2. 优缺点分析

（1）**分割模式的优点** 各自责任较为清晰，能够调动联合体成员方在责任范围内的积极主动性。

（2）**分割模式的缺点** 容易产生联合体内部界面分歧，造成推诿扯皮，出现各自“画地为牢”的情况。

（3）**共担模式的优点** 形成各方统一工作目标，能从根源上解决联合体内部存在的界面分歧，积极推动项目实施完成。

（4）**共担模式的缺点** 商务临时机构的统一工作机制和原则较难形成，对分包方、设备供应商的成本控制一旦产生分歧，较难解决，联合体内部的诚信合作原则通过个别项目难以一次性建立，甚至会造成资金成本过分夸大后通过其他方式转移支付的不利情况。

（5）**共担模式的缺点应对** 在共担模式的联合体协议中应约定，由联合体成员方单方面责任造成的损失不计入项目成本，从其最终分配的项目利润中支付，如利润不足以支付，则超出部分由责任单位自行承担。

3. 资金走向

在具体的资金收付走向方面也有两种模式。

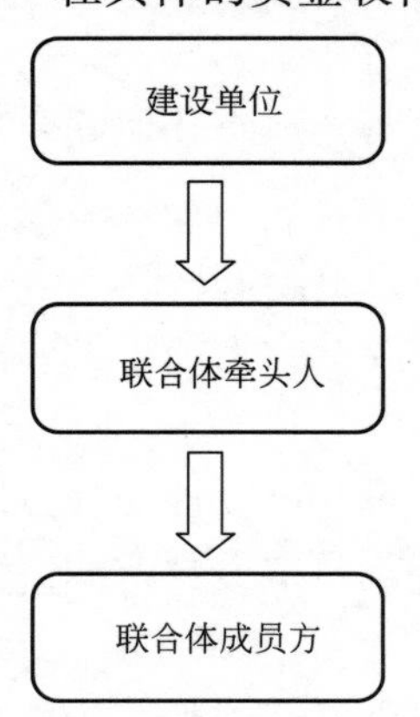

图 10-2　牵头人统收

（1）**牵头人统收** 联合体牵头人统一收入全部资金（图 10-2）。

① 有利于通过资金手段突显联合体牵头人地位，提高联合体内部的协调管控能力。

② 在产值数据计量申报方面有利于扩大联合体牵头人企业产值规模。

③ 资金支付路径环节增加，需要联合体牵头人提高内部支付流转效率以免影响资金使用。

④ 在税金方面要类似分包模式做好税收登记和税金缴纳工作。

（2）**联合体成员方分别收取** 由联合体成员方向建设单位提交保函保证金，分别收取资金，各自完成税收登记和税金缴纳。分别收取模式给建设单位增加了汇总工作负荷，也不利于联合体牵头人进行内部协调、约束，造成联合体牵头人责、权、利不对等的局面，从资金源头上形成联合体各自分离的局面（图 10-3）。

（3）**衍生模式** 在牵头人统收模式的基础上，还衍生出了联合体牵头人对联合体成员方进行按约定的工程量清单结算支付的模式，类似于分包合同结算，此种情况多见于由设计企业担任联合体牵头人，且联合体牵头人对于通过限额设计、优化设计最终取得节约成本的收益具备能力和信心，而负责施工的联合体成员方又不愿意承担设计超量可能而产生的风险。采取这种模式，联合体牵头人应做好成本的动态测算工作，防止因设计超量而产生联合体内部的结算风险。

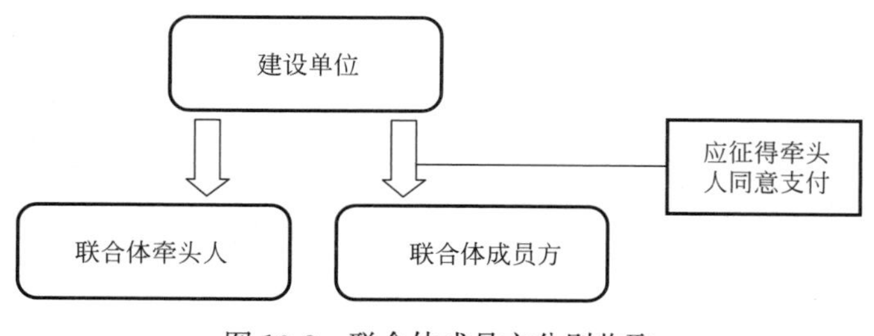

图 10-3 联合体成员方分别收取

10.2.3 组织架构

1. 项目管理体系

联合体作为项目实施的临时机构，应按照国家的相关规定、总承包合同文件的具体要求建立项目管理组织机构。市政基础设施项目管理组织机构应包括工程总承包项目经理、设计经理及设计团队、采购经理及采购团队、施工经理及施工团队、安全总监等在内完整的组织体系，并共同任命包括项目经理在内的主要岗位。

2. 人员分层配置

（1）**项目经理及主要人员** 项目经理应由联合体牵头人派出，履行总体项目经理管理职责，其余各成员方就各自总承包资质、专业承包资质对具体实施内容负责，派出有资质、有能力、有经验的人员共同组建项目管理组织机构，相应人员的配备应满足项目进展需要，接受项目经理的统一指挥。

（2）**大型、超大型复杂项目** 可以在项目管理组织机构的上层由企业高层形成项目领导小组，对项目进行监督推进，以企业层面的资源调度能力、决策能力解决项目管理组织机构无法解决的具体问题，协商解决联合体内部存在的矛盾纠纷。

10.2.4 联合体牵头人的一般职责

1. 联合体牵头人正常工作职责

（1）**对外总体协调** 联合体牵头人应负责工程的对外总体协调。

① 联合体牵头人代表联合体作为对外的主体，负责同建设单位、政府部门和其他相关外部单位的联络、沟通、协调。

② 负责统一办理项目各类前期手续资料，联合体牵头人参与建设单位召开的工程例会。

（2）**对内总体协调** 联合体牵头人应负责联合体内部的总体协调。

① 联合体牵头人应组织联合体内部会议。协调联合体内部事宜。

② 联合体牵头人应制定联合体公章使用规定并负责管理联合体公章，公章需要经项目经理同意后方可使用。

③ 联合体牵头人应负责组织联合体成员方对现场实施的工程质量、进度、安全、文明施工进行监督检查，共同做好竣工验收、竣工档案、工程移交及保修工作。

④ 有经验的联合体牵头人可以负责大临设施的建设和办公区的统一管理以及联合体统一对外宣传、形象展示等工作。

2. 联合体牵头人“托底”行为

（1）“托底”行为定义 对于建设单位、监理单位而言，工程总承包项目出现的任何问题，可能第一时间都会联络联合体牵头人提出要求。联合体牵头人为了维护联合体的整体利益，所采取的措施被称之为“托底”行为。

（2）“托底”行为内容 “托底”行为包含了联合体牵头人要做的协调联合体成员方促进整改、推进等各项工作，也包括了必要状态下所采取的直接补救措施。

① 联合体成员方一旦出现不良履约行为，联合体牵头人应具备总体协调、管理能力，对联合体成员方提出的要求能够及时响应和处理。

② 在联合体协议、联合体补充协议中应约定清楚联合体内部的违约责任，对联合体成员方的各项行为予以约束。

10.2.5 对联合体成员方分包行为的要求

1. 对联合体成员方分包的了解和要求

（1）基本要求 在联合体成员方负责施工任务或部分施工任务的情况下，联合体牵头人必须对其分包的基本模式提出要求，对分包方的情况予以了解，在对分包方能力存在疑问的情况下应进行考核甚至否定。

（2）分包索赔风险分析 基于联合体成员方一旦采用以简单收取固定比例管理费的方式进行分包的模式，极有可能造成分包方对工作范围以总承包投标工程量清单为标准，对于清单未列明或数量不足的部分无法向建设单位索赔的情况，将索赔方向转为联合体牵头人，或者拒绝实施相关内容。

（3）其他履约风险分析 分包方在履约方面无论出现哪方面的问题，其最终结果都可能会影响联合体的总体利益，并极有可能由联合体牵头人首先面对外部问责和压力，所以联合体牵头人有必要在联合体协议中对成员方的分包模式、分包方的选择予以要求。

2. 联合体成员方资金监管要求

联合体牵头人可以要求联合体成员方开具监管账户收取项目资金，即联合体成员方所有资金支付均需要得到联合体牵头人的批准，以此约束成员方所有对外支付资金必须专款专用，防止资金挪用造成项目履约困难，特别是针对务工人员工资等易造成群体性事件风险方面更应做出要求。

10.2.6 共同工作

1. 矛盾解决

对联合体成员方而言，除了职责范围明确的工作职责之外，在项目执行过程中当联合体成员方工作发生矛盾时，联合体成员方应本着有利于项目总体开展的原则，友好协商解决。为确保项目的进度、安全、质量和总体成本控制等关键点，联合体牵头人在必要时应具有采取必要措施的权利，确保项目顺利开展。

2. 共同工作及收益

（1）**利益共享** 涉及联合体成员方共同工作内容即可以由某一个成员方为主、其余各成员方配合，也可由各成员方分别围绕共同目标来进行，所有行为的收益方应尽可能包含所有的联合体成员方，这样才能调动各参与方的积极性。

（2）**共同推进** 项目建设手续办理、总体进度推进及各项验收同样直接涉及联合体成员方利益，应合作发挥优势进行推进协调。

（3）**共同形象** 如形象宣传工作方面在现场标志识别系统或对外媒体报道宣传时体现联合体成员方。

（4）**共同创优** 评奖创优方面尽可能将联合体成员方均作为评奖申报单位，而且共同围绕创优要求开展各项工作。

10.2.7 联合体界面

1. 问题的产生

联合体界面常常在多个联合体成员方共同涉及采购、施工时存在界定不清、混淆的情况，在实施过程中暴露后易造成扯皮情况，严重影响工程进展。

2. “混凝土”原则

（1）**“混凝土”原则定义** 对于分别承担的土建施工、安装施工、采购等方面可总体按“混凝土原则”划分约定，即所有埋入混凝土的工作均由土建施工的联合体成员方负责。

① 所有土建结构中预埋件、预留孔（管或洞）的加工和安装属于土建施工范围，其中预埋管接出土建平面或立面20cm（不包含法兰盘），法兰盘属于安装施工范围。

② 所有预埋的穿墙套管在管道安装完成后预留孔的二次封堵属于土建施工范围，设备安装完成后基础的二次灌浆属于安装施工范围。

③ 所有的管道支架的采购安装属于安装施工范围，所有设备钢平台、建构筑物钢结构采购和安装属于土建施工范围。

（2）**平面分工** 总平面埋地雨污水管线、上水及消防管、建筑给排水及预埋工艺管线属于土建施工范围，此外所有工艺管线属于安装施工范围，除设备本身自带的预埋件属于安装工程以外。

3. 返工处理

对于设计中因为采购提资与总体工程进度时间差造成的返工可作以下约定：因设备安装和提资问题造成的预留孔洞修补、增开预留孔洞或通过锚栓方式增加埋件及其他成品损坏的修复，该项产生的费用由责任单位承担，实施原则上属于土建施工范围。

4. 临时工程

对于共同使用的临时工程可作以下约定：大临设施、总体施工便道的建设、养护和管理属于土建施工范围，设备安装专用的施工便道、场地属于安装施工范围，工程竣工后，大临、便道、管线、场地等拆除、处置及复原均由实施单位负责。

5. 公用基金机制

(1) **牵头人权利** 为了避免因联合体补充协议中未约定清楚的界面在过程中问题暴露后无法实施，特别是固定总价模式的项目，由于联合体成员方资金划分已确定，多承担的工作内容等于多发生的工作成本，所以难以落地。在联合体补充协议中应赋予联合体牵头人权利：其他未明确划分界面的工作由联合体牵头人划定责任范围。

(2) **争议的两面性** 联合体成员方应清楚地认识，大型复杂市政基础设施项目的联合体界面不可能在联合体协议阶段就完全划分清晰。在实施过程中出现的争议应从两方面看待：

① 要考虑到自身的利益、进度、投入方面的综合平衡以及履约诚信行为对今后市场经营、联合体合作的影响。

② 应综合考虑联合体的总体利益是否受到影响。

(3) **公用基金机制** 对于确实没有划分清楚又必须实施的，可以由联合体牵头人考虑费用风险分摊机制或公用基金机制，采用某一方实施，成本公摊的办法解决问题（图 10-4）。

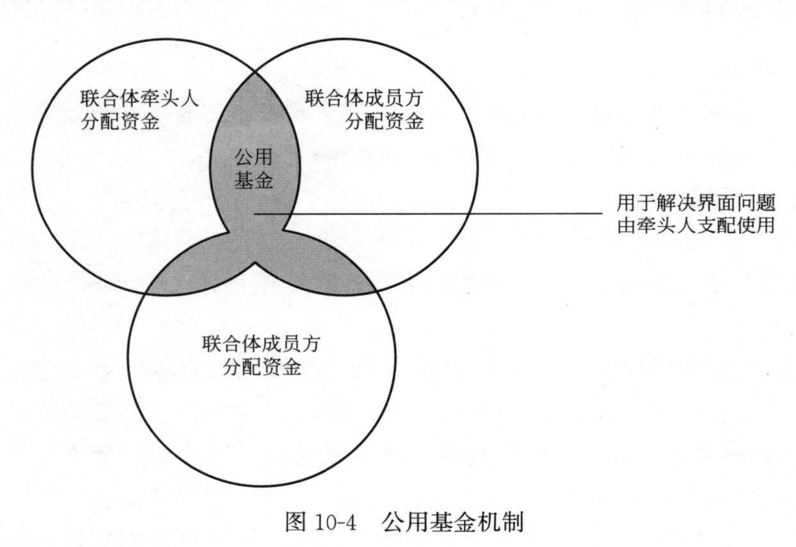

图 10-4 公用基金机制

10.2.8 联合体工作流程

1. 主要工作流程

联合体工作流程包括文件审批流程、费用申请支付流程。

(1) 文件审批

文件审批流程应以联合体牵头人为中心，主要内容包括：

① 联合体项目管理组织机构所有外部文件统一由联合体牵头人审核、发出、接受和内部分发，日常的安全管理、工序报验资料或有其他特殊约定的除外。

② 项目技术文件、施工方案应由对应的联合体成员方的企业技术负责人审批后提交。

③ 涉及向建设单位提交合同签证索赔、反索赔资料时，联合体成员方按照各自分工内容完成基础资料的收集、整理、审批手续完善等工作。

④ 项目管理组织机构内部沟通应建立会议、文件交流等多种机制保证信息畅通。

（2）**费用申请**　对于费用申请支付流程主要采用由联合体牵头人统一收入全部资金的模式，即联合体成员方的费用支付申请均需要提交联合体牵头人审批确认，并由联合体牵头人统一上报建设单位。

① 总承包合同项下的所有资金由联合体牵头人收入，或者按照联合体协议约定和验工月报审批结果由建设单位分别支付到联合体成员方。

② 联合体牵头人代扣代缴的费用、总体协调费等在费用申请时划分清楚，由联合体牵头人统收费用的，在收到成员方提交的请款报告及相关资料后，在联合体牵头人企业内部完成流转后支付。

2. 包干原则

对于联合体成员方对各自分工的范围、内容和各项费用及总体费用包干的情况，还应约定：

（1）**各自包干**　联合体成员方应对各自工作范围内分包支付的资金安排负责，在总包资金未到位的情况下为确保工程进度进行必要的垫资并及时支付，并对各自分工范围内的相关费用和成本包干。

（2）**代付执行**　如联合体成员方未及时支付，联合体牵头人有权先行支付以确保项目进度，相关费用在下次支付或者合同结算中扣除。

3. 协调会议机制

联合体牵头人应组织定期召开联合体协调会议，会议内容包括：

（1）**前阶段总结对比**　围绕前一个阶段的计划制定和完成情况对比分析，制定解决措施及下阶段工作计划。

（2）**问题解决**　综合协调联合体成员方内部协调、界面等各方面事宜，包括处理设计、土建、安装、采购、调试等工作在内的衔接问题。

（3）**处理通报**　通报影响联合体总体利益的质量、安全、进度、文明施工等各方面监管和整改情况并对下阶段各方面工作提出要求。

（4）**对外沟通**　基于联合体总体利益出发需要联合体牵头人出面与监理单位、建设单位进行沟通的相关事宜。

（5）**资金**　讨论联合体外部、内部的资金请款、收支及税务各方面问题。

（6）**其他**　其他需要讨论解决的与项目实施有关的问题。

10.2.9　合作原则

联合体的合作原则包括连带责任、排他性、各方义务三个部分。

1. 连带责任

连带责任是指联合体成员方内部其他方承担的责任，包括联合体成员方应按照联合体协议、联合体补充协议约定工作内容向建设单位承担投标和合同执行过程汇总个别的和连带的责任，联合体成员方需要对其服务范围负责，任何一方应对其负责的内容向联合体内部其他方承担责任。

2. 排他性

排他性主要存在于总承包投标阶段，要求在项目中，联合体成员方的合作具有唯一性和排他性。任何一方不得以其自身名义或与联合体部分成员，或与联合体外其他方向建设单位提交项目投标文件，或以其他方式参与本项目。

3. 各方义务

各方义务主要指联合体成员方对内部其他方的义务原则，联合体成员方应尽帮助内部其他方的义务，保护联合体成员方的利益，应避免采取任何与总体目标相反的行动。联合体成员方所获取的可能会从实质上影响合同执行或他方利益的信息时，联合体成员方应立即通知内部其他方。

10.2.10 其他约定

1. 追偿约定

联合体成员方均应按照联合体分工确定负责的事项，享有对应的收益，并承担对应的全部法律责任。鉴于联合体连带责任的法律特点，因联合体任一方造成联合体内部其他方权益受到侵害时，联合体内部应约定可进行追偿。

2. 问题解决

因协议执行中的任何争议，联合体成员方应基于联合体的共同利益协商解决，以推进项目执行为首要原则，因协商不成，可约定采用仲裁或诉讼的方式解决。

10.3 “联合体牵头人”的伪命题及破解

根据《工程建设项目施工招标投标办法》[1] 第四十四条，“联合体各方应当指定牵头人，授权其代表所有联合体成员负责投标和合同实施阶段的主办、协调工作，并应当向招标人提交由所有联合体成员法定代表人签署的授权书。”联合体牵头人是联合体承接市政基础设施项目的最重要角色，在项目工程总承包招标中，既有明确必须由承担设计或施工工作的一方作为联合体牵头人的要求，也有允许联合体成员方自行约定联合体牵头人的情形。

10.3.1 伪命题的来由

1. 联合体牵头人常见问题

联合体牵头人的工作范围、职能、责任在不同的市政基础设施项目联合体内外部均存在较大的差异，由于联合体成员方、建设单位、政府监管部门对于其职责范围理解各不相同，所以经常出现联合体牵头人责、权、利不对等或联合体牵头人不作为的情况，主要问题通常表现为：

（1）**多头管理** 从建设单位角度来看，多头管理存在较多的界面问题，但是紧抓联合

[1] 国家发展改革委等九部委〔2013〕第23号令

体牵头人又难以像总分包模式那样全面落实各项工作。

（2）**手段缺乏**　从联合体牵头人来看，面对建设单位和外部要求，对成员方缺少有效的协调、管理手段，导致自身承担较大的压力。

（3）**立场不统一**　从联合体成员方来看，联合体牵头人处于内部平等的地位，仅仅是代表联合体行使沟通协调的权利，但是由于联合体成员方的企业立场无法完全一致，往往联合体牵头人做出的决定和响应难以代表成员方的根本利益。

2. 联合体牵头人解决方案

某些总承包方按照其专业特点，自行将联合体模式的管理路线进行拆分并进行合规化管理。

（1）**牵头人模式**　对于总承包方作为联合体牵头人的总承包项目，要求所有资金统一由联合体牵头人收付，采用资金手段对联合体内部进行有效的管控和约束，同时安排管理团队除了本身联合体内承担的工作范围外，对共同工作和对外协调统一开展工作。

（2）**成员方模式**　对于总承包方作为成员方的总承包项目，仅对联合体内部工作范围按照传统业务模式进行管理。

（3）**责任分析**　实际上根据《中华人民共和国招标投标法》第三十一条的规定，“两个以上法人或者其他组织可以组成一个联合体，以一个投标人的身份共同投标。联合体成员方均应当具备承担招标项目的相应能力；国家有关规定或者招标文件对投标人资格条件有规定的，联合体成员方均应当具备规定的相应资格条件。由同一专业的单位组成的联合体，按照资质等级较低的单位确定资质等级。联合体成员方应当签订共同投标协议，明确约定各方拟承担的工作和责任，并将共同投标协议连同投标文件一并提交招标人。联合体中标的，联合体成员方应当共同与招标人签订合同，就中标项目向招标人承担连带责任。招标人不得强制投标人组成联合体共同投标，不得限制投标人之间的竞争。”

无论是否是联合体牵头人，联合体成员方均必须承担连带责任。因此联合体的责任规避应更多注重于共同投标协议中约定的各方拟承担的工作和责任，所谓联合体中联合体牵头人所承担的更多的责任或类似总分包“托底”行为，法律上并无扩大化的要求。

10.3.2　成为联合体牵头人的原因

在联合体中成为联合体牵头人通常有以下原因：

1. 专业特长

针对具体的市政基础设施项目，相比联合体成员方，联合体牵头人具有较强的技术能力、装备优势、管理特长、地区优势或其他独有的能力，此种情况下可负责项目的对应关键实施内容，为项目的总体完成直至移交提供有力的保障。

2. 资质优势

按照建设单位的具体招标要求，具备联合体牵头人所必需的资质或业绩，在市场竞标中能获得竞争优势或者联合体牵头人与建设单位有较多的历史合作关系，在与建设单位沟通时更容易取得信任，减少沟通负担。

3. 项目发起

（1）**作为发起方**　联合体牵头人是承接整个项目的发起方，组织了联合体成员方成立联合体共同参与项目承接和实施。

（2）**有能力解决关键问题**　联合体牵头人对于建设单位关键的招标、合同或考核要求，在处理问题方面有能力并且愿意解决联合体成员方存在的问题。

（3）**代表共同利益**　联合体牵头人通常承担工程总承包的主体工作或关键工作，最能代表和体现联合体的共同利益。

10.3.3　联合体牵头人的自我定位

1. 根本职责

（1）**组织整合**　联合体牵头人的根本职责在于将一个临时的、分散的项目管理组织机构统一整合，针对项目本身形成一个目标一致、管理有序的实施组织。

（2）**联合体牵头人风险评估**　在项目管理中紧抓联合体牵头人不放是普遍的建设单位管理手段，将管理路径有效缩短、扁平，减少了各方的协调工作量。

① 由于在法律法规和规范文件中对联合体牵头人的工作职责没有统一的定义，所以联合体牵头人在承接项目前应对市政基础设施项目的风险进行充分的评估，对联合体成员方的能力进行考察研究。

② 联合体牵头人应结合客观情况和联合体牵头人本身的特点进行联合体协议和联合体补充协议的编制、洽商、签署。

③ 联合体牵头人在实际执行中坚持以联合体协议和补充协议为工作依据开展联合体牵头人的管理工作。

2. “无限”推进责任

（1）**“无限”责任**　联合体牵头人的工作就项目实施而言既有“有限”的约定清楚的工作范围，也有“无限”的协调推进责任。

（2）**“无限”推进**　联合体牵头人不应自我设定工作界限，在界限之外由联合体成员方实施的工作不予理会。一旦发生联合体成员方违约的情况，联合体牵头人必须积极按总承包合同约定将项目推进实施完成，否则将直接面临外部如建设单位的各种压力，所以联合体牵头人的责、权、利对等是从项目开始的策划投标阶段一直到项目履约完成都必须对各方强调和落实的工作。

3. 主动解决

（1）**管控必要性**　由于联合体牵头人作为唯一代表承担联合体外部沟通职能，承担联合体的共同利益实现职责。

① 联合体牵头人不仅要了解项目进展情况，更应该发挥管理和协调的能力，对联合体成员方进行有效的管控。

② 联合体牵头人应预计到建设单位的管理对象唯一性的可能，在成员方未有效履约而又由联合体牵头人承担建设单位所有的指令压力、违约通知的不利情况下，考虑有效的管理手段对成员方进行约束和管控，避免因联合体成员方的原因造成项目乃至联合体牵头

人企业层面的负面影响。

（2）**无限责任的规避** 针对传统设计企业作为联合体牵头人角色而言，一旦因为成员方的履约问题造成项目推进不顺甚至事故的发生，往往会造成局部市场范围内对工程总承包模式或联合体牵头人企业的否定，在此方面联合体牵头人所承担的是无限责任。

① 为了规避这种风险，联合体牵头人时刻保持警惕意识，提升管理能力，分层级分状态采用不同的管理手段，不能简单认为联合体模式可以减免自身的责任。

② 从项目执行的角度不能画地为牢，主动积极推动解决甚至自行解决一切问题是联合体牵头人管理的终极手段。

4. 管理环节

（1）**管理的分级** 联合体牵头人对联合体成员方的管理环节包括前期管理、费控管理、进度管理、质量管理、安全文明施工管理、大临设施管理、设计配合管理等多个环节，每个环节的管理思路类同于总分包管理，但在管理深度方面又视联合体成员方能力、意识具体分析调整。联合体成员方履约良好的，可以仅做外部协调和保持监督的工作，联合体成员方履约不良的，联合体牵头人应保持高度关注并提出各项整改要求直至直接干预。

（2）**管理的手段** 联合体牵头人可采用的手段逐级上升包括整改口头通知、整改书面通知、专题会议商讨、高层级约谈、违约经济处罚、代替实施等。联合体牵头人应在联合体协议、联合体补充协议中坚持保有上述权利并在项目实施中视情况予以应用，以体现联合体牵头人的总体牵头目的。

10.3.4 联合体牵头人的管理工作

联合体牵头人在对联合体成员方所负责实施的工作进行管理时，应以引导、协调、配合、监督为主，在项目实施受控的状态下避免大包大揽，应积极提高联合体成员方的自觉性，倡导发挥其本身的管理能力对项目进行有效的管理。联合体牵头人应负责起草联合体协议、联合体补充协议，在深入的考察、分析和思考后基于总承包合同有效履行、联合体总体利益维护的原则对联合体成员方的分工和工作界面进行缜密的约定。

1. 前期管理环节

（1）**策划大纲** 联合体牵头人组织联合体成员方共同编制项目总体策划大纲，大纲由联合体牵头人企业层面审批后执行。

（2）**总交底** 联合体牵头人在前期管理环节以建章立制、交底沟通为主要工作内容。

① 项目实施前联合体牵头人应组织联合体成员方召开联合体管理总交底会，项目部管理人员、成员方管理人员必须参加。

② 交底内容为联合体协议及内部管理流程，各方签字形成会议纪要。

（3）**项目管理体系的纳入** 联合体牵头人应要求联合体成员方出具承诺书，同意将项目管理全面纳入项目管理体系，全面接受联合体牵头人对项目的监督、检查和管理，按联合体牵头人内部管理标准实施项目管理，由联合体成员方书面确认。

2. 费控管理环节

（1）**资金划分** 联合体协议及补充协议中分工范围及费用划分表作为实施中联合体成员方向联合体牵头人验工计价月报的依据。

（2）**请款流程** 联合体协议约定资金统一由联合体牵头人收入的，联合体成员方应按照要求约定时间上报请款资料，提交联合体牵头人审核会签。

（3）**安全文明施工费用** 负责施工的联合体成员方还需将安全文明施工措施费清单化，编制文明施工措施费清单，报联合体牵头人审核，后续工程安措费付款按照清单投入情况支付。

（4）**分别收取** 联合体协议约定资金由联合体成员方各自收取的，联合体成员方的请款资料应提交联合体牵头人汇总，由联合体牵头人整合后统一向建设单位提交。

（5）**问题处理** 如果联合体成员方出现不良履约行为，联合体牵头人应积极与建设单位沟通，以推进整改项目、解决问题为出发点，按照联合体补充协议约定的权利重新平衡局部资金分配。

（6）**变更签证** 联合体成员方向建设单位提交合同签证及变更时，应按照各自分工内容完成基础资料收集整理、与监理单位、建设单位进行有效沟通，报联合体牵头人审核通过后统一由联合体牵头人上报。

3. 进度管理环节

（1）**总体要求** 进度管理环节应紧扣合同约定工期，由联合体牵头人组织联合体成员方进行进度计划的分析和编制，明确各方的进度关键节点目标、工、料、机等资源配合要求。

（2）**勘察设计进度管理** 如果联合体牵头人承担勘察设计任务的，必须用最快的速度完成相关工作，从市政基础设施项目实施本身而言，由于固定总工期的要求，在前期某个环节少部分人的滞后延误，在施工阶段可能需要成百上千的务工人员付出同样的时间进行弥补。

（3）**衔接配合** 设计、施工、采购等不同性质的工作如果由不同的联合体成员方实施，其中的衔接配合也应由联合体牵头人进行协调。联合体牵头人应组织联合体成员方定期开展进度分析会，在工期滞后的情况下，分析原因制定并落实下一步措施。

4. 质量管理环节

（1）**总体要求** 质量管理环节联合体牵头人应从设计方案策划、施工图设计、施工组织设计、施工方案、质量计划、创优计划方面入手，围绕项目质量目标开展各项前期策划准备工作。

（2）**标准统一** 涉及同一类工作分拆由不同的联合体成员方实施的，联合体牵头人应统一标准、工艺和验收要求，在材料、半成品、预制构件、设备采购阶段，联合体牵头人应制定标准，统一限定品牌短名单。

（3）**重点管控** 在项目施工阶段，联合体牵头人应结合联合体成员方的施工专长和短板，分析质量管控的难点和薄弱环节。

① 联合体牵头人以“首件制”和QC活动为抓手，组织开展重点攻关。

② 联合体牵头人还应积极以创优为目标引领，以创优目标的评选方法为工作指南，通过联合体补充协议中约定奖罚等方式提高联合体成员方质量管理的积极性和参与度。

5. 安全文明施工管理环节

(1) **总体要求** 安全文明施工管理环节联合体牵头人应紧守底线，组织重大危险源、重大环境因素分析，对危险性较大的分部分项工程的实施合规性进行监督，对项目实施状态进行实时的监管和评估，对于各种违章行为进行提醒、发出整改要求直至要求停工。

(2) **复合管理** 由于市政基础设施项目在建设单位、监理单位、总承包方、分包方各层级都会有安全文明施工的管理人员或要求，往往产生较多的冗余指令和重复工作，联合体牵头人应积极打破原有的各方角色桎梏，成立共同的项目安全管理组织，在空间上进行“网格化”安全管理，在时间上采取全覆盖无死角的管理手段，对施工作业进行全过程全方位的监管。

(3) **相互帮助** 安全问题甚至安全事故一旦发生，对于联合体的总体打击都是非常致命的，联合体成员方均应高度关注任何一方的安全管理情况，及时做到互相提醒、互相帮助，在安全管理方面“同气连枝”，积极解决现场出现的任何隐患问题。

6. 大临设施管理环节

大临设施管理环节尽管不是建设实体内容，但是往往是联合体共同的工作生活平台，也是项目对外展示的窗口。有能力的联合体牵头人应积极承担大临设施建设和管理的职能，在建设过程中充分考虑联合体成员方的形象展示，在使用过程中统一组织安排项目管理人员的餐饮、住宿、保安、保洁等各方面要求，从而凸显联合体牵头人的项目地位。

7. 设计配合环节

设计配合环节是市政基础设施项目工程总承包管理的灵魂。联合体牵头人无论是否承担设计工作，都应建好设计、施工、采购各方的有效联络沟通渠道，分阶段、定期组织沟通交底和问题讨论处理。联合体牵头人必须具备协调设计的能力，在项目重大方向、重大问题上具备决策、判断能力，在问题解决方面能够综合考虑项目各方面的需求引导设计工作开展，推动设计、施工、采购、调试等各项工作“无缝衔接”。

10.3.5 联合体牵头人的管理手段

在联合体实施项目时，联合体牵头人必须要实时了解项目实施推进存在的问题，必须具备解决问题的能力和权利。联合体牵头人应视问题的严重性划分处理层级，按照逐级上升的原则对联合体成员方进行有效的管控（图10-5）。

1. 一般性问题

在项目实施过程中通过检查发现存在的各类非紧急问题，如某项非关键工作进度滞后，安全质量存在隐患需要整改，联合体牵头人可通过口头通知或书面通知的方式提出整改要求，并及时对整改情况进行监督落实。

2. 较严重问题

对一般性问题提出的整改通知未能有效落实，或者关键线路工作小幅度滞后、安全质量隐患问题重复发生等情况，联合体牵头人可开展专题会议进行沟通协商，分析问题原

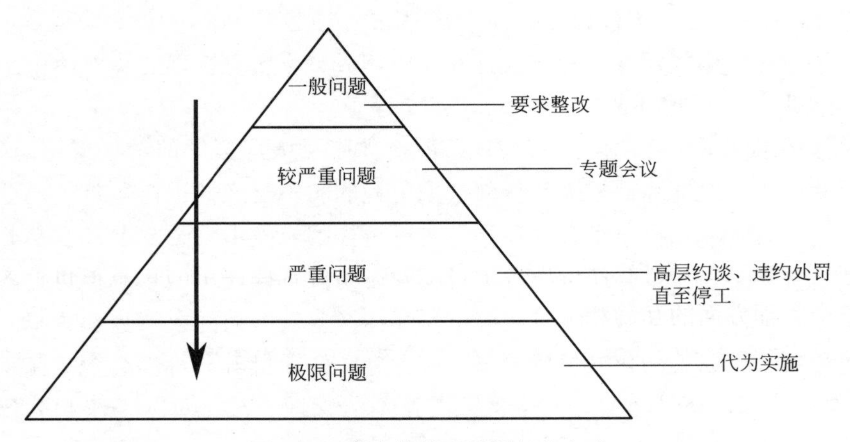

图 10-5　联合体管理的层级和方式

因，形成各方确认的书面会议资料，并按照会议统一意见进行处理和落实。

3. 严重问题

对于较严重问题经过联合体牵头人组织会议或其他沟通方式提出的要求仍无有效整改，或者现场发现重大安全质量隐患、关键线路工作出现较大滞后，联合体牵头人可采用高层级约谈、违约处罚的方式督促整改，对于安全质量方面存在问题必要时要求停工整改，经过复查通过同意复工后再进行后续施工。

4. 极限问题

在项目实施过程中联合体成员方已经严重违约且拒绝整改的情况下，联合体牵头人终极的管理手段就是代为实施。

（1）**前提条件**　代为实施的前提是联合体牵头人在投标文件、总承包合同、联合体协议或补充协议中明确约定了相关权利，对于施工内容联合体牵头人具备相应的资质和实施能力，在得到了建设单位、政府监管部门的认可后方可实现。

（2）**预判准备**　因此联合体牵头人在上述阶段的文件起草签订过程中应做好预判，对于可能存在的代为实施情况进行有效的约定。

（3）**代为实施的要求**　代为实施可以较为直接、有效地解决问题，但是为联合体牵头人本身的能力有相当高的要求，实施的边界条件也有较高的要求，在联合体内部不可避免地会产生费用的争议，联合体牵头人也会因此承担本不应承担的实施风险和责任。

（4）**代为实施的注意事项**　在实施的同时，联合体牵头人应做好相应的对联合体成员方的说明函递送、现场工作量计量确认等工作，为可能存在的纠纷做好最终谈判协商甚至仲裁、诉讼的依据准备。

10.4 “网格化”安全管理模式

联合体承建的市政基础设施项目，在管理方面包括了建设单位、监理单位、联合体牵头人、联合体成员方、分包方的多重多头管理，在安全管理方面经常容易发生混乱无序或冗余指令的情况。有能力的联合体牵头人可以采用“网格化”安全管理模式组织参建各方进行围绕共同的安全目标进行安全管理。

“网格化”安全管理模式即重构一套基于项目参建各方共同参与的安全管理体系，以分区块、分作业段划分安全管理责任网格，每个网格由参建各方特别是联合体牵头人和联合体成员方形成责任明确、边界清晰的责任区，由专人负责安全管理行为的监管。“网格化”安全管理模式解决了交叉施工、管理界面重叠，安全管理盲区等问题。新的安全管理体系作为参建各方原有的管理体系的升华，不影响原有管理体系的正常运行，又加强了参建各方在安全管理方面的互动和融合。

“网格化”安全管理模式既可以跨越包含市政基础设施项目参建各方，当然也可由任意一方单独实施，但原则上不应完全覆盖原有的安全管理体系，以免造成总承包合同、联合体协议、联合体补充协议的责任和界面不清。“网格化”安全管理的责、权、利应基于参建各方既有管理考核制度执行，在此基础上进行统一的奖罚以实现激励作用。

10.4.1 “网格”的划定

1. “网格”划分原则

（1）**总体划分** “网格”的划定应遵循边界明确、专业集中、分包统一、巡查便利的原则。道路、桥梁、管道等线型项目可以按照桩号、墩台号、井号均分工程量进行划分，污水处理厂、自来水厂等场站类项目可以按照建构筑物、处理设施单体或楼层进行划分，水环境治理、海绵城市改造、合杆整治等片区类项目可以按区域面积和道路边界来划分。

（2）**划分考虑** 划定总体上应考虑到单个网格内分包方的数量尽量少，涉及的专业尽量集中，“网格”责任人有快速巡检和处置问题的能力。

（3）**动态变化** 相邻网格之间不应该存在作业的盲区死角。“网格”的划定不应该是一成不变的，随着项目的进展，不同专业作业状态的不断变化，应该进行动态的调整，每一次调整均应做好“网格”划分总平面图，明确“网格”责任人。

例如某城市高架项目网格划分如表 10-2 所示。

某城市高架项目网格划分 **表 10-2**

A1 区(承台 N1-N4) 安全责任人:张某某 分包:桥梁结构 1 班组	A2 区(承台 N4-N8) 安全责任人:王某某 分包:桥梁结构 2 班组	A3 区(承台 N8-N12) 安全责任人:刘某某 分包:桥梁结构 3 班组	A……区
B1 区(地面 K1+100-K1+220) 安全责任人:陈某某 分包:道路 1 班组	B2 区(地面 K1+220-K1+400) 安全责任人:孙某某 分包:道路 2 班组	B1 区(地面 K1+400-K1+530) 安全责任人:李某某 分包:道路 3 班组	B……区

2. “网格”责任人

“网格”责任人应由参建各方负责安全管理的专职人员参与，本身应具备安全管理的知识、技能和经验，能够通过现场巡检发现和处置一般问题，对于复杂问题和突发事件、事故第一时间上报。“网格”责任人应配备交通工具、各类检测工具、通信、摄录器材等物资，以便于及时赶赴现场快速进行记录和处理。

10.4.2 管理责任及内容

“网格”责任人不仅仅是发挥传统意义上安全员的作用，更应在“大安全”的角度全面对网格内的所有情况进行监管。

1. “网格”责任人督查内容

承担现场临时用电、消防安全、起重吊装、高处作业、有限空间、脚手架、模板支撑体系、动火作业、环境保护等安全文明施工管理的督查职责。

2. 作业行为监管

对“网格”内作业行为所涉及的分包方、总承包方的安全管理行为是否正常有序，整改措施是否及时有效落实，危险源辨识及措施制定是否到位、各种作业行为是否符合设计和规范要求等各方面情况进行监督。

3. 问题整改

“网格”责任人在检查中应依据相关的规范和标准、方案进行检查，对于安全隐患应当场提出整改要求，检查工作结束后，对于较严重的问题应及时以书面整改单的方式要求具体责任单位整改，对于严重问题应组织进行停工整改，整改措施应做到定人、定时间、定措施。

10.4.3 “网格化”安全管理的考核

一般情况下，由联合体牵头人或由联合体牵头人、建设单位、监理单位共同组织的“网格化”安全管理工作小组负责“网格化”安全管理体系的运行，对“网格”责任人的工作成效进行定期抽查和评估，并建立内部考核机制进行考核和奖励。对不称职、不合格的“网格”责任人及时予以替换。

例如某采用工程总承包模式实施的水环境综合治理项目，包括20平方公里区域范围内的雨水立管改造、雨污分流等多项任务，需要多点同时作业，涉及通行道路交通安全、有毒有害气体、高处坠落等危险源，总承包方采用“网格化”安全管理模式，由联合体各方选派人员共同组建安全督查队，分区域设定“网格”和责任人。开展培训和考核制度。由安全总监每日召开晨会对上一日的安全隐患及未完成整改的问题进行跟进，对当日的工作内容及安全检查要点进行交底。每日下班后进行当日例会总结，并做好当日隐患排查汇总工作。安全督查队员在现场进行安全管理过程中，有权对现场存在的隐患提出整改要求，并对发现的隐患及隐患整改后的情况进行拍照存档，安全督查队员每日上报安全总监，由安全总监汇总并依据现场隐患的严重程度及整改完成情况给予奖励。

10.5 融合式外部监管

针对设计为联合体牵头人的联合体而言，由于现场施工内容完全由施工方实施，设计方必须完成对相关施工工作的监管，降低承担连带责任的风险，所以应该建立以联合体牵头人派出的联合体项目经理的融合式外部监管机制。

融合式外部监管（Fusion-style External Supervision）最早应用于项目安全管理方面，是指项目中标后，由施工企业派出一人或多人（称为“项目安全总监”）常驻施工现场，对项目安全生产进行监督、管理、帮助和协调。项目安全总监受企业安全管理部门直接领导，在项目一线独立开展工作。其“外部监管”仅相对于总承包方现场管理，对总承包方而言仍属于内部监管。在联合体管理方面，对于联合体牵头人特别是由不承担现场施工任务的联合体牵头人的管理，其应用环境和管理内容与前述监管模式非常类似，可以将融合式外部监管理论延伸应用。

10.5.1 融合式外部监管的必要性分析

“融合”与“外部”表面看来是矛盾，实则是解决各级监管缺陷的一个切实有效的手段，也满足了联合体牵头人对于施工管理的各项要求，使得联合体牵头人能够对成员方行为造成的风险加以控制约束，降低承担连带责任的可能，对于成员方而言，联合体牵头人属于外部管理，对于联合体而言，联合体牵头人的监管基于联合体整体利益出发，贯彻落实在联合体内部各项工作开展方面，属于融合式的监管。

1. 内部监管的优势

（1）**性质接近** 监管主体与监管对象工作职能性质接近，有机会和条件更多地了解监管对象的活动，监管更具有直接性和针对性，容易实现监管的理性化。

（2）**减少中间环节** 内部监管有利于减少中间环节，能够凭借执行监管权的合理分配，提高监管工作的效率，降低监管成本，进而取得最佳的效益。

2. 内部监管的缺陷

（1）**视角受限** 内部监管是工程建设内部的自然约束、自我监管，是单向性的、一维的监管，其根本特点就是它的内部性和封闭性，监管的视角受到限制，监管的范围狭窄。

（2）**自我纠正差** 对监管发现的问题，依靠自我约束机制进行处理，及时发现和及时纠正能力差。

（3）**内部矛盾** 监管者与被监管者均受相同权力核心（即项目经理）的领导和控制，“自我手术”效能降低。

（4）**缺乏领导约束** 内部监管对权力核心的监管不够，缺乏对领导者的权力约束，出现监管的空白地带。

3. 外部监管的优势

（1）**多维监管** 外部监管是总承包方管理部门、政府监管部门、监理单位、建设单位的综合监管作用的发挥，是多维的监管，可以避免和减少监管的空白地带。

（2）**主体自由** 外部监管的主体相对于项目执行主体施工方来说是独立自由的，没有领导与被领导的关系，因而监管是自主的。

4. 外部监管的缺陷

（1）**浮于表面** 外部监管对项目本身的运作情况很难深入了解，管理上易发生不及时、缺漏、浮于表面的情况，对于管理行为和作业现场的问题不能够及时发现、及时消灭、及时处理。

（2）**目标不一**　各类外部监管主体对项目安全管理的内容和目标理解不一致，关系盘根错节，难以切实有效地将监管落到实处。

从上面关于内部监管和外部监管的缺陷和优势的分析，可以得出结论：消除内部监管和外部监管各自的缺陷带来的负效应，关键在于充分发挥各自的优势，弥补和克服对方的不足和缺陷，实现效应互补进而发挥效应累加放大的作用。

5. 基于总体利益的监管

“内因是变化的根本，外因的是变化的条件”，这是马列主义唯物论的科学观点。运用联合体实施在市政基础设施项目工程总承包管理上，就是重视促使联合体内部建立内部自我监督机制。由于联合体的法律定义约束，导致联合体成员方均需要为任一方的问题承担连带责任，所以联合体内部的监管机制符合联合体的总体利益，这是任何外部机构无法替代的，因此，如何激发和培养联合体管理的总体意识，这是联合体实施项目成功的关键。

6. “融合”“外部”的对立统一

“融合”“外部”两者表面看来似乎存在矛盾，实际上正是表面上的“矛盾”使其能够解决内外部监管的缺陷问题。

（1）**“融合”的作用**　“融合”是指外部监管融合到项目本身，通过联合体牵头人全方位管理，深层次了解项目实施风险，围绕总承包合同要求对包括施工行为、管理行为在内的各类隐患和问题进行精确预警。

（2）**“外部”的定义**　“外部”是指监管的独立性不受影响，在实施过程中出现已经失控的问题迹象时及时踩“刹车”，对于违规的行为在证据确凿的情况下可以直接进行处理和处罚。

10.5.2　融合式外部监管的要点

联合体牵头人在实施中对负责施工或部分施工内容的联合体成员应进行全面控制（图 10-6）。

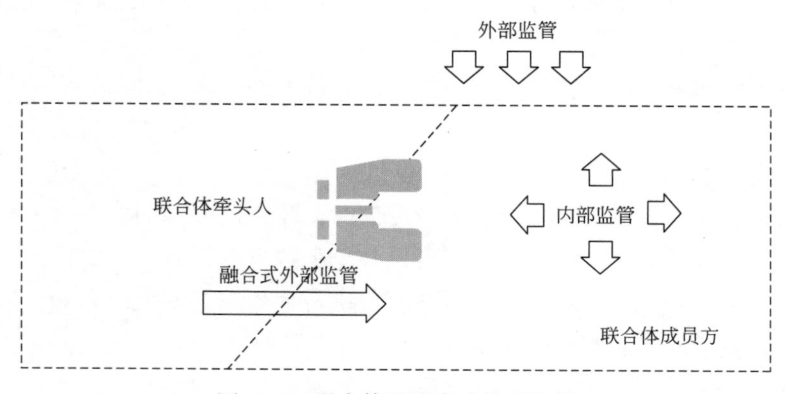

图 10-6　联合体的融合式外部监管

1. 团队考察

联合体牵头人应在合作前期对成员方项目管理团队提出要求。成员方项目管理团队应通过联合体牵头人组织的审核、考察，需要有追求、有想法、有荣誉感的团队才能参与工程总承包项目。

2. 清单报价结算

（1）**成员方报价剥离** 如果需要进一步增加联合体牵头人的管控力，可以采取类似分包清单报价的模式，要求成员方单独就其工作内容向联合体牵头人报价，将其报价组成与总承包投标清单割离。

（2）**指导成员方分包合同签署** 如无法达成此模式则应该对成员方的分包方合同签订要求杜绝简单抽点的粗暴方式，联合体牵头人应指导其采用清单招标的方式，并将文明施工费用清单列出甚至由联合体牵头人掌控的方式进行，避免产生因前期设计深度不足而导致对总承包投标工程量清单与施工图不匹配的地方扯皮。

3. 代为实施

在初次合作信用度不足的联合体合作中，联合体可以通过建立联合体牵头人应急机制消除风险，在联合体协议中设定预留一定比例的公用基金，在成员方拒绝实施或实施不到位的情况下，由联合体牵头人直接指挥、直接实施，此项操作的前提需要联合体牵头人具备相应的施工总承包资质，并在投标阶段即办理施工许可证，以满足依法合规的要求。

4. 限额设计

联合体牵头人还应该着重于限额优化方面的工作，全过程做好设计限额、优化工作，配合和帮助成员方将利益合法扩大，方可树立威信，建立受控的合作模式。

10.5.3 融合式外部监管的工作内容

1. 实施主体

融合式外部监管的实施主体是由联合体牵头人委派的联合体项目经理及各专业人员。旨在从监督管理机制上入手，强化制度落实，促进队伍建设，逐步建设综合素质好、具有权威性和相对独立性、履职能力强、权责清晰明确的联合体项目经理部；建立长效机制，逐步形成切实有效的项目生产监管运行体系，实现履约安全，降低履约风险。

2. 项目经理的管理内容

联合体项目经理与独立总承包方项目经理的区别主要体现在内部管理方面，联合体项目经理难以像独立总承包方项目经理那样对于联合体分工之外的工作进行详细具体的组织分工和安排，而是需要对成员方项目负责人的工作有计划地进行检查、监督、指导和推进问题解决。

（1）**制度、计划方面的监管** 包括联合体成员方施工组织设计、各类专项方案、各项管理制度、安全生产操作规程的制定和落实情况，工程项目进度计划执行情况等。

（2）**配备项目实施各方面资源方面的监管** 包括根据市政基础设施项目的规模、特点及合同工期，所配置工、料、机各类资源的配置计划及落实情况。

（3）**分包工程行为方面的监管** 分包工程方面的监督包括是否转包、违法分包工程，分包单位的资质是否满足承建内容的需要，分包招标投标及分包合同内容的监督和指导，分包项目负责人及各岗位人员执业证书情况的检查核定。

（4）**上级提出要求落实情况监管** 政府部门和建设单位、监理单位对工作要求的贯彻落实情况监督，各类隐患问题的整改落实情况监督。

（5）**联合体共同利益诉求的落实监管** 包括项目总体创奖评优目标的制定与措施落实情况，项目效益最大化的关联诉求等内容。

3. 沟通传达

联合体项目经理应始终保持与企业、监理单位、建设单位、政府相关部门的沟通渠道畅通，确保在第一时间领会上级部门的要求，并加以传达指导和监督落实。对项目上发现的问题及解决情况应及时记录，对于特别严重且极大可能影响联合体利益的情况除采取相应的停止措施外，应及时向联合体成员方企业管理层面反馈，并提出相关的意见和建议，有利于联合体成员方做出决策和判断。

4. 对分包的管理

（1）**共同管理分包** 为了避免指令冗长，符合扁平化组织结构的工作要求，在各类隐患排查方面，联合体项目经理与成员方项目团队共同对分包方进行管理。在日常工作管理方面，对成员方项目负责人传达各项管理要求。

（2）**工作提醒** 定期向联合体成员方发出口头建议或书面备忘录，对近期项目工作总体情况做总结和评价，并提醒后期工作的主要注意事项。针对具体需要布置的任务和解决的事项，以“项目工作指令”的形式对成员方项目负责人做书面要求。

10.6 联合体模式内部争议及解决

联合体模式有利于不同企业之间发挥专业长处进行协同作战，在宏观政策层面也有利于工程总承包模式的推广应用，但是不可忽视的是，联合体内部推诿扯皮的情况屡见不鲜。比较常见的矛盾包括设计超量造成另一方联合体拒绝实施、共同负责施工的不同联合体成员方内部界面存在争议、联合体成员方向联合体牵头人索赔等不利局面，严重影响了工程的正常进展，不利于联合体成员方的企业形象和品牌塑造，更不利于工程总承包模式的推广。

10.6.1 公用基金的设立

由于市政基础设施项目多专业的特点，内部界面无法在项目初始阶段即完全划分清楚，同时在语言文字的表述上也往往会引发歧义和争端。易造成总承包合同内容未能完全落实到联合体成员方的工作内容中，或者由于建设单位要求合同变更造成签证索赔工作无人实施的情况。基于此种情况，在联合体内部资金划分时，可提取一定比例的资金作为公用基金或建立各方按比例分摊的公用基金制度，由联合体牵头人支配使用，用于解决联合体存在的界面和争端问题。

例如某采用工程总承包模式实施的污泥处理工程，联合体由负责设计工作的甲单位作为牵头人，负责土建施工、设备安装的乙、丙两家单位分别作为联合体成员方，三方在联合体协议中对公用基金进行了界定如下：根据项目开展需要，设计项目公用基金，其中甲单位承担300万元，乙单位承担800万元，丙单位承担200万元，合计1300万元，由联合体牵头人甲单位制定使用细则，过程中经各方协商同意后开支使用。在公共基金中设立激励机制，细则由各方协商确定。经联合体成员方同意，未在总承包合同中开列，但为项目开展、总体性能和品质提升等有必要实施的，或者建设单位要求增加实施的内容，在确保各方分工范围合理利润率的情况下，经联合体成员方协商同意后按分工实施共同承担费用，费用优先从公用基金中支出，公用基金不足的部分按照公用基金的组成比例由联合体成员方再行分摊。

10.6.2　应急队伍的投入

1. 应急队伍的基本要求

（1）**应急队伍作用**　在联合体内部界面争议无法解决，公用基金使用殆尽，整个项目实施陷入困境的情况下，联合体牵头人可采用应急队伍的方式完成相关施工内容，然后进行内部追责和索赔。

（2）**应急队伍的要求**　联合体牵头人、应急队伍均应符合建筑施工资质管理的要求，具备对界面争议内容进行施工的能力，并得到建设单位的许可，相关分包合同应进行合同备案，应急队伍企业及人员资质应报监理单位、建设单位审批。

2. 应急队伍实施注意要点

（1）**费用原则**　由于界面争议内容通常比较零散、工程量难以准确测算，应急队伍投入前联合体牵头人应与应急队伍约定费用结算原则。

（2）**书面告知**　在应急队伍正式开展工作前，联合体牵头人应书面告知联合体成员方应急队伍投入情况、计划实施的内容，如有条件的还应将应急队伍的报价预算作为附件。

（3）**分包管理**　在实施过程中，联合体牵头人应履行总承包方的监管职能，各方面做好分包管理工作。

（4）**计量见证**　实施完成后，联合体牵头人应及时做好计量、费用结算工作，有条件的相关工程量应请监理单位、建设单位单位或其他第三方进行见证，相关工作、结算情况应书面告知联合体成员方。

（5）**费用抵扣**　在总承包项目最终结算阶段，联合体牵头人按照联合体协议的约定应将应急队伍所实施的相关工程费用从联合体成员方应付资金中进行扣减。

10.6.3　固定总价模式下清单与计量的关系原则

1. 常见问题

在固定总价模式下，联合体牵头人负责设计，联合体成员方负责施工的分工是较为常见的一种联合体模式。此种联合体模式常见的问题是在投标阶段由于设计深度不足，投标工程量清单子项目、特征描述、工程量无法完全准确预估，从而与实际实施的项目产生偏差，联合体成员方单方面基于清单不全的原因拒绝实施甚至直接向联合体牵头人发起索赔。

2. 合同理解

在联合体协议或补充协议制定时，联合体成员方均应深入理解项目固定总价包干的原则，投标工程量清单未包含的工作内容、工程量不应成为拒绝实施的理由。在实施过程中为了项目完成所必须深化增加设计的工作内容，无论建设单位是否给予合同外计量支付，负责实施的联合体成员方都应无条件完成相关工作。

10.6.4 联合体的终极目标

1. “跑偏”的联合体模式

联合体模式在目前阶段属于解决推广问题的重要措施，但是培养一批同时具有设计、施工、采购能力的工程总承包方是工程总承包模式推广的初衷和根本。然而在目前市政基础设施项目的市场上，联合体的组成往往会偏离资质及专业特长、市场熟悉程度、企业战略方向的原则，通常单纯以项目投标资质条件是否符合、资信评分是否得高分为依据无序混乱地进行联合体寻找和组合，大量的负责设计工作的联合体牵头人以“抽点”“卖资质”的状态参与项目实施，负责施工牵头的工程总承包项目完全是设计、施工分裂的“伪”工程总承包模式，长此以往，严重影响了工程总承包模式的应用推广，造成广大建设单位、政府监管部门望而生畏。

2. 终极目标

无论是当前的政策制定还是今后的发展趋势，无论是传统设计企业还是施工企业，均不应该长久停留在联合体“打天下”的模式状态中，在联合体模式下培养市场、贴近学习、逐步发展出自身的全过程实施能力，在激烈的市场竞争中以此作为核心竞争力，才是顺应时代发展的企业战略。所以，采用联合体模式的终极目标是——消灭联合体！

第 11 章　工程总承包的 BIM 应用

建筑信息模型 Building Information Model（BIM）以三维数字技术为基础，集成了建筑工程项目各种相关信息的工程图形模型，同时还包含了工程的物理特性和功能特性及其相关的项目周期信息等数字模型；而从应用的角度来讲，建筑信息模型完全数字化，支持建设工程中各种运算的形式，并且它是动态的，可以在项目的全生命周期中随时给模型增添各种工程信息，满足项目的各种需求。

市政基础设施项目的基本 BIM 模型包含梁、板、柱、道路、桥梁、地下管线、建构筑物、设备等各类模型构件，其附属信息随着项目的进行而不断增补，如单个构件的开工日期、实施情况、验收记录、运行情况等，这些信息的及时调度和应用起到了控制资金风险、节省资源、节约成本、提高工作效率的作用。

11.1　BIM 技术的应用价值

由于 BIM 技术的应用不局限于设计或施工阶段，而是贯穿市政基础设施项目的全部生命周期，而成功的 BIM 技术应用基于总承包方、监理单位、建设单位的全方位参与和共同使用，在施工总承包模式中，设计、施工各自为战，施工总承包方通常拿着设计图纸再做一遍“翻模”的工作，造成 BIM 模型数据接口不吻合，且各参与方积极性不高的问题，而工程总承包模式中，总承包方立足于项目目标，从设计源头开始应用 BIM 技术，有条件的总承包方直接采用 BIM 建模软件正向设计出图，模型完成后通过工程协同系统的应用，有效地提高了施工、调试、运行等各项工作的效率，所以工程总承包模式是最好的 BIM 技术应用平台（图 11-1）。从市政基础设施项目的全生命周期来看，BIM 的价值主要体现在以下几个方面。

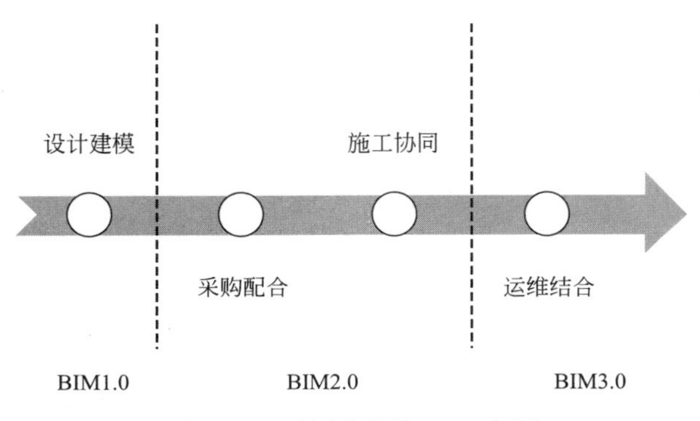

图 11-1　不同阶段的 BIM 应用

11.1.1 方案规划阶段

1. 方案规划阶段 BIM 应用的意义

方案规划阶段的 BIM 应用包括采用 BIM 技术进行总体概念设计、场地规划和方案比选研究。由于方案设计是设计中的初级阶段也是关键阶段，此阶段的设计工作高度抽象，设计人员的经验、思路对项目总体布置安排会有关键的决定性作用。方案规划阶段的 BIM 应用应围绕此阶段设计的基本要求进行开展，从建设单位的最终需求出发，以实现产品定位和功能为原则，决定整体布局和工艺布置，为整个项目的方案规划研究提供直观的参考，便于后续的评价和优化。

2. 方案规划阶段 BIM 应用的内容

（1）**基本布置** 在方案规划设计阶段用 BIM 技术进行整体布局和工艺布置非常重要，包括对单体位置进行周边环境模拟，管线布设分析等。

（2）**优化分析** 对各单体位置、平面尺寸的规划优化，从运行管理、工艺原理的角度进行优化等工作内容。通过 BIM 的应用使方案设计更加科学高效。方案规划阶段的 BIM 模型有利于设计人员初步进行布局分析、用地面积和建设成本初步测算，发现规划布局方面的矛盾和冲突。

（3）**决策辅助** 有利于决策者更直接地了解方案规划思路和总体工艺原理，结合项目总体定位和规划要求进行决策分析。

11.1.2 设计阶段

1. 两种不同的应用情况

（1）**BIM 应用分类** 设计阶段的 BIM 应用分为两种情况。

① 采用 BIM 软件直接进行正向设计即 BIM 模型全部设计完成后，通过二维剖切的方式增加标注或个别修正增补的方式生成传统意义上的施工图。

② 在施工图设计完成后，以图纸为基准进行“翻模”作业。

（2）**问题解决** BIM 正向设计应用解决了烦琐复杂的系统和专业在一个空间内清晰明了表示的问题。

① 有助于设计人员及时发现不同专业之间的各类冲突问题。

② 有助于施工人员了解不同专业在同一空间内的设计意图表达，从而规避了不同视图不同专业图纸出现不一致造成返工或工序错乱的情况。

2. 设计阶段 BIM 应用的本质

（1）**便于协同工作** 设计阶段的 BIM 应用其本质在于通过软件绘制不断确定和修改各类构件内容的参数，BIM 技术应用使不同专业的设计人员都能在同一个 BIM 模型上展开设计工作，不同专业直接交接成果简单明了，解决了多专业设计中的不协调问题。BIM 模型也方便了设计人员、造价费用人员在设计阶段对工程量的统计，模型的各个构件信息可以及时调取汇总，不再需要机械重复计算，且任何修正后，工程量信息也会实时发生变化。

（2）**碰撞检查** 在建模过程中即可解决不同设计专业之间的矛盾和碰撞问题，减少施工阶段的变更返工情况。

① 通过工程量统计便于提高概算统计的精准性，提高设计水平和设计效率，同时为下阶段的施工打下良好的基础。

② 每个阶段的建模完成后应用 BIM 技术的浏览和漫游功能可以将设计理念更为直观地进行展示。

③ 利用 Navisworks 等软件可对设计方案模型进行实时漫游，通过虚拟 VR 系统中自由行走和查看，获得身临其境的感受，解决了对传统设计图纸的理解能力和细节关注不足而产生的碰撞、交叉影响及工后使用问题。

11.1.3 施工阶段

1. 指导施工

（1）**可视化** BIM 技术应用可以使设计成果更好地指导施工，通过三维模型模拟施工方案、展现施工进度，同时将现场的安全、质量、进度、造价等各方面的管理与三维模型相结合，提高管理的“可视化”以实现提高效率的目的。

（2）**细节分析** 在具体施工过程中，可采用 BIM 技术对复杂的市政基础设施项目进行施工细节的设计分析。

① 包括从地基基础、主体结构、设备安装、装饰装修等各方面施工的过程模拟，在三维模型的基础上加上时间维度成为 4D 模型，从而有效地规划施工阶段各道工序、检验批、分部分项工程进场实施的先后顺序。

② 同时发现施工组织方面存在的问题和难点，通过对施工方案的模拟比较，为施工方案的选择提供更合理的决策依据，提升工程项目施工策划质量。

2. 现场布置优化

（1）**场布优化** 在现场布置优化方面，总承包方可以结合现场实际情况，考虑项目现场各类设置、起重设备布置、交通流向组织、材料堆放要求、安全文明施工管理要求采用 BIM 技术进行项目场地布置设计，更直观地对场地布置安排进行分析研究和动态调整，也便于对现场施工人员进行交底。

（2）**辅助安全管理** 总承包方可通过 BIM 模型漫游的功能提前识别各类危险源，进行更精准的安全风险评估和措施制定，并在模型中进行安全措施的模拟测试，并结合模型结果在实际施工中加以运用和验证。

（3）**辅助技术管理** BIM 模型可以更直观地作为交底、验收的工具，同时，BIM 模型的构件信息可直接为预制构件、钢筋成品等工厂加工的数控机床提供构件精确的位置、尺寸信息，为智能建造提供了必要条件。

3. 前沿技术结合

通过 BIM 技术与激光实景扫描、地理信息系统、卫星定位系统、5G 移动通信技术、二维码识别等技术的集成应用，可以实现对所有构件、设备加工、进场、施工进度和质量的全程追踪。通过 BIM 技术与 BIM 工程协同系统的集成，可以完成安全、质量、进度、费用、采购、运行等阶段的动态精确管理。

11.1.4　运行阶段

1. 运维结合

总承包方将全部的BIM模型交给运行单位，将自动化仪表和控制系统与BIM模型相结合，做到运行管理能够直接关联到BIM的各个构件，随时调取相关的建设信息，并在维修维护和故障排除时能够调取相关参数，直接联系相关供应商进行处理。

2. 快速响应

（1）**系统信息融合**　市政基础设施项目的总体运行管理没有通用性，每个项目有每个项目的特点，通过BIM技术科学系统地掌握项目系统中各个构件的信息，便于满足系统的一般例行性检修以及突发故障时的抢修要求。

（2）**智能化需求**　市政基础设施项目的复杂程度随着智能化程度的提高而日渐复杂，仅靠纸质的竣工图、档案资料来管理复杂和动态的市政基础设施项目，一旦出现故障和问题，无法满足紧急处理的要求。

11.2　BIM“工程协同系统”的设计理念

BIM在国内建设工程已逐渐推广，但目前基于BIM技术的软件往往停留在建模层面，仅能实现简单的浏览和漫游功能，难以满足工程建设质量、安全、进度等多方面的实际应用需求，并且由于各类BIM软件的运行对电脑硬件配置较高，在某种程度上造成了应用的局限性。

为了解决上述问题，基于BIM理念，以实现工程全生命周期协同工作为目标，设计基于BIM理念的“工程协同系统”，并分层对平台进行架构和设计。将市政基础设施项目建设中常用到的质量验收、安全检查、进度管理、设备采购等模块在“工程协同系统”中与BIM模型文件实现联动应用，以此将日常工作智能化，从而提高工作效率，降低错误频率。同时通过系统的加载和优化，实现模型文件的轻量化，在常规配置的电脑或移动终端上可实现快速远程访问（图11-2）。

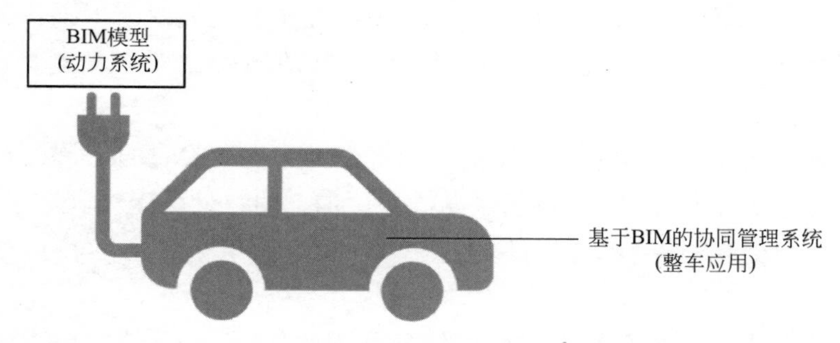

图11-2　BIM模型与“工程协同系统”的关系

在“工程协同系统”流程设计方面，考虑到BIM在工程全生命周期协同工作，从工程前期到工程竣工、运行，BIM 不仅要提供建模等硬件支持，更为重要的是要按照项目管理的组织机构、企业管理制度和流程，利用 BIM 可视化、协调性等特点，形成一套配置制度、程序和风险防范措施的系统流程，分为三个阶段。

11.2.1　策划规划阶段

（1）**明确目标**　根据工程项目建议书和可行性研究报告等前期资料，开发人员应与总承包方密切沟通，在此阶段定义项目应用 BIM 的目标。

（2）**体系规划**　目标分解后确定应用要点，并规划“工程协同系统”的流程体系，应包括需要应用的管理模块及主要对应内容，还应考虑“工程协同系统”的平台架构、存储位置、应用对象、访问方式等。

（3）**二次开发**　利用既有平台的，还应结合前期类似项目应用经验提出二次开发的要求，结合项目具体的特点和要求在既有平台上进行二次开发。

例如某采用工程总承包模式实施的垃圾中转站项目实施前分析基坑风险较大，周边需要保护的建构筑物、管线较多，总承包方考虑结合“工程协同系统”进行基坑管理。需要与第三方基坑监测单位进行技术合作，将各类基坑监测自动传感器数据与“工程协同系统”数据接口对接，在系统中与基坑 BIM 模型位置对应联动，所有自动监测如测斜等数据实时同步上传后台服务器，在人工无干预的情况下实现数据的整理、归类、报警等诸多功能。在模型中可实时查看基坑监测点位及数据情况，便于总承包方更直观、更简单地进行基坑监测管理。

11.2.2　组织计划阶段

（1）**权限流程**　在设定项目 BIM 应用目标、应用点和流程后，根据 BIM 对各方信息协同的要求，确定 BIM 参与单位，同时根据各参与单位的职责定义各方在体系中的具体流程和权限。

（2）**目标分级**　BIM 应用目标分三个层级。每个市政基础设施项目在确定应用 BIM 的同时，总承包方需要明确 BIM 应用层级目标，并按目标制定工作计划，逐一落实。

① 第一层为建模应用，即将纸质传统施工图转化为数字的、三维的信息模型，通过模型校正错误，指导施工。

② 第二层为管理联动，即将模型与日常项目管理行为通过“工程协同系统”进行挂接，将管理与 BIM 模型相结合，更直观具体地进行安全、质量等各方面管理。

③ 第三层为应用运维衔接，即将 BIM 模型与建设过程中的信息属性全部整合后，在移交实体成果的同时，移交数字成果给运行单位，并推进智慧水务、智慧交通等信息系统的衔接应用。

（3）**应用点**　BIM 的应用点主要围绕安全、质量、进度、费用、采购、运行、日常协作沟通等方面，并与激光实景扫描、地理信息系统、卫星定位系统、5G 移动通信技术、二维码识别等信息化技术相结合，有条件的项目可尝试人工智能等前沿信息科学技术，进行深度创新。如在质量验收、进度管理方面，通过激光实景扫描和 BIM 模型对比，可以实时检查分析进度情况和质量基本情况。

（4）**应用流程** BIM应用流程应结合项目具体情况制定，包括项目工作内容、总承包合同要求、建设单位意见、各参建单位的投入情况和履约能力评价等。在硬指标方面，无论是合同要求还是建设单位意见都比较清晰明了，易于落实，但是在各参建单位的投入情况和履约能力评价方面，需要总承包方有清晰的了解，特别是针对一些不具备合同约束的外部单位，BIM的应用流程能够流畅、顺利地实施，需要建设单位有明确的目标和要求，并对总承包方提出的BIM应用流程和各方面工作强力持续支持。

（5）**参与单位支持** BIM参与单位分两种情况。

① 总承包方内部参与，包括总承包方、分包方、设备商等角色，联合体实施的，一般由联合体牵头人发起，还应要求联合体成员方共同参与。

② 基于全部参建单位全面参与，包括建设单位、监理单位、总承包方、分包方、设备商、第三方监测单位等，由总承包方发起的BIM应用，必须得到各方的支持。由发起者根据合同约定、各方协商的结果明确各方在BIM应用中的具体工作职责和权限。

11.2.3 实施运行阶段

"工程协同系统"不同于常规意义上的OA管理，其应用核心是一个全面、直观、可视化的工程信息模型及围绕模型建立的全方位的管理体系，而不是简单、枯燥、乏味的审批流程。项目所有的管理行为都应标记在模型上，无论是合格的验收还是不合格的整改，所有的成果不仅展示为最终的工程实体，还有记载着所有建设信息的模型成果。

1. 不断完善

在实施运行阶段，根据项目进行的情况和参与单位职责划分，运行不同阶段BIM应用和信息传递及共享流程。

（1）**反馈与升级** 实施运行阶段不单是简单地按照既定流程实施，更需要参与各方不断及时地将运行状态及存在问题反馈给总承包方，便于"工程协同系统"的不断完善和升级，特别是应用初期，在系统完善方面需要开发人员不断与使用人员对接协商，解决存在的问题。

（2）**二次开发** 针对项目进行的二次开发内容由于缺乏应用先例，在初期可能会存在较多问题，需要参与各方共同反馈信息。有条件的项目，可选择某个单位工程进行试点应用，试点应用中发现的问题处理完成后，再组织进行全面推广。

2. 打破传统思维

成功的"工程协同系统"的应用，需要参与各方在工作思路上突破传统，接受和改变自己的工作习惯和思维模式，通过系统信息的读取便捷高效地了解项目进展动态和问题。

（1）**方式转换** 将解决问题的方式从线下转移到线上，以此可实现全天候、跨地区的指挥联动。

（2）**信息采集与效率提高** 在应用逐步完善的阶段，不排除有大量的手工输入。对于项目各类信息、标准、构件初始情况及模型导入更新，会占用项目本身的人力资源，但是从整体应用的角度，在完成基本信息录入后，自动化的信息采集和数据传输会大幅度地节省人工，提高参与各方的沟通效率，降低出错率。“工程协同系统”需要各方形成应用习惯，而不是因为前期的人力资源占用而予以排斥和抵触。

3. 重复流程的处理

“工程协同系统”是基于单个市政基础设施项目的部署和应用，在实际应用过程中，可能会存在于企业OA管理、建设单位管理系统、政府大数据采集管理系统的重复流程，且由于档案资料验收、资金报表审计等涉及外单位检查审核资料实体化的问题仍需要进行线下的工作，会出现线上、线下的重复工作，这方面需要在策划、运行阶段不断与相关单位沟通，有条件的可直接进行数据对接和采集，不利情况下应采用纸质扫描上传替代数字流程的一些简化设定，以减少冗余重复的工作。一定程度的重复工作也会是“工程协同系统”遭到抵触，无法落实应用的原因之一。

11.3 “工程协同系统”的功能

11.3.1 系统组成

1. 服务形式

“工程协同系统”以Web服务的形式来实现应用，通过IE等通用网页浏览器加载专用控件的方式使用，在浏览器页面上设定各模块功能的选项卡，按照需要点击使用，模型文件可随时调取在窗口上，针对市政基础设施项目多单体、长线路的情况，可在总平面模型文件上选择相关单体或单位工程进行分段打开浏览，以提高模型文件打开速度，实现轻量化的需求。

Web服务是一个平台独立的，低耦合的，自包含的、基于可编程的Web的应用程序，可使用开放的XML（标准通用标记语言下的一个子集）标准来描述、发布、发现、协调和配置这些应用程序，用于开发分布式的互操作的应用程序。这些服务由一组应用程序接口组成，它们通过网络执行客户程序提交的服务请求。

2. 构件编码

由于BIM模型中的每个构件（市政基础设施项目中包括的各类预制、现浇构件、给排水方面的搅拌器等工艺设备等）都有本项目唯一的标识编号即ID，而与这个构件相关的所有信息都通过这个标示编号进行聚集和索引。信息的关联存储可以通过模型的ID来索引。

3. 程序接口

在工程协同系统中，应用程序接口由五部分组成。

（1）**传输协议** 通常是Http或者Https，后者是经过加密的Http协议。

（2）**地址** 项目服务器的域名或者IP地址。

（3）**名称** 要访问的功能模块名称。

（4）**资源ID** 每个BIM构件的ID。

（5）**参数** 调用应用程序接口的参数，这些参数的个数和类型与相应的功能模块有关。

4. 系统流程

系统的总体工作流程如下：

（1）**所有参与方** 在市政基础设施项目施工中总承包方、分包方、监理单位、建设单位作为 BIM 系统应用参与方，均通过 Web 浏览器进入工程协同系统进行工作。

（2）**总承包方** 录入 BIM 信息模型并上传土建构件的信息，包括墙、板、柱的具体位置、尺寸、设计强度、合同价格等。

（3）**分包方** 通过二维码申请验收的方式上传施工进度、施工质量、安全记录等数据。

（4）**监理单位** 则对这些施工数据进行审核、监督、并上传验收情况。验收完成后，相关构件状态实时进行更新，包括在进度模块和造价模块的更新，而建设单位可实时采集各参与方上传的信息进行工程进度、资源、质量、成本的动态管理、控制以及施工过程的可视化模拟。

11.3.2 设计协调

1. 协调方式

所有的设计成果在系统中都可以随时调取，模型及附属的图纸信息可以在便携设备上直接调取并用于指导施工和现场检查比对。需要设计解决的问题可以由问题提出者通过类似 BBS 讨论版的方式进行提问，提问者在模型窗口上将问题位置标示出来，上传现场照片等必须信息，并留言提问，定向发给相关设计人员。设计人员直接回复讨论或解答，也可邀请各专业设计人员共享资料、共同会审直至问题解决。

2. 优势与重点

（1）**协调优势** 利用模型进行问题讨论比电话沟通方式更为直观，提高沟通效率，同时留下工作痕迹。

（2）**工作重点** 总承包方的设计经理应每日定时关注设计协调情况，对于超过一定时限未解决触发报警的问题进行专题协调，对已明确解决的内容及时履行变更流程形成正式的设计成果文件。

11.3.3 安全管理

1. 基本内容

“工程协同系统”中的安全管理工作包括对电箱、灭火器等各类安全设备设施的定时巡检管理、安全总监在检查中发现的问题处理及整改，也包括脚手架、模板支架等安全措施的验收管理。

2. 设备设施管理

各类安全设备设施均在模型文件上进行标注，并设定专用的二维码和检查频次。安全总监通过手机等移动终端进行定期扫码检查，并输入检查结果和问题处理情况。逾期未检、漏检的设备设施将在管理系统中发出报警提示，逾期到一定时间仍未检查将发出手机短信提醒，并自动变化模型文件的标注颜色，以提醒安全总监及时检查。

3. 隐患处理

(1) **整改要求** 安全总监在安全检查中发现的各类隐患，可在移动终端上选择相关责任人发出实景问题照片、整改要求，并在模型文件上标出隐患位置。

(2) **整改回复** 相关责任人整改完成后发出验收申请并附实景照片，通过验收后模型文件的隐患标示将自动消除。

(3) **验收申请** 脚手架、模板支架搭设完成，或塔式起重机等大型设备安装就位后，由班组负责人在手机等移动终端发起验收申请，总承包单位及监理单位依次验收，并在移动终端输入验收结果，拍照留档。如未通过验收，则由相关人员在整改后重新发起申请。

4. 自动报警

“工程协同系统”中安全管理的未来方向是引入图像识别、人工智能分析功能，能够通过视频监控在无人工干预的情况下自动识别未正确佩戴劳防用品、临边防护缺失等各类安全隐患和违章作业行为，自动触发报警功能，对于相关人员进行整改提醒。

11.3.4 质量管理

1. 管理优势

由总承包方的技术人员将构件的技术质量要求、技术交底的相关内容输入“工程协同系统”中对应的模型构件信息中，所有作业人员均可以通过手机、平板电脑等终端查看设计图纸对应施工部位的模型信息和技术交底要求，方便施工员、监理员、班组长及施工人员核对信息，省去传统的查看多张图纸的时间，并降低了对施工人员在二维到三维空间读图转换能力的要求。

2. 管理内容

(1) **基本内容** 质量管理包括质量检查和实体工作量完成后的验收管理。质量检查、验收管理均与安全管理的相关程序和操作相同。

① 质量检查验收通过验收人员仪器测量复核或者简单目测获得构件的施工质量情况，与 BIM 模型构件中的相关信息进行比对，分析出现场实际工程质量的偏差情况，并落实责任人进行整改。

② 根据整改结果核对质量目标，并存档管理。

(2) **验收** 检验批、分部、分项、单位工程验收方面可以全面应用。

① 需要先将 BIM 模型构件按照项目的单位、分部、分项工程划分表进行对应拆分，将构件与相关的验收单元一一对应。

② 全套验收资料表式导入“工程协同系统”，通过验收检查中实测实量情况、试验检测情况在“工程协同系统”中的验收资料中进行填写，自动生成验工资料，并可进行电子会签。

③ 相关资料打印后可作为纸质资料直接归档，但是需要与档案存储单位、政府监管部门就电子签名的有效性先达成一致意见。

④ 在受限于政策性意见无法采用电子会签、电子表格存档的情况下，可将各方验收确认的书面资料扫描后上传至构件属性中，作为相关记录文件存储。

（3）**分色联动**　每项实体构件工作量完成并通过验收后，模型文件的对应位置将自动更新颜色标示，与未完成工程区分，同时与成本造价模块联动，完成产值校核。

11.3.5　进度管理

传统的工程进度管理主要依靠人工操作来完成，现场人员反馈进度情况，由总承包方生产管理人员负责汇总更新进度数据并发布进度信息，整个进度管理不直观，状态模糊，需要大量的人工比对和分析工作，进度信息的可获取性、及时性和准确性都不高，影响总体进度的评判分析和对应措施的制定。

1. 可视化进度管理

（1）**兼容导入**　在“工程协同系统”的构架下，总承包方生产管理人员可直接将 mpp 格式的进度计划及工、料、机等资源投入计划导入系统，并将分部分项工程的进度安排与模型组件逐一关联。

（2）**验收联动**　每项实体工作量完成并最终由监理单位在移动终端确认验收后，对应的模型组件同时更新状态。

（3）**分色显示**　在模型浏览时有两种色标模式可以选择，一种是两种颜色区分已完工程和未完工程，另一种是用三种颜色区分按计划完成和滞后、严重滞后工程，便于直观了解工程进展情况，及时调配资源，追回滞后工期。

2. 进度报警及处理

（1）**识别设定**　在进度的识别和报警方面，可以分别设定非关键线路的预警以及关键线路的预警，一旦非关键线路延误导致自由时差接近零时则触发报警，提醒该项工作必须加快进度，避免成为关键线路导致总体工期延误。

（2）**报警处理**　关键线路上的任何延误都将立即触发报警，提醒注意调整后续工序安排，以追回总体滞后的工期。在进度滞后触发报警的情况下，总承包方可以在 BIM 模型上对应查询此项构件施工拟投入的工、料、机等各类资源情况并和实际投入情况进行比对，分析原因，及时调整后续工作安排，将调整后的进度计划和资源配置计划重新导入“工程协同系统”以完成进度计划的修正。

11.3.6　费用管理

1. 工程量比对

BIM 建模完成后，模型文件导入工程协同系统，可查阅模型组件的工程量，与投标文件工程量进行对比校核，同时在施工图之前自动生成工程量，对于固定总价模式的工程总承包项目而言，有助于实现限额设计或精准设计。

2. 月报校核

通过“工程协同系统”中质量、进度、成本的联动关系，可实时掌握项目完成产值情况，与每月验收月报相互校核。由于 BIM 模型构件的划分原则与质量验收划分原则、计价清单子项划分原则尚不能统一，所以现阶段在计价方面需要商务经理进行不断的校核和修正，特别是措施费、规费等非实体工程量计价内容应手动进行拆分后进行补录，或在系统设定自动计取比例和规则，实现自动计价。

11.3.7 设备采购

1. 设备身份信息

(1) **身份信息生成** 如市政基础设施项目有工艺、电仪设备需要采购，总承包方在每台设备建模完成后，对每台设备均进行标注并生成二维码，随后将相关二维码信息发给设备商，设备商应将二维码标注在设备包装箱和设备本体的醒目位置。

(2) **身份信息使用** 设备进场开箱验收、安装，均通过类似质量验收的程序在“工程协同系统”中完成，同样实现进度、产值的联动。同时通过二维码扫描可实时了解设备的性能参数信息。

2. 采购过程管理

通过与进度计划模块的实时联动，随时为采购计划的制定提供及时、准确的数据支撑，为设备的采购、加工生产、到场时间提供及时、准确的数据支撑。为避免管道等辅助材料超供、物料浪费等现场管理情况提供审核基础。

11.3.8 运行管理

市政基础设施项目完成后，在工程实体移交运行单位的同时，将所有的模型文件及工程协同系统的全部数据资料同步移交给运行单位。

1. 信息整合

通过“工程协同系统”在原有 BIM 模型数据库的基础上进行深度整理整合，将设备信息、工程档案、维护要求、设备信息、监控信息、规范信息按照运行要求进行重新梳理归类，并与自控、仪表系统进行衔接。

2. 信息查询

(1) **主要信息调取** 基于 BIM 模型可以进行设备检索、信息调取、状态查询和控制功能，通过点击 BIM 模型中的设备，可以查阅所有设备信息，如供应商联系方式、质保期限、出厂及安装日期、主要性能参数、调试及维护情况、所在位置等。维保即将到期的设备会在系统中自动发出预警信息，提醒更换和维保，防止事故发生。

(2) **智慧运维** 通过设备名称，或者描述信息，可以查询所有相应设备在虚拟建构筑物中的准确定位。管理人员可以随时利用 BIM 模型，进行设备实时浏览、运行和控制，如市政交通类项目中可实现路灯的开启、水务项目可实现泵类设备的开启、关闭和转速等运行参数调整。所有设备是否正常运行在 BIM 模型上直观显示，如绿色表示正常运行，红色表示出现故障。对于每个设备，可以查询其历史运行数据。

11.4 “工程协同系统”的优势

在市政基础设施项目实施的过程中，基于 BIM 的“工程协同系统”突破传统管理模式“人盯人”的特点，用先进的信息技术代替了部分人工工作，围绕 BIM 模型实现从虚拟到现实的建造过程，实现全流程智能控制和全流程协同工作，提高了信息沟通交流的效率和准确率，是市政基础设施项目工程总承包管理的“革命”。

11.4.1 全面覆盖

“工程协同系统”是一个可供参建各方访问的汇总市政基础设施项目全方位全过程信息的信息平台。随着项目实施可以不断更新录入市政基础设施项目的所有管理行为和现场情况，实现调阅检索的快捷、直观和高效。

11.4.2 权限管理

支持项目参建各方的相关人员使用，根据角色的不同，进行不同层次和范围的数据查询和指令发出。既实现了不同角色之间关键信息保密的目的，又满足了参建各方及时有效沟通的需求。

11.4.3 信息关联

实现对管理信息之间、管理信息与BIM模型之间的联系。信息关联的主旨是围绕模型为核心，所有的信息全部作为模型构件的属性进行录入，实现了全部模型构件的设计、施工、制造、采购的全流程信息采集，囊括了工、料、机各方面的资源信息情况，为项目移交、运行、维护奠定基础，在需要追溯时能够快速直接查找信息。

11.4.4 实时反馈

通过终端设备可实现包括文字、图像在内的数据的实时更新，并及时更新BIM模型信息。BIM技术水平的不断提高，其关键内容在于信息数据的录入从手动输入到自动采集、自动上传的转变，通过视频图像识别、人工智能等先进技术实现信息抓取，消除人工采集录入的延时，可以实现实施反馈的目的，让总承包方即时掌握项目现场和管理工作的实施动态。

11.4.5 终端便携

使用者可使用平板电脑、手机、电脑等各种硬件终端，随时随地访问工程数据，并根据不同配置实现模型轻量化访问的目的。在施工现场，总承包方管理人员可以随时通过便携式终端进行所需要信息的读取，便于核对现场实际情况，也可就发现的问题通过便携式终端进行沟通交流，结合虚拟场景、VR技术进行远程虚拟实景沟通、讨论并解决问题。

11.5 “工程协同系统”的问题与展望

11.5.1 现阶段存在的问题

随着信息化建设进程的加快，在工程建设项目应用BIM工程协同系统，可以将项目管理各方面工作与模型文件结合，充分发挥 BIM 模型文件直观、准确的特点，有效提高工作效率和准确性，实现 BIM 在工程全生命周期的应用。“工程协同系统”在编码规则、硬件终端配置提高或模型轻量化等方面尚有较大的改进空间。在“工程协同系统”应用过程中，主要存在两方面的问题。

1. 人工输入和修正工作量较高

大量的人工输入和修正增加了工程总承包项目管理的负担，通过专职人员进行数据录入解决分部分项工程划分、工程量清单与 BIM 模型的构件分拆规则和编码模式不统一的问题，才能实现质量验收与产值联动，平台数据真实、同步、全面（图 11-3）。

图 11-3　BIM 构件拆分原则不统一

2. 硬件、网络不匹配

由于硬件终端配置和网络带宽的原因，经常发生“工程协同系统”的模型加载速度过慢或出现卡顿的问题（图 11-4）。

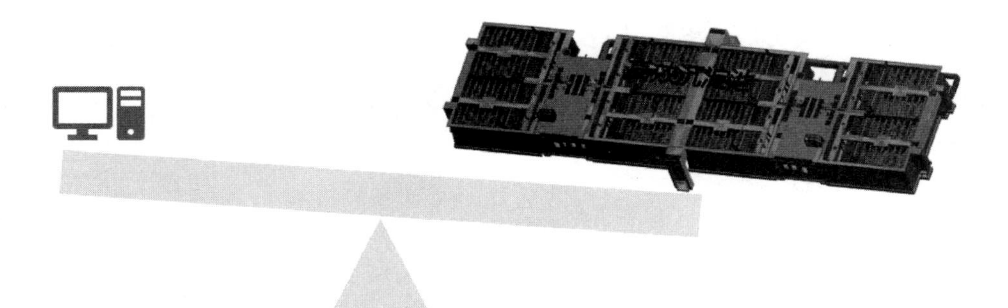

图 11-4　硬件、网络不满足系统运行要求

11.5.2　总体解决思路

1. 拆分规则统一

（1）**政策推进**　在政策层面推进工程验收单元划分、工程量计价清单、BIM 模型构件拆分规则的三位一体，实现一次拆分，各层面通用。

（2）**独立调整**　在政策尚未落地的情况下实现精确计量和验收资料自动输出，需要修改工程清单计价规则和分部分项工程的划分规则，在招标投标阶段即采用 BIM 模型进行招标投标，将造价信息和工序验收单元与 BIM 模型的构件完全统一后，方可实现上述目的。

2. 模型轻量化

硬件终端配置、网络带宽问题除了简单提升硬件配置和网络带宽之外，在应用层面进一步推进模型轻量化技术也是解决问题的技术手段，甚至在移动设备处理能力和网络流量不足且短期无法改善的情况下，轻量化技术是唯一的出路。轻量化技术不等于简单的图层信息删节，其技术核心在于通过相似性图元合并和参数化几何描述的方法减少模型数据，通过遮挡提出和批量绘制提升渲染效果，从而在保证浏览信息的前提下实现模型的轻量化。

11.6 BIM应用效果检验

随着BIM技术应用的广泛开展，BIM应用已经不再停留在以往“看动画片”的简单展示阶段，国内各地纷纷出台市政基础设施项目BIM技术应用费用计取标准，应用效果检验成为BIM技术应用最终计费的依据。在市政基础设施项目的工程总承包BIM应用中，总承包方应结合方案规划，不断校核检验BIM应用成果。特别是在BIM技术存在一定的人工干预要求产生具体工作量的情况下，针对参建各方、各岗位应用的情况应开展BIM策划方案、BIM模型构建情况、工程协同系统应用三方面的应用效果检验。对于应用效果检验良好的应保持常态化的工作，对于应用效果检验存在问题和缺陷的应进行原因分析，对系统方案本身存在的漏洞进行修改，也要对具体的应用工作查漏补缺，针对性进行整改。

11.6.1 BIM策划方案检验

在市政基础设施项目中标后，总承包方应完成BIM总体方案规划。此方面的检验应针对BIM策划方案、BIM软硬件和人力配置进行检验。

1. BIM策划方案检验

BIM策划方面主要对BIM应用的管理体系、BIM建模构件分拆规则和编码模式、参与BIM应用的组织结构、协同管理信息系统的主要应用模块及针对具体项目进行的二次开发计划、BIM总体工作流程以及各阶段工作目标进行检验。

2. BIM软硬件和人力配置检验

BIM软硬件和人力配置方面主要对能够流畅运行、展示、测试的软硬件设备系统及建模、“工程协同系统”维护及二次开发人员、现场实际数据录入人员进行确认。

11.6.2 BIM模型构建情况检验

结合工程总承包的不同阶段对BIM模型构建情况进行检验，也为下一步BIM建模工作提供指导思想。

1. 不同阶段的模型构建检验

（1）**初步设计阶段** BIM模型主要体现总体的平面布局、各类单体建构物的方位布置和总体工艺流程。

（2）**施工图设计阶段** BIM模型主要围绕具体施工图设计进行，必须能够起到指导施工的作用，正向BIM设计并出图的应总体满足设计文件深度要求，经过剖切完成出图后再进行人工标注等工作。施工过程中的BIM模型应根据设计变更、变更设计内容及时进行更新和细化，涉及设备模型的，还应根据采购的实际产品情况参数进行模型修改。

(3) **竣工图阶段** BIM模型应满足工后移交的需求，结合智慧运维各类手段为运行管理服务。

2. 施工与设计建模的结合

BIM模型构建不应仅限于实体设计工作内容，应按照工程进展的不同阶段，从地基与基础施工、主体结构施工、机电设备安装、装饰装修施工等不同阶段对施工场地布置、大临设施、各项临时工程进行建模，并进行讨论形成优化报告和最终的总平面布置方案，这也是BIM模型构建情况的检验内容之一。

11.6.3 “工程协同系统”应用检验

“工程协同系统”应用检验应包括总体使用率、资料录入完整性和及时性、各类流程落实情况的检验。

1. 总体使用率检验

总体使用率应通过后台自动统计参建各方系统内建岗人员登录使用频率进行分析总结，对于岗位工作内容与登录使用频率明显不符的情况进行分析，对于相关人员进行提醒督促。

2. 资料录入完整性检验

资料录入完整性包括不断更新的BIM模型在内的各类设计成果，总承包方应分析各类设计变更和变更设计是否存在缺漏，与模型构件属性相关联的工程质量验收、安全管理的资料是否形成可追溯记录。总承包方应通过BIM模型展示的进度情况与现场实际进度的偏差情况，确定是否定期自动上传或定期人工修正的项目实际进度计划，并形成有效的报警机制；各类工、料、机的进出场情况、施工水电计量、起重设备姿态记录等智慧工地的资料内容是否实时同步更新情况。

3. 各类流程落实情况的检验

各类流程落实情况的检验主要是指针对安全、质量、进度、设计等各方面提出的整改问题，通过“工程协同系统”发起后的整改是否闭合有效，隐患是否消除，通过后台自动生成流程完整性数据作为相关的检验依据。

总承包方按上述检验内容既检验了BIM系统的应用情况，也反映了工程总承包实施过程中的各类问题处理情况。针对应用情况，总承包方应定期形成检验报告，对相关数据进行统计分析，制定下阶段的整改提高方案。

第12章　工程总承包的未来展望

12.1　国际工程能力的培养

12.1.1　国际工程的机遇与挑战

1. 承接国际工程的形势

2013年9月和10月由习近平总书记分别提出建设“新丝绸之路经济带”和“21世纪海上丝绸之路”的合作倡议。在此倡议的引领和带动下，中国对外承包工程新签合同额迅速增长，根据中国对外承包工程商会的数据显示，2020年1—9月份新签合同额较2019年同期增加4.5%，达到了1502.4亿美元，其中“一带一路”沿线国家承包工程的新签合同额达到了837.1亿美元，占同期对外工程行业新签合同额的58.2%。与此同时，国内特别是东南沿海经济发达地区工程项目建设规模已逐渐达到顶峰，出现了产能过剩的情况。

2. 市场模式分析

（1）**市场分析**　在此较好的市场形势和政策鼓励下，越来越多的总承包方走出国门，逐渐扩大承接境外工程的比重。其中境外工程主要可分为大交通项目、市政基础设施项目、能源项目三大板块，其中市政基础设施项目以其多专业交叉、性能保证的复杂特点易成为总承包方国际竞标成功的主要项目类型。

（2）**承接模式**　国际工程最常见的承建模式是以工程总承包为基本模式，总承包方独立承接、国内企业组成联合体或与国际工程公司组成联合体的情况非常普遍。国内工程总承包模式的推广，与国际通常建设模式接轨，为总承包方提供了锻炼的平台，为“走出去”创造了良好的基础条件。有条件的总承包方应抓紧把握机遇，苦练内功，培养国际工程能力，早日迈出国门。

12.1.2　培养国际商务能力的必要性

1. 涉外商务的思考

可以预见的是，当前中国经济“内循环”只是基于新冠疫情下的短期控制措施和无奈之举。“全球一体化”是势不可挡的历史进程，无论是国际工程还是涉及进口设备采购集成的国内工程，越来越多的涉外商务已经成为不可回避的工作。作为总承包方应该着力提升风险的预判、基于合同条款的商务谈判、执行、索赔和反索赔能力，不应再沉溺于以往粗放的“中国式”项目管理风格中，仅靠恶意低价、个人能力、经验迷信和超常投入赢得建设单位的宽容。

2. 风险应对考虑

（1）**高风险特征的适应** 市政基础设施项目国际工程总承包通常具有建设周期长、工艺复杂、资金密集等高风险特征。总承包方需要充分研究国际经济形势的起伏及因此对项目钢材、水泥等直接建设成本、金融汇率变化对收益方面的巨大影响，并对拟进入市场进行政治国情层面分析，避免因为战争、动乱、瘟疫风险将项目执行陷入不可挽回的地步。总承包方还应在技术工艺、合同商务方面尽早研究欧美西方发达国家的标准、合同文本，结合国情制定提升和修订自身的各类验收标准和标准合同文本，提前适应，推进对接。

（2）**投资来源变化** 市政基础设施项目的国际工程中，政府投资比例非常低，绝大多数工程项目都以总承包方投资、参股的方式建设，因此带来的风险也超出以往单纯的工程总承包或施工总承包风险。如果承揽国际工程的总承包方不能迅速建立和培养国际商务能力，在境外很难得到国际市场的认可，在境内很容易因为违约行为遭到进口设备供应商的索赔。

12.2 与不同建设模式的衔接

12.2.1 投资模式的衔接

1. 投资模式的结合

（1）**投资模式变化** 由于政府财政资金的时间局限和区域局限问题，大量社会资本进入房屋建筑与市政基础设施项目市场，其中特别是自来水厂、污水厂等水务环境类项目由于具有稳定的运营收入而备受社会资本的青睐。此类项目建设单位对于运营成本的关注程度更高，总承包方则需要充分考虑到建设资金的来源和持续性风险。

（2）**资金能力核实** 对于部分以BT（BOT）＋EPC、PPP＋EPC、F（Finance）＋EPC运作的项目，总承包方的资金风险由被动变为主动，更加需要对社会资本合作方的资金实力、融资平台进行考察，确保满足建设需要。

2. 垫资的必然性

（1）**工程全生命周期的追求** 对于综合实力较强的总承包方而言，已经不再停留于单纯考虑建设阶段的效益，而是更多地追逐工程全生命周期的效益，对于传统的设计、采购、施工分离的模式无法满足需要，全过程整合的工程总承包模式通过与投资模式的衔接进一步扩大了市场占有。

（2）**垫资能力要求** 总承包方在自身参与投资，或由于建设单位社会资本要求产生垫资的情况下，直接从建设单位获得的资金不足以满足总承包方对分包方和设备供应商的支付，将产生一定的垫资成本。

① 在进口设备采购时，因为进口设备往往约定在采购合同签订后需要支付30％甚至更多的预付款，货物离岸后即要求通过信用证方式支付100％的合同款。

② 因为资金支付不同步产生的垫资成本因不同企业的财务状况和经营能力往往存在

较大差异，所以在实际操作过程中需要对总承包方的垫资成本、国内代理商的垫资成本进行分析比较，从而选择合适的垫资方式。

12.2.2 运行模式的衔接

有些工程总承包项目的复杂性让建设单位对建成后的运行望而生畏，有时会在采用EPC＋O或EPC＋O＋M（Maintenance）的合同模式，要求总承包方负责一定时期的运行管理并承担运行责任。总承包方既可以自己组建团队进行运行，也可以将运行工作部分或全部外包给第三方团队负责，但无论何种模式，总承包方均应充分考虑安全责任、成本责任、性能责任的工作执行。

1. 安全责任

安全责任是总承包方运行工作的首要责任。总承包方应转换建设工程安全管理思路，以“三同时”的原则平稳转换建设、运行状态，以运行安全保障为核心管理内容，围绕运行安全的各类危险源进行辨识和分析，建立运行安全制度，保障各类安全物资的充足和有效。

2. 成本责任

成本责任给总承包方在项目策划、设计阶段提出了更高的要求。总承包方在工艺选择、设备配置、节能减排等方面应考虑充足，对运行成本有全面的测算和分析，对于人工、水、电、蒸汽、天然气、药剂、易损易耗件等有合理的预估，保证投标运行报价与运行成本之间有一定的富余空间。在运行过程中应积极考虑各类节能降耗的措施，以期进一步降低运行成本。

3. 性能责任

性能责任是设计阶段考虑的核心内容。总承包方要保证通车通行能力、系统处理能力、废弃物排放标准均能达到合同、规范和后期运行监管的要求，并考虑到运行期便于维护、巡检便利、安全可靠的要求。复杂项目应通过理论计算、小试、中试、正式调试等工作不断进行分析检定，对于存在缺陷的部位进行技术改造，从而长期、稳定地达到性能保证要求。

12.3 虚拟组织机构的演变

1. 虚拟组织机构的建立和形式

（1）虚拟组织机构定义 市政基础设施项目的工程总承包模式中的虚拟组织机构是指两个以上的独立的实体，为迅速获得并完成特定的工程任务，在限定时间内结成的动态组织机构。联合体模式以联合体牵头人为牵头组织，独立承接模式以总承包方为牵头组织。

（2）开放式组织机构 虚拟组织机构在现阶段多以联合体的形式出现，但今后更多可能是以独立法人、内部分包的角色出现，因此虚拟组织机构没有一成不变的组织层次和内部命令系统，而是一种开放的组织结构。作为联合体牵头人或总承包方的牵头组织可以在拥有充分信息的条件下，从众多的组织中通过竞争招标或自由选择等方式精选出合作伙伴，迅速形成各专业领域中的独特优势，实现对外部资源的整合利用，从而以强大的结构成本优势和机动性、完成单个企业难以承担的复杂、庞大的市政基础设施项目工程建设任务。

2. 虚拟组织机构的优势

（1）**专业不足的问题** 当前国内市政基础设施项目领域，设计企业在项目现场管理方面与施工企业存在差距，施工企业在设计技术及管理方面与设计院存在差距。如果在各自的弱势方面大量投入各方面资源以期自我提高，那么在提高过程中很可能失去对市场的有效占领和持续经营，且面临较大的投入产出比、安全等方面的风险。

（2）**资源整合** “虚拟组织结构”成为迅速解决问题、资源全面整合利用的有效手段。虚拟组织机构最大的优势是使牵头组织能够集中面对以时间为基础的转瞬即逝的市场机会，能够整合各成员的核心能力和资源，从而降低时间、费用和风险，提高服务能力。

（3）**执行与学习** 以虚拟组织原则形成的工程总承包项目管理体系能够实现优势互补，发挥最大的运行效能，实现共赢的局面。设计企业或者施工企业作为虚拟组织机构的牵头组织，一方面保证整个管理体系的正常运行以实现项目目标，另一方面可以有选择地对其他组织的优势进行学习和吸收并为今后长远发展打下基础。

3. 针对工程总承包项目的模块组合

一个独立完整的工程总承包项目一般由设计、采购、施工等三方面模块组成，有些项目在全过程周期内还延伸了前期、勘察、试运行、运行等方面的合同内容。牵头组织在项目承接后，应对项目进行分析，分析的依据包括项目的招标投标文件、合同、工程踏勘情况等，有些建设单位在招标文件中已对工艺设备、分包方等作出独特要求的项目，项目分析过程甚至应提前至投标阶段进行，总承包方与分包方、联合体牵头人与联合体成员方在投标阶段即开展初步合作，共同为项目承接付出努力。

（1）**核心模块** 项目分析的结果应是一种模块组合式的项目，首先应明确核心模块，可根据牵头组织的传统业务能力、利润分配等方面因素综合推定，设计企业作为牵头组织，核心模块一般包括工艺、电仪、结构的设计等方面；施工企业作为牵头组织，核心模块一般包括土建及安装施工等方面。

（2）**专业模块分解** 核心模块之外可根据具体项目特点进行模块化分解，如可分解为文明施工模块、现场后勤服务模块、劳务分包模块等。根据模块分解结果，采用内部询价、招标的方式为每一个模块选择相应的组织，最后共同形成该项目的工程总承包管理虚拟组织机构。

（3）**继续分解和合作** 包括核心模块在内的所有模块并非全部单独实施，如对于市政工程设计企业来说，有特殊要求的配套水利工程可以寻求水利专业设计院成为虚拟组织机构的成员；对于文明施工承包商来说，现场保洁劳务人员等可以寻求劳务公司成为虚拟组织机构的成员。每一个模块都有继续分解的可能，但是牵头组织的总承包管理、资源整合范围一般只到第一层模块。各参与组织统一服从管理和调配，同时在模块内部范围有独立工作的权利和自由，从而发挥自身的最大优势。

4. 虚拟组织机构的管理

（1）管理办法的制定　为了避免一盘散沙的结果，虚拟组织机构必须有一整套的项目管理办法并有效维持运转，同时根据时间、空间、各参与组织的变化对管理办法进行动态调整和完善。

① 项目管理办法一般由牵头组织制定并维持运转，特殊情况下也可由参与组织负责制定或维持运转，但是必须通过合同条件的约束等手段使所有组织一致认可项目管理办法。

② 牵头组织与参与组织既可以采用总分包的方式合作，也可以采用联合体的方式合作，在市场成熟的未来，总分包模式应是虚拟组织机构的主流。

③ 在具备相应管理能力的条件下，可以适当将二级模块提升进一级模块，这样可以有效减少管理层级，符合扁平化组织的特点，实现利润最大化。

（2）演变的必然　随着信息技术的快速发展、市场竞争的不断加剧和全球化市场、跨领域竞争格局的形成，没有任何一家工程总承包方可以单枪匹马面对市政基础设施领域新常态下的市场竞争。因此从固定组织模式到虚拟组织机构的演变在不断加速进行。总承包方作为牵头组织应契合市场细化分工的趋势，以信息管理系统为基础支撑，以分工合作关系为联系纽带，不断寻找、优化和整合各类各级资源，着力培养和加强资源整合能力，将虚拟组织机构的快速组建能力转变为在市场竞争中的核心战斗力。

12.4　未来可期的变化与市场

在市政基础设施项目领域，当前存在的劳动力不足和老龄化问题、国内基础设施建设日益完善对应的市场萎缩问题、数字化信息化时代对于传统行业冲击问题都已经成为总承包方不得不面对的不利局面。通过不断的实践和调整，推广采用完善的工程总承包模式进行工程建设为解决上述问题奠定了良好基础条件。

1. 总承包方权限调整

采用工程总承包模式，提高了总承包方结合自身条件对建设场地的可选性，克服了传统施工总承包模式下总承包方无调整能力的权限问题，可以更好地完成现场实施到工厂制造的转化。

2. 人口红利消退的应对

在设计阶段考虑预制拼装、设备成套定型，将传统的“设计—现场施工”流程重新定义为“设计—加工制造—现场安装”流程，通过各个环节的相互延伸，将各环节工作更好地融合，最终解决劳动力不足和老龄化问题。

3. 国际商务能力总体提升

作为“一带一路”战略的发起国，中国的工程总承包方将视野全面投入国际市场是历史发展的必然趋势。国内工程建设模式必须与国际通行模式逐渐接轨，形成同时具有国际适应性和中国特色的工程建设模式。随着工程总承包政策的不断完善，国内的推广与实践，使总承包方不断地在国际上通行的工程总承包模式中实践锻炼，可以有效提升总承包方的国际商务能力，为“走出去”奠定了良好的基础，也为未来若干年后市场萎缩的可能提前布局。

4. 面向未来的工程总承包

大数据、物联网和云计算已经进入各个领域，“第三次工业革命”的时代已经到来，采用工程总承包模式以BIM技术应用为基础，结合智慧建造、虚拟建造技术，将抽象图纸转化为更生动形象的模型用以施工和生产，提高了工程效率，降低了出错频率。工程总承包模式的应用，为传统的市政基础设施建设注入了新的血液，为各项跨界理念、技术的输入提供了一个最佳的平台和接口。

我们也要清晰地认识到，工程总承包模式在市政基础设施领域的应用仍然存在很多问题和困难，包括总承包方意识的转变尚需时间和过程、政策层面配套法律政策和规范仍然有很多的缺失和矛盾、传统的建设模式改变需要各方的共同努力。相信在不久的将来，这些问题一定可以逐一解决，在市政基础设施项目工程总承包管理方面完成时代的革新（图12-1）。

图12-1 工程总承包模式的未来展望

参考文献

[1] 王加生. 市政基础设施 [M]. 武汉：华中科技大学出版社，2009
[2] 江西丰城发电厂"11·24"坍塌特别重大事故调查报告 [R]：国务院江西丰城发电厂"11·24"冷却塔施工平台坍塌特别重大事故调查组，2017